BETWEEN EAST AND WEST

THE BALKAN AND MEDITERRANEAN WORLDS

Published under the Auspices of
the Speros Basil Vryonis Center for the Study of Hellenism
Studia Balcanica, Islamica et Turcica, 6

BETWEEN EAST AND WEST

THE BALKAN AND MEDITERRANEAN WORLDS

Volume 4

Material Culture and Mentalités

Land, Sea and Destiny

Traian Stoianovich

ΕΝΘΑ ΤΙΘΑΙΒΩΣΣΟΥΣΙ ΜΕΛΙΣΣΑΙ

Aristide D. Caratzas, Publisher
New Rochelle, New York

To Christian

Between East and West: The Balkan and Mediterranean Worlds
Volume 4: Material Culture and Mentalités: Land, Sea and Destiny

Aristide D. Caratzas, Publisher
Melissa Media Associates, Inc.
30 Church Street, P.O. Box 210
New Rochelle, NY 10802

ISBN: 0–89241–507–X

Printed in the United States of America
by Princeton Academic Press, Inc.
Bound by Hoster Bindery, Ivyland, Pennsylvania

Contents

List of Illustrations

For the illustrations included in this work I am grateful to the individual authors, most of them now departed, who have participated in the creation of a valuable cultural patrimony on which I have been able to draw. I indicate my sources beside or below each illustration. I am no less grateful for the institutional arrangements, namely, an efficient interuniversity library loan system, and the unflagging cooperation of the Rutgers University Libraries, without which my task would have been made more difficult. Some of the items listed below come from the special collections of individual libraries. Several more recent contributors to an understanding of the world's cultures similarly have authorized the use of several items. An acknowledgement of my debt accompanies the illustrations. For the reproduction of many illustrations, Ishould like to offer special thanks to Mrs.Emily May Eldridge.

1 Les Structures Millénaristes Sud-Slaves aux XVIIe et XVIIIe Siècles

Fig. 1 Mustafa Ier. Source: [Dimitrie Cantemir, Voivode of Moldavia], *The History of the Growth and Decay of the Othman Empire,* 2 parts, Part I. *Containing the Growth of the Othman Empire, from the Reign of Othman the Founder, to the Reign of Mahomet IV, That Is , from the Year 1300, to the Siege of Vienna in 1683,* Written originally in Latin, by Demetrius Cantemir, Translated into English, from the Author's Own Manuscript, by N. Tindal, M.A., Vicar of Great Waltham in Essex, Adorn'd with the Heads of the Turkish Emperors, Ingraven from Copies Taken from Originals in the Grand Seignor's Palace, by the Sultan's Painter (London: Printed for James, John, and Paul Knapton, 1734). Courtesy, Rare Book and Special Collections Division, Library of Congress, Washington, D.C.: DR439.D528.

Fig. 2 Osman II. Source: Cantemir, *The History of the Growth and Decay of the Othman Empire,* Part I. Courtesy, Rare Book and Special Collections Division, Library of Congress, Washington, D.C.

Fig. 3 Giovanni Gondola (Ivan Gundulić). Source: Luigi Villari, *The Republic of Ragusa: An Episode of the Turkish Conquest* (London: J. M. Dent & Co., 1904).

Fig. 4 L'Empereur Léopold Ier entouré d'une guirlande dont presque chaque feuille indique, en ordre chronologique, un accomplissement ou un triomphe. Source: Bibliothèque Nationale (Paris), Cartes et Plans, Ge.DD.1678–1679: *Isolario dell'Atlante Veneto,* del P[adre] Coronelli (Venetia, 1696), Part I. Courtesy, Bibliothèque Nationale (Paris)

Fig. 5 Ahmed II (r. 1691–1695), Contemporain ottoman de Léopold Ier, entouré lui aussi d'une guirlande mais dont chaque feuille indique, en ordre chronologique, une défaite, un désastre ou un ennui. Source: Bibliothèque Nationale (Paris), Cartes et Plans, Ge.DD.1678–1679: Coronelli, *Isolario dell'Atlante Veneto,* Part I. Coronelli identifie le sultan erronément sous le nom d'Ahmed Ier. Courtesy, Bibliothèque Nationale (Paris).

Fig. 6 Fresque de Kraljević Marko et de l'*Autre* dans une taverne (la Kraljević Marko Mehana) belgradoise, 1888. Source: Felix Kanitz, *Das Königreich Serbien und das Serbenvolk von der Römerzeit bis zur Gegenwart,* Vol. II. *Land und Bevölkerung,* edited and augmented by Bogoljub Jovanović (Leipzig: Verlag von Bernhard Meyer, 1909).

Fig. 7 Cattaro (Kotor) à la fin du XVIe siècle. Source: Bibliothèque Nationale (Paris), Cartes et Plans, Ge.FF.4736: Gioseppe [Giuseppe] Rosaccio, *Viaggio da Venetia, a Costantinopoli per Mare, e per Terra, & Insieme Quello di Terra Santa* (Venetia: appresso Giacomo Franco, 1606), pl. 23. Courtesy, Bibliothèque Nationale (Paris).

Fig. 8 La Baie de Cattaro, 1685. Source: Bibliothèque Nationale (Paris), Cartes et Plans, Ge.DD.1504: *Description géographique et historique de la Morée reconquise par les Vénitiens, du royaume de Negrepont, des lieux circonvoisins, et de ceux qu'ils ont soûmis dans la Dalmatie, & dams l'Epire depuis la guerre qu'ils ont déclarée aux Turcs en 1684 jusqu'en 1687, enrichie de plusieurs plans, & vûës de places des mêmes païs,* par le père Coronelli, cosmographe de la Sérénissime République de Venise (Paris: chez Nicolas Langlois, 1687), Disegno Topografico del Canale di Cattaro Descritto dal Padre Coronelli, in Venezia, l'anno MDCLXXXV. Among the subjects of interest to Coronelli were the number of houses in many of the villages and the presence of mills and salt pans. Courtesy, Bibliothèque Nationale (Paris).

Fig. 9 Cattaro (Kotor) dans la baie du même nom, devant les hauteurs du Monténégro, vers 1815. Source: Col. L.C. Vialla de Sommières, *Travels in Montenegro, Containing a Topographical, Picturesque, and Statistical Account of That Hitherto Undescribed Country* (London: printed for Sir Richard Phillips and Co., 1820). This translation is part of Vol. IV of *New Voyages and Travels, Consisting of Originals and Translations* (London: printed for Sir Richard Phillips and Co., n.d.)

Preface

Readers may consult again the Preface to the first volume of this work, in which I state my aims, give the work a certain feeling—in which, to use the language of Vilfredo Pareto, I release certain *residues*—and state the rules by which I have tried to abide in making revisions in notes and articles that I have written at various times, from a few years to more than thirty years ago. Two of the six essays in the present volume are in French, the language in which I wrote them and the language of initial publication. I apologize once more for my literary shortcomings.

Directly or indirectly, the question of territory and of the territorial foundations of cultures and societies pervades volumes 3 and 4, but territory, territorialization, and reterritorialization—the organization and reorganization of local, continental, and maritime space—are a central theme in Volume 4. A second theme concerns the ideologies and collective mental and affective life by means of which the Balkan and Ottoman societies affirmed their cultural identity, and the threads that bound together their particular ways of conceptualizing space or territory and their choices in regard to other aspects of culture.

The volume thus addresses the question of culture—the representations and artifacts alike by means of which the various Balkan, eastern Mediterranean, and western Asian societies expressed and altered their respective cultural identities. The accompanying illustrations are designed to clarify some of the questions raised in the text itself about culture and society and the nature of the space or territory that each society occupies and in which it elaborates its particular culture or cultural identity in the context of changing power relationships.

In one of the essays, "Russian Domination in the Balkans," I raise the question of hegemony and territorial relationships in the Balkans and eastern Mediterranean from the mid-sixteenth century to the Russian Revolution. In another essay, I explore the subject of the confinement or restriction of the Ottoman Empire's maritime space and the consequences thereof for the Ottoman command economy. A third essay deals with the challenges of mobilizing a small-space political economy (or small space-economy)—Serbia—in a world of states and political economies of unequal wealth and unequal territorial size. The three remaining essays concern the Paretian *derivations* (ideology) and *residues* (collective mentality and the unconscious) and their impingements on the organization of territory. The inquiry in one of these essays into Serbian nineteenth-century derivations and the inquiry in the three essays into several millennialist movements among several different ethnic groups (especially Serbs, Greeks, Turks, and Jews) may shed some light on the relationship between a society's spatial and temporal conceptions. Under the title, "Prospective: Third and Fourth Levels of History," my concluding remarks in particular aspire to go beyond (but in no way neglect) a study of economies and societies in order to give added emphasis to the role of ideology and collective mentality (derivations and residues) as an integrative third level of history. They also inquire into the function of territorial and temporal paradigms in defining and redefining a society and its culture(s). In so doing, they reach out toward a fourth level of historical discourse.

To realize a more widely applicable theory of human territoriality, one must broaden and deepen one's cultural, societal, and temporal framework. To that end, much work still remains to be done. But the inquiry has begun even if the "total history" or *histoire globale* to which I aspire is a long way off. One aspect of *histoire globale* is to reach out to other world cultures and societies. A second and no less important way toward total history is to widen and deepen the historian's territory, expand the mode of historical discourse. One may do this by identifying previously unidentified social facts and perceiving them as total social facts—in terms of their many ramifications and multitude of meanings. Within the limits of my competence, I have tried to pursue both modes of inquiry.

I am under no illusion that I have achieved a total history. The goal perhaps is unattainable. But should not one strive to attain it? Must it not always be part of the historian's vision if his or her goal is not just narrative—however aesthetically admirable narrative may be when done well—but explanation and understanding.

Acknowledgments

I thank all the journals, editors, and publishers who have granted me permission to republish my articles. I thank in particular the Association Internationale d'Etudes du Sud-Est Européen and the Editions de l'Académie Bulgare des Sciences (for "Les Structures millénaristes sud-slaves"), the Cambridge University Press and *Comparative Studies in Society and History* (for "The Pattern of Serbian Intellectual Evolution"), the Serbian Academy of Sciences and Arts, the Centre of Neohellenic Research of the National Hellenic Research Foundation (Athens, Greece), and the Rutgers University Press. The full titles of the articles, the editors and publishers, and the dates of publication are shown below:

"Les Structures millénaristes sud-slaves aux XVIIe et XVIIIe siècles," in Association Internationale d'Etudes du Sud-Est Européen, *Actes du Premier Congrès International des Etudes Balkaniques et Sud-Est Européennes*, III. *Histoire (Ve–XVe ss., XVe–XVIIIe ss.)* (Sofia: Editions de l'Académie Bulgare des Sciences, 1969), pp. 809–19.

"The Pattern of Serbian Intellectual Evolution, 1830–1880," *Comparative Studies in Society and History*, I, 3 (March 1959), 242–72. The above journal is a publication of the Cambridge University Press.

"The 'Rationalization' of a Small Space-Economy: Serbia and the Great Powers, 1881–1914," in Vasa Čubrilović, ed., *Les Grandes Puissances et la Serbie à la veille de la Première Guerre Mondiale* (Belgrade: Académie Serbe des Sciences et des Arts, 1976), pp. 171–85.

"L'Espace maritime segmentaire de l'Empire ottoman," in Centre des Recherches Néohelléniques, Fondation Nationale de la Recherche Scientifique, *Actes du IIe Colloque international d'histoire, Athènes, 18–25 sept. 1983–Economies méditerranéennes: Equilibres et intercommunications, XIIIe–XIXe siècles*, Vol. I. *Liaisons commerciales et mouvement de navires entre la Méditerranée orientale et occidentale, XVe–XIXe siècles* (Athens, 1985).

"Russian Domination in the Balkans," in Taras Hunczak, ed., *Russian Imperialism from Ivan the Great to the Revolution* (New Brunswick, N.J.: Rutgers University Press, 1974), pp. 198–238, 352–62.

BETWEEN EAST AND WEST

Volume 4

Material Culture and Mentalités

Land, Sea and Destiny

1

*Les Structures millénaristes sud-slaves aux XVIIe et XVIIIe siècles**

L'historien risque assurément de nuire à la réalité, s'il dénigre le rôle fondamental des brigands et des "virocraties" (*Männerverbände)* dans la rupture d'anciennes structures sociales et la naissance de nouveaux états. Toutefois, dans les luttes incessamment reprises des peuples d'archéocivilisation contre la déculturation, un phénomène historique encore plus important que l'action des hors-la-loi justiciers a bien échappé au plus grand nombre des balkanisants, sinon en ses traits événementiels, tout au moins en tant que manifestation de crise sociale de longue, de très longue durée. Je fais allusion au millénarisme bien connu des historiens du Moyen âge occidental et des spécialistes des sociétés dominées des colonies européennes d'autrefois, mais mal ou peu connu des spécialistes d'histoire balkanique.

Un premier devoir s'impose: déterminer les fondements structurels de l'action millénariste et situer le mouvement dans son cadre historique, car il n'est pas de tous les temps et il ne naît point du hasard. Il puise ses sources, vraisemblablement, dans les rites et gestes des religions archaïques, dans ces cérémonies de renouvellement, répétées plus ou moins uniformément tous les ans, par lesquelles les rôles coutumiers se renversent, les règles sociales s'amortissent, le tabou se sécularise, le roi ancien abdique ses droits, un nouveau maître prend sa place et l'âge cède ses droits à la jeunesse, comme la contrainte à la liberté.

Avant de préciser comment le millénarisme se distingue des actes de rénovation cyclique, signalons l'abondance de ces derniers chez tous les peuples balkaniques; mais retenons, en particulier, la pratique chez les Serbes et Bulgares du Danube, jusqu'à la Première Guerre Mondiale, de l'antique rite de passage dit *družičalo.* Célébré le deuxième lundi après Pâques, le *družičalo* correspond au *dies rosationis* des anciens Romains et aux *družbadłnice* des Tchèques, *druzbowanie des* Polonais et *Droužkensonntag* des Silésiens, occasions joyeuses d'initiation et de passage pendant lesquelles les règles de la gérontocratie—bien réelle celle-ci même si les "anciens" sont souvent très jeunes d'après nos propres critères—tombent en désuétude et jeunes gens et jeunes filles choisissent à leur gré ami(e)s et amours.

Ajoutons à l'émancipation fictive ou temporaire du *družičalo* les rites de rébellion de nombreuses bandes de jeunes hommes. Refusant de se soumettre au métier d'agriculteur ou de pasteur, s'étant brouillés avec les anciens ou avec les représentants des cités ou des empires, ou pressés par la faim, beaucoup de jeunes gens se constituent en hors-la-loi, âpres à vivre de chasse et de pillage. Comme les *fiana* renommées des Celtes, cependant, les klephtes et *hajduks* des Balkans se réintègrent tous les ans, partiellement mais régulièrement, à la vie des clans, des villages ou des villes, ainsi que le suggère un vers du folklore serbe:

> A la venue de la Saint-Démètre, congé des *hajduks*,
> A la venue de la Saint-Georges, réunion des *hajduks.*

Les unes comme les autres, ces évasions visent à une libération de durée limitée ou de portée restreinte: longue d'une journée, de plusieurs semaines ou de six mois, ou offerte à une seule classe d'âge, notamment aux jeunes gens. Le millénarisme, par contre, autre moyen d'évasion, promet, lui, le salut sur terre à toute une peuplade sinon à une nation, et préconise magistralement l'abolition du temps pénible historique.

Multiple en ses manières de s'exprimer, dépendant dans ses détails d'expériences et mémoires collectives particulières, le millénarisme se dessine toujours comme un mouvement de refus culturel. Il s'enchaîne étroitement, par conséquent, au douloureux sentiment d'une discorde inébranlable entre le système d'oeuvres du peuple, c'est-à-dire du *Grundvolk* ou des soi-disant "autochtones" ou *starosedeoci*, et la culture merveilleusement rayonnante mais incroyablement fragile des dominateurs, qui, invariablement, sont de rite, de nation, de classe sociale, de pays ou d'esprit étrangers. Durement menacés, envahis par une peur de l'étranger et par une terrible angoisse intérieure née de la crainte de perdre leur autonomie culturelle, les peuples millénaristes ne se bornent point à exiger le simple changement de quelques éléments culturels individuels; ils souhaitent et envisagent une métamorphose des structures. Les ambivalences, tensions et antagonismes locaux se transforment ainsi en solidarité communautaire, et au mythe du retour annuel ou cyclique du Grand Ancêtre des peuples d'archéocivilisation se greffe un nouveau mythe de la *ré-volution*, c'est-à-dire du retour à l'âge d'or, cet âge que J.-B. (Giambattista) Vico appelait divin.

La fonction du mythe du retour annuel et des rites d'évasion et de rébellion temporaire est essentiellement purificatrice et miraculeuse. Tant que le recours à ces moyens de libération continue de donner à un peuple une satisfaction suffisante, le besoin de *ré-volution* n'entre pas le cadre de l'histoire. Mais lorsque le plaisir cède au mécontentement social, il s'institue, à côté des fêtes d'évasion temporaire, des mouvements presque biologiques d'évasion permanente.

De toute vraisemblance, les mouvements millénaristes se manifestent chez les peuples des Balkans dès l'Antiquité, mais c'est seulement depuis le XIIe siècle que l'on peut suivre plus ou moins bien leurs dénouements, et la grande époque chiliaste s'étend surtout depuis la fin du XVIe siècle jusqu'au début du XIXe siècle. Ces mouvements ne sont la propriété exclusive d'aucun groupe ethnique ou confessionnel, car on les rencontre, à des époques diverses, chez les Bulgares et les Valaques, les Grecs et les Serbes, les Juifs et les Turcs, aussi bien que chez les Albanais. Chez chaque peuple, toutefois, ils revêtent un visage particulier, à couleurs locales, et le chiliasme des uns nuit parfois au chiliasme des autres. Dans une étude inédite, j'ai dressé un tableau des millénarismes balkaniques à travers les

Fig. 1 Mustafa Ier. Source: [Dimitrie Cantemir, Voivode of Moldavia], *The History of the Growth and Decay of the Othman Empire,* 2 parts, Part I. *Containing the Growth of the Othman Empire, from the Reign of Othman the Founder, to the Reign of Mahomet IV, That Is , from the Year 1300, to the Siege of Vienna in 1683,* Written originally in Latin, by Demetrius Cantemir, Translated into English, from the Author's Own Manuscript, by N. Tindal, M.A., Vicar of Great Waltham in Essex, Adorn'd with the Heads of the Turkish Emperors, Ingraven from Copies Taken from Originals in the Grand Seignor's Palace, by the Sultan's Painter (London: Printed for James, John, and Paul Knapton, 1734). Courtesy, Rare Book and Special Collections Division, Library of Congress, Washington, D.C.: DR439.D528.

Fig. 2 Osman II. Source: Cantemir, *The History of the Growth and Decay of the Othman Empire,* Part I. Courtesy, Rare Book and Special Collections Division, Library of Congress, Washington, D.C.

Fig. 3 Giovanni Gondola (Ivan Gundulić). Source: Luigi Villari, *The Republic of Ragusa: An Episode of the Turkish Conquest* (London: J. M. Dent & Co., 1904).

siècles (dont je présente une première ébauche dans la conclusion au volume actuel). Ici, les exigences du programme du Congrès auquel cette communication a été destinée (Premier Congrès International des Etudes Balkaniques et Sud-Est Européennes, Sofia, 1966) me contraignent à être plus modeste. J'ai donc choisi comme thème le problème du millénarisme chez les Slaves du Sud des pays balkaniques occidentaux et centraux aux XVIIe et XVIIIe siècles.

Etablis en conquérants dans les Balkans depuis plus de deux siècles, les Turcs attendaient journellement leur propre défaite pendant le règne de Mustafa Ier (1617–1618, 1622–1623) et interprétèrent la comète qui parut pendant le règne d'Osman II (1618–1622) comme un signe sûr de leur chute. Redoutée des Turcs et convoitée par les autres peuples balkaniques, la destitution des Turcs fut prêchée surtout par les Slaves des régions occidentales. Inspiré par la *Gerusalemme liberata* de Torquato Tasso (1544–1595), par exemple, le poète ragusain Ivan Gundulić a écrit en 1622 le poème "Osman," qui évoque les douleureuses angoisses des Turcs et les plus fermes croyances et espérances des pays serbes et croates:

> Qui fut élevé est rabaissé,
> Et qui amoindri est agrandi.
> Tantôt sur l'épée la couronne pèse,
> Tantôt sur la couronne l'épée descend,
> Digne d'empire l'esclave se lève,
> Et l'Empereur se rend esclave.

Le malheureux Osman, qui tombe victime de la colère soldatesque, se plaint amèrement de l'inversion de l'ordre légitime:

> O! [ou AOI (*Jaoh* en serbo-croate), comme dans *La Chanson de Roland*] Autrement vont les choses maintenant!
> Les voïvodes et les militaires,
> Tout un monde mis soudain à l'envers,
> Les infidèles sont tout-puissants!

Quelques dizaines d'années plus tard, il apparaît chez les Serbes du Danube un usurpateur pseudo-prophète, Georges II Branković, qui prétend à la descendance de la famille régnante de la Serbie du Moyen âge finissant. Diplomate transylvain, le faux Branković (1645–1711) soumet à l'Empereur Léopold Ier, en 1688, pendant la guerre de 1683-1699 contre les Turcs, un *Mémorial* fantaisiste par lequel il propose la création d'un royaume ou empire illyrien englobant les provinces de Syrmie, Slavonie, Serbie, Bosnie, Herzégovine, Macédoine, Albanie, Bulgarie et Thrace, ainsi que tout autre pays ethniquement bulgare, serbe ou albanais. En 1663, à la Saint-Michel, insiste-t-il en outre, le patriarche Maksim de Peć l'avait sacré secrètement Despote dans une église d'Andrinople. D'emblée, le patriarche Arsenije III Crnojević le reconnaît comme héritier légitime des Branković médiévaux.

A la fin du XIXe siècle, plusieurs historiens serbes, notamment Ilarion Ruvarac et Jovan Radonić, ont voulu démontrer, une documentation abondante et de fins raisonnements à leur appui, que l'onction en question n'a jamais eu lieu. Notons bien, cependant, que ce faux Branković a connu peut-être dans sa jeunesse l'effervescence, á Constantinople et dans les villes frontières hongroises et bosniennes, du mouvement populaire puritain de la secte endogame des Kadezadeli (ou Kazizadeli), dont les partisans dédaignaient la musique et la gaieté et lisaient volontiers, surtout pendant les années 1630 àt 1640, non seulement le Koran mais aussi l'Evangile, ce dernier traduit en langue sud-slave et écrit, par des Protestants de l'Istrie, en caractères cyrilliques. Il a sûrement connu les éclatants mouvements des Vieux Croyants en Russie et de Sabatei Sevi (Sabbatai Sevi, Shabbethai Zevi, Shabbetai Zvi) chez les Juifs de l'Empire ottoman, car il se trouvait diplomate dans les deux pays à l'époque de leurs expériences respectives des plus profondes secousses millénaristes. Si

Fig. 4 L'Empereur Léopold Ier entouré d'une guirlande dont presque chaque feuille indique, en ordre chronologique, un accomplissement ou un triomphe. Source: Bibliothèque Nationale (Paris), Cartes et Plans, Ge.DD.1678–1679: *Isolario dell'Atlante Veneto,* del P[adre] Coronelli (Venetia, 1696), Part I. Courtesy, Bibliothèque Nationale (Paris).

Fig. 5 Ahmed II (r. 1691–1695), Contemporain ottoman de Léopold Ier, entouré lui aussi d'une guirlande mais dont chaque feuille indique, en ordre chronologique, une défaite, un désastre ou un ennui. Source: Bibliothèque Nationale (Paris), Cartes et Plans, Ge.DD.1678–1679: Coronelli, *Isolario dell'Atlante Veneto,* Part I. Coronelli identifie le sultan erronément sous le nom d'Ahmed Ier. Courtesy, Bibliothèque Nationale (Paris).

le patriarche Maksim l'a vraiment sacré Despote, c'est peut-être en reconnaissance du pressentiment des chefs serbes de la fin prochaine de l'Empire ottoman. En tout cas, relevons en particulier la désignation de l'année 1663, période de pleine effervescence millénariste chez les Russes et chez les Juifs, comme date du sacre faux ou vrai. Remarquons aussi que ce Branković prétend non seulement être l'élu du vicaire de Dieu, mais il avoue aussi son ambition de créer un paradis terrestre, ou plutôt de restaurer un paradis terrestre qui n'a jamais existé: un empire illyrien.

Trop éloigné du peuple de par sa profession, Branković attend trop longtemps pour se prononcer. La guerre de 1683–1699 s'est bien déroulée pour les Impériaux jusqu'à la fin 1688. Mais ayant déployé leurs troupes trop loin vers le sud, jusqu'à Üsküb (Skoplje, Skopje), et menacés par la peste et d'autres épidémies, les Impériaux ont dû se retirer vers le nord en 1689, suivis par des Serbes et Macédoniens orthodoxes et par des Albanais et Bulgares catholiques. La grande retraite bat son plein. Le faux Branković attend néanmoins le 12 juin 1689 avant d'envoyer l'ordre de soulèvement aux peuples d'Illyrie septentrionale, de la Moesie et de la Thrace.

Conscient de la vulnérabilité du peuple à l'agitation d'usurpateurs ardents et ambitieux, le gouvernement Impérial se décide promptement à mettre Branković en réclusion, le gardant séquestré jusqu'à sa mort en 1711. De son côté, le peuple ne se soulève pas, optant alors pour un autre moyen de salut, la fuite au pays réputé sans mal, l'émigration en Hongrie, pays d'évasion pour les Serbes et les Valaques depuis le XVe et le XVIe siècles.

A la même époque que la manifestation du chiliasme sabatéen et du millénarisme érudit de Georges Branković, vraisemblablement vers le milieu du XVIIe siècle, un "vieillard" du clan des Vasojević et de la phratrie des Šćekić, qui a fait partie autrefois du clan des Piperi, s'est mis à pronostiquer l'avènement d'un Messie serbe: "D'en dessous du point où le Lim s'écoule [dans la Drina, la Drina dans la Save et la Save] dans le Danube [et il est à supposer des entrailles de la Terre et de l'Empire des morts] paraîtra un homme noir—*crni čovjek*—qui se révélera comme le roi aux mocassins—*car u opancima*. Jusqu'à son avènement, on subira beaucoup de mal, puis il va libérer beaucoup de Serbes. Les libérés auront enfin une bonne vie, et le (ou les) *Crnokapa* et le (ou les) *Crnogaća* se montreront chez nous. Les Turcs disparaîtront de plus en plus de la face du globe."

Cette prophétie du "vieillard" Stanj pose de nombreux problèmes. Notons tout d'abord que le nom Stanj est bien une variante des noms d'homme Stanko, Stanoje, Stanimir ou Stojan, ou de femme Stana, Stanija, Stamena ou Stojna; un nom magique ou prophylactique donné à un garçon dans une famille à forte mortalité infantile ou à une fille dans une famille dotée de beaucoup de filles mais dépourvue de garçons. D'après les informations de l'ethnographe Milan Djuro Milićević, Stanj mourut à 90 ans "il y a 220 ans," par conséquent, vers 1650 ou 1670, si l'on tient compte de la période pendant laquelle Milićević a dû recueillir ces renseignements. Si ces données sont exactes, il fut contemporain d'Ivan Gundulić et dut avoir connaissance des pronostics sabatéens.

La prophétie attribuée à Stanj précise l'avènement d'un homme noir ou basané, *crni čovjek*, accompagné du (ou des) *Crnokapa* et du (ou des) *Crnogaća* ou prenant lui-même l'aspect des *Crnokapa* et *Crnogaća*. Mais comment traduire ces mots énigmatiques? Le sens littéral est "Bonnet Noir" (ou "Capuchon Noir") et "Culotte Noire."

Mais au début du XIXe siècle aussi, on appelait *Crnokapa* les habitants de la région de Braničevo, c'est-à-dire de la Serbie orientale du Danube. D'autre part, les habitants du Stari Vlah (ou Starovlah), littéralement "Vieux Valaque," région montagneuse séparant l'Herzégovine et le Monténégro de la Serbie, sont réputés pour leur visages basanés, tannés par le vent et le soleil et noircis par la fumée de conifères qui s'échappe de leurs maisons mal aérées. Les hommes du Starovlah portaient en général, au XIXe siècle, de larges culottes noires appelées *pelengiri*. Le *Crnokapa*, est-ce donc l'homme de Braničevo; le *Crnogaća*, celui du Starovlah? C'est possible.

Etymologiquement cependant, et dans la mémoire collective inconsciente du peuple serbe, le *Crnokapa* est vraisemblablement le Grand Chthonien, porteur de la *Tarnkappe* ou *Tarnhût*, cette calotte de brouillard des étranges, nébuleux, cauchemardeux héros et elfes de la mythologie teutonique. En se couvrant de cette calotte, ces êtres mythiques se rendaient invisibles et acquéraient, en outre, la force de douze hommes. Cette calotte correspond aussi au bonnet de peau de chien, enveloppe de ténèbres, que portait traditionnellement autour de sa tête l'ancien dieu grec des morts. A propos, la plaine de Kosovo que traversent souvent les gens du Starovlah est couverte parfois d'un épais brouillard. Dans une chanson typiquement *starovlah*, il sort de ce brouillard un inconnu monté sur un cheval blanc à trois jambes. L'inconnu semble aussi épuisé que sa monture, mais il remporte aisément la victoire sur un des plus réputés chevaliers des Balkans, Sekula Banović. Le vainqueur est Jovan de Kosovo, chevalier de la justice. En effet, c'est Jovan le psychopompe, version féodale des héros teutoniques et du dieu grec des trépassés.

Comme *Crnokapa*, le terme *Crnogaća* dérive du radical initial *crn* (ou *čarn*), c'est-à-dire "noir," "basané," "terreux," "magique," "sorcier." Par contre, le radical terminal représente à mon avis une forme serbisée du mot Gautr, qui désignait chez les Goths "homme" ou "héros" mais s'appliquait aussi au dieu célèbre plus communément apprécié sous le nom de Wuotan, Wodan ou Odinn (Vid ou Svetovid des Slaves païens). Si *Crnokapa* signifie calotte de brouillard ou bonnet des ténèbres, *Crnogaća* désigne probablement un homme ou héros noir (sorcier), c'est-à-dire un chthonien ou grand autochtone, défenseur mythologique de la culture indigène.

N'oublions pas que Slaves vécurent côte à côte avec des Goths durant des siècles, non seulement en Pologne et dans les steppes du Sud-Est européen mais aussi dans les Balkans, en particulier sur le Danube, en Croatie, en Herzégovine, au Monténégro et en Albanie nord-orientale. A mi-chemin entre Raguse (Dubrovnik) et Foča, on découvre ainsi le Gacko Polje, vraisemblablement le poljé des Goths. Il est fort possible également que le mot serbo-croate *gatari*, qui réfère de nos jours aux "devins" ou "augures," désignait autrefois "devins et Goths," spécialistes de la divination. Rien de surprenant, par conséquent, si les

Slaves du Sud se servent d'un mot à résonance gotique pour nommer l'ancêtre des ancêtres, le grand autochtone.

Crni čovjek, Crnokapa, Crnogaća ou Jovan de Kosovo, c'est toujours l'homme noir des brumes et des ténèbres. Egalement honoré de presque tous les peuples des Balkans est le héros Marko Kral(j) ou Kraljević, ce "Roi" ou "Prince" Marko dont le nom n'est, en réalité, qu'une légère déformation de Mrk(oje) ou Mrk(onja). C'est de nouveau le noir, l'homme des ténèbres ou tout simplement les ténèbres: *mrak.*

Dans une tradition largement balkanique bien que centrée sur la Serbie, la Macédoine et la Bulgarie occidentale, Marko représente un archétype autour duquel le peuple a créé des mythes qui ressemblent extraordinairement aux récits du deuxième avènement du Roi Arthur, de Charlemagne (*Carolus redivivus*), du Comte Baudouin (brièvement Empereur latin à Constantinople), de Frédéric Barberousse, le bon Empereur de la Fin du Monde, sans oublier les contes du "Roi inconnu" irlandais. Les mythes tramés autour du nom de Marko ont très peu de rapports avec le prince historique du même nom, vassal des Turcs au XIVe siècle finissant. Le personnage des légendes ressemble beaucoup, par contre, à Digenis Akritas, héros byzantin des frontières anatoliennes, et au thraco phrygien Sabazios ou Dionysos.

Fait fondamental, les peuples des Balkans, et tout premièrement les Slaves du Sud, attendent des siècles durant le retour de Marko Kraljević comme sauveur et fondateur d'un nouvel âge d'or ou *zlatan vek.* Ces légendes nous sont familières surtout sous les formes qu'elles revêtent depuis la fin du XVIIIe siècle, mais tout porte à croire qu'elles remontent à une antiquité très reculée. Elles racontent que Marko s'est retiré temporairement du monde pour s'assoupir dans une caverne secrète, symbole de la Mère Terre, près de sa forteresse macédonienne de Prilep ou sur une île inconnue. Mais lorsque "va frapper l'heure"—*kucne čas*—de la délivrance, du renouvellement et du pardon du peuple serbe, Marko se lèvera de son sommeil pour mener les Serbes et les autres peuples dominés des Balkans contre les Turcs, repoussant ces derniers "à travers la mer bleue" d'où ils sont venus. Rappelant la légende arthurienne, une variante affirme que le héros se réveillera lorsque son épée se dégagera enfin du rocher (ou de la poutre) dans lequel (ou laquelle) il l'avait plongée avant son long sommeil.

Marko reviendra lorsque "va frapper l'heure" de la délivrance, c'est-à-dire au moment préordonné par le destin—la *sudbina* des Slaves du Sud, l'*heimarmene* des

Freske an der Kraljević Marko-Mehana.

Fig. 6 Fresque de Kraljević Marko et de l'*Autre* dans une taverne (la Kraljević Marko Mehana) belgradoise, 1888. Source: Felix Kanitz, *Das Königreich Serbien und das Serbenvolk von der Römerzeit bis zur Gegenwart,* Vol. II. *Land und Bevölkerung,* edited and augmented by Bogoljub Jovanović (Leipzig: Verlag von Bernhard Meyer, 1909).

Grecs. D'une importance presque inimaginable, spécialement au XVe siècle, le concept médiéval de *sudbina*, compris dans le sens de règlement d'un Dieu justicier, règne jusqu'au milieu du XIXe siècle et au-delà. Dans les croyances du peuple, ce n'est point le hasard qui décide du bonheur et du malheur, c'est plutôt le destin. Mais Voltaire, lui aussi, ne déclare-t-il pas, en 1764, que le principe du destin (ou des "lois") domine tout, que le hasard n'existe point? Dans la pensée voltairienne, cependant, Dieu n'agit que sur la base des lois de son imagination. C'est donc comme s'il n'existait plus. En écartant Dieu, cependant, Voltaire n'a pas évincé le destin.

A partir des années 1830, pour des raisons que nous préciserons par la suite, les formes traditionnelles ou pré-industrielles du millénarisme vont s'écrouler. Et dans un conte de 1902 intitulé "Le Deuxième avènement chez les Serbes du Prince Marko" (*Kraljević Marko po drugi put medju Srbima*), Radoje Domanović (1873-1908) va parodier Marko comme l'incarnation d'us et coutumes périmés. Son fameux cheval, par exemple, ne peut pas attraper un cycliste et il est luimême arrêté pour vagabondage, car il est sans "métier," sans appréciation de l'éthique du travail réglé et régulier. Il aboutit, par conséquent, dans une maison d'aliénés avant de retrouver enfin le chemin du ciel.

Mais la récession du millénarisme d'ancien style est surtout un fait des villes. Dans les campagnes, les anciennes croyances sont plus tenaces. En novembre 1912, par exemple, pendant la Première guerre balkanique, des soldats serbes, paysans et pâtres en uniforme, ont saisi des hauteurs réputées imprenables sous l'impulsion d'une vision collective de Marko monté à cheval les incitant à aller de l'avant. Pendant la Première Guerre Mondiale aussi, les prophéties millénaristes s'intensifient en pays serbes occupés. Dans les années d'après-guerre, le conteur Nikola Pejčanoski du village de Brodec, dans le pays des Mijaks bergers de la Macédoine occidentale, réaffirme la croyance collective en une libération ultérieure: "Marko se réveillera, lui promet la nymphe ou *vila* légendaire, lorsqu'il sera couvert de sept cents soixante-dix-sept couches de feuilles." Le nombre magique sept répété trois fois de suite, 777, est une autre façon de dire, quand "va frapper l'heure."

Au demeurant, les visions millénaristes en vogue entre le XVIe et le XIXe siècle chez les Serbes et leurs voisins immédiats revêtent plus d'archaïsmes que les messianismes et millénarismes des civilisations juive et grecque, à caractère plus profondément littéraire. Ces archaïsmes manifestent même une structure très précise. Le sauveur national et héros culturel des Serbes, comme des Slaves du Sud en général, incorpore ainsi une grande partie des traits suivants:

1) il trébuche, ou monte un cheval boiteux;

2) il est cavalier, disposant d'un cheval généralement blanc ou pie mais parfois d'une autre couleur;

3) il est de teint basané ou prend l'apparence des brumes;

4) il porte des vêtements noirs ou brumeux et prophylactiques, et il est coiffé d'un bonnet noir;

5) il se chausse de mocassins (*opanke*), de sandales ou de petites bottes, comme Mercure ou Hermès;

6) on l'appelle Prince, Roi ou Empereur (*kraljević, kralj, car*);

7) il est voyageur;

8) il est guérisseur;

9) son nom coutumier est *Crni* (Le Noir), Marko (Le Noir ou le Ténébreux), Kara (Le Noir), Sava (Sabazios), Ivan, Jovan (Jupiter) ou Stefan (nom sacré des rois serbes médiévaux).

Les traits de claudication, d'un visage noir ou basané, de vêtements et bonnet noirs (ou brumeux et magiques) et d'une monture blanche, distinguent communément l'antique dieu serbe Dabog: dieu de la terre, de la nuit et du feu, des mines et de la richesse, de la fertilité et de l'abondance, *deus dator*, grand chthonien. De surcroît, le port de mocassins ou de sandales est bien une caractéristique de saint Sava (ou de Sabazios) et du diable, cet autre successeur de Sabazios. Les Serbes donnent au diable, d'ailleurs, le nom de Daba, forme familière de Dabog (*deus dator*)—ou de Daba Romi (Hromi), Daba le Boiteux.

Tout comme en Europe médiévale, où pourtant les attitudes sont déjà ambivalentes, la croyance persiste chez les peuples balkaniques, jusqu'à la fin du siècle dernier, dans l'idée que le plus humble errant ou vagabond, le voyageur (*putnik*) en mocassins et en haillons, le boiteux et le mendiant, peuvent bien dissimuler un dieu, un saint ou un démon de type antique, un *sanctus pauper* dispensateur de récompenses et de châtiments, à qui on devrait donner volontiers l'hospitalité. Dans le gnosticisme, on donnait souvent au Sauveur le nom d'Etranger, c'est-à-dire, voyageur qui vient de loin, voire d'un autre monde. Déjà aux temps homériques, les Grecs considéraient le mendiant et le vagabond comme des démiurges, serviteurs de la collectivité, "purificateurs" ou bouc-émissaires, tour à tour comblés de cadeaux et flétris de coups, indispensables aux banquets, où ils prenaient sur eux-mêmes les souillures ou le "trop sacré" de la nourriture.

Dans la mythologie d'une grande partie de l'humanité, la claudication est la marque des chthoniens, comme le témoignent Vulcain, dieu boiteux du feu et des forgerons et artisans chez les Romains, ainsi que les dieux au "pied-ensanglanté" ou au "pied-blessé" des Pueblo, les chthoniens clochant et trébuchant des Kwakiutl, le diable boiteux au visage noir des Saracatsans bergers des Balkans méridionaux. Originaires des entrailles de la terre—et en mythologie russe, le véritable royaume, la cité de Kitëzh, se situe au fond d'un lac—comment pourraient-ils marcher sans peine?

Quant à la symbolique du cheval et du héros cavalier, il faut tout d'abord se rappeler que dans la mythologie des Grecs anciens, l'époux ou le compagnon de Déméter est le cheval ailé Poseidon Hippios, dieu des grottes, gouffres, sources, torrents et cavernes, ainsi que de la mer, qui, plus tard, va rejoindre l'homme au ciel. En mythologie indo-européenne, le cheval blanc ou rouge symbolise, en effet, le moyen de communication, le trait d'union, entre la terre et le feu, ou le soleil. Enfin, le cavalier thraco-phrygien, dont l'image couvre les stèles funéraires des Balkans, se réclame de Dionysos.

On a longtemps dépeint Dionysos sous les traits d'un serpent ou d'un sanglier, pour l'assimiler à la

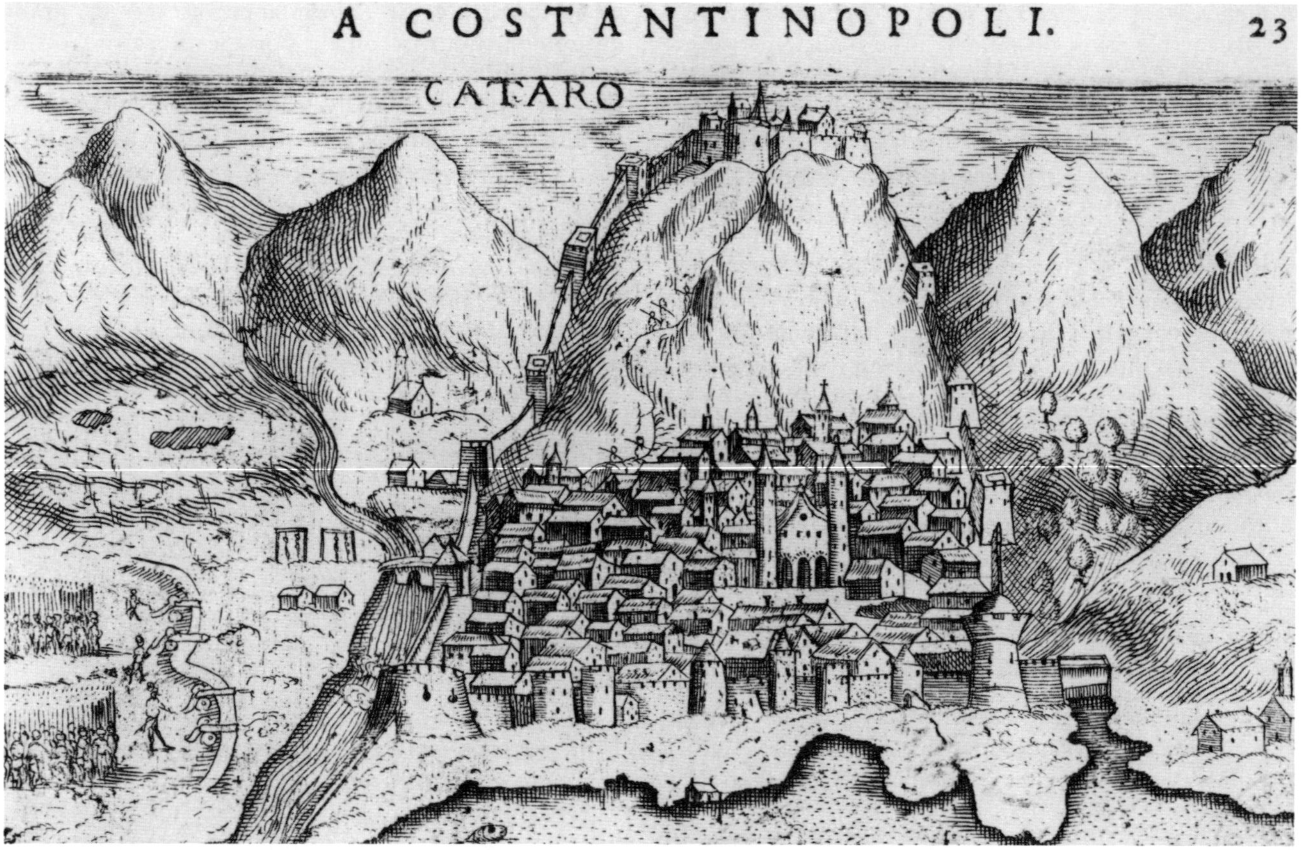

Fig. 7 Cattaro (Kotor) à la fin du XVIe siècle. Source: Bibliothèque Nationale (Paris), Cartes et Plans, Ge.FF.4736: Gioseppe [Giuseppe] Rosaccio, *Viaggio da Venetia, a Costantinopoli per Mare, e per Terra, & Insieme Quello di Terra Santa* (Venetia: appresso Giacomo Franco, 1606), pl. 23. Courtesy, Bibliothèque Nationale (Paris).

longue à Mithra, le tueur du taureau (son *alter ego*), et aux tricéphales cavaliers thraces, au tricéphale dieu-cheval Triglav des Poméraniens, à Dabog, Mars et Vid, puis à saint Démètre, saint Théodore et saint Georges. Plus tard, on le confondra même avec Marko Kraljević, dont la fête ancestrale ou *slava* est justement la fête du héros cavalier saint Georges. Le dieu-cheval ou le héros cavalier n'est autre qu'un ancien chthonien, qui a acquis la fonction d'intermédiaire à la fois entre l'homme et la terre et l'homme et le ciel.

Puisant ses sources dans les pratiques et croyances des civilisations thraco-phrygienne, grecque, illyrienne et slavo-irano-gotique, et dans les coutumes de la chrétienté médiévale, la riche tradition millénariste des peuples slaves de l'Empire turc leur a permis d'appeler au secours un grand nombre de sauveurs. Si, par ailleurs, les sauveurs les plus renommés manquent à leur devoir de se présenter, on peut toujours recourir à un nouveau libérateur.

C'est ce qui s'est passé chez les Monténégrins et leurs voisins herzégoviniens et dalmates, quand, dans les années 1760, il est arrivé dans le territoire vénitien de Cattaro (Kotor), près de Budva, un guérisseur itinérant âgé de trente ans environ, habile dans l'utilisation des plantes médicinales, dont on ignore toujours l'identité exacte. [Selon Alphonse Rabbe, c'était "un simple caloyer, ou moine grec," émissaire du Thessalien Papaz-Ogli (Papazoglu), qui à son tour fut l'envoyé de Catherine II chargé de la mission de soulever le Péloponnèse.] Tout en s'annonçant originaire de Janina cependant, et quoique vêtu de la tunique grecque, il ne semblait pas connaître la langue grecque (Etait-ce un Valaque, mais pourquoi alors ne savait-il pas le grec?). On suppose parfois aussi que c'était un certain Etienne Raicevich de Dalmatie, qu'il ne faut cependant pas confondre avec le Raicevich de Raguse.

La réputation de cet étranger se répand vite, et la

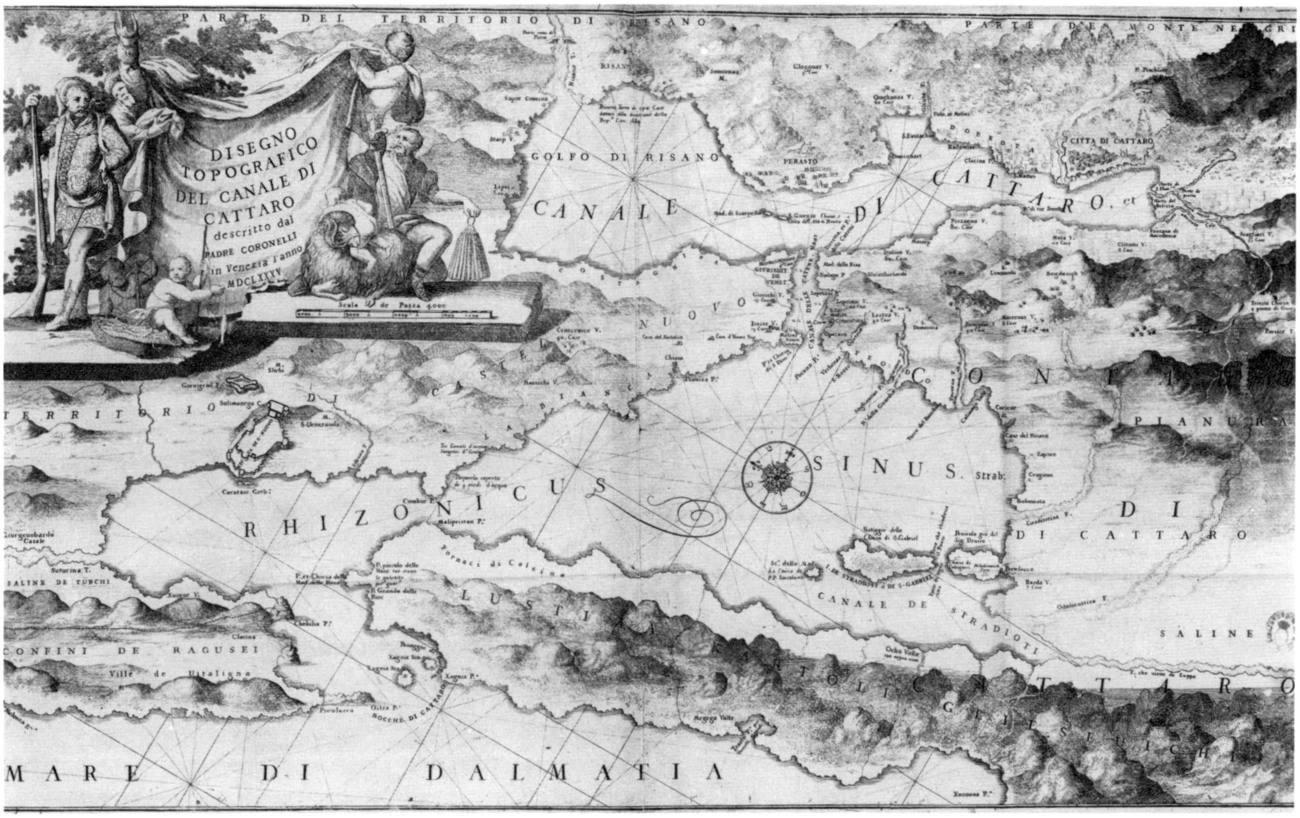

Fig. 8 La Baie de Cattaro, 1685. Source: Bibliothèque Nationale (Paris), Cartes et Plans, Ge.DD.1504: *Description géographique et historique de la Morée reconquise par les Vénitiens, du royaume de Negrpont, des lieux circonvoisins, et de ceux qu'ils ont soûmis dans la Dalmatie, & dams l'Epire depuis la guerre qu'ils ont déclarée aux Turcs en 1684 jusqu'en 1687, enrichie de plusieurs plans, & vûës de places des mêmes païs*, par le père Coronelli, cosmographe de la Sérénissime République de Venise (Paris: chez Nicolas Langlois, 1687), Disegno Topografico del Canale di Cattaro Descritto dal Padre Coronelli, in Venezia, l'anno MDCLXXXV. Among the subjects of interest to Coronelli were the number of houses in many of the villages and the presence of mills and salt pans. Courtesy, Bibliothèque Nationale (Paris).

rumeur court dans la confédération nomocratique des tribus monténégrines, pendant l'été de 1767, qu'il s'agit en réalité de Pierre III, Empereur de droit des Russies, qui fut assassiné en 1762 par une junte fidèle à son épouse, Catherine II.

S'ils terminent leurs vendettas et se montrent loyaux à leur foi orthodoxe, leur promet le guérisseur, les Monténégrins auront droit de s'attendre à de grandes récompenses. Deux assemblées de guerriers monténégrins font alors le serment de maintenir une paix perpétuelle entre eux, présentent leurs respects à Etienne dans son refuge cattariote, privent le faible Prince Evêque Sava Petrović de son autorité séculière et accueillent le règne d'Etienne (ou Šćepan), nom sacré (dans la forme de Stefan) donné traditionnellement aux rois serbes médiévaux. Le nouveau monarque s'appelait lui-même "Petit, le plus petit sur terre," ou "Etienne, petit avec les petits, méchant avec les méchants, et bon avec les bons," et il portait toujours un bonnet noir (la *Tarnkappe* légendaire?) fourré qu'il n'ôtait devant personne.

Selon P. Coquelle, on a imprimé en 1784 à Mangador, sur la côte de Malabar, un petit opuscule intitulé *Stiefan Mali, ou Etienne le Petit, le pseudo Pierre III, Empereur de Russie*, dont l'auteur anonyme se vantait d'avoir été "officier général" dans l'armée d'Etienne. D'après l'auteur de cet opuscule, dont je n'ai pas réussi à trouver une copie, le guérisseur a adressé aux populations monténégrines, en septembre 1767, le manifeste suivant:

> Etienne Mali, ou le Petit, qui en peu de temps deviendra grand, annonce que les pommes ne sont pas encore mûres, mais que dès qu'elles le seront, on les ouvrira et on trouvera dans leur intérieur des rubis, des diamants, des saphirs, des émeraudes, et qu'un chacun qui croira en moi, en pourra avoir autant qu'il voudra. Paix et salut à ceux qui m'obéiront; les incrédules et les infidèles seront bientôt passés au fil de l'épée et jetés à la mer, qui n'attend que

Fig. 9 Cattaro (Kotor) dans la baie du même nom, devant les hauteurs du Monténégro, vers 1815. Source: Col. L.C. Vialla de Sommières, *Travels in Montenegro, Containing a Topographical, Picturesque, and Statistical Account of That Hitherto Undescribed Country* (London: printed for Sir Richard Phillips and Co., 1820). This translation is part of Vol. IV of *New Voyages and Travels, Consisting of Originals and Translations* (London: printed for Sir Richard Phillips and Co., n.d.)

Fig. 10 Un Monténégrin vers 1815. Source: Vialla de Sommières, *Travels in Montenegro.*

mes ordres pour les soulever et les engloutir tout vivants.

[Mais rêver de perles ou de pierres précieuses, lit-on dans le livre sur les significations des songes de Djafar ibn Mohammed al Balkhi, se rapporte "le plus souvent," dans les traditions des Indes, "aux oracles diuins, à la cognoissance de Dieu, & à la sapience diuine."] Selon toute vraisemblance, les embellissements indiens ou orientaux ont enrichi ainsi, chez les peuples conquis des Balkans, les croyances en un bel âge d'or. Les Monténégrins peuvent se fier à la prophétie dite d'Etienne le Petit, car elle est de "*sapience diuine.*"

De sapience divine! Ce qu'on n'a guère remarqué pourtant, c'est que cet Etienne, Stephano Piccolo, Šćepan Mali ou faux Pierre III, joue dans l'esprit du peuple le rôle du dieu de la mer. Celle-ci n'attend que ses ordres, annonce-t-il, pour engloutir tout vivants les infidèles et les incrédules.

L'empressement des Monténégrins à reconnaître un usurpateur inquiéta Catherine, alors en proie à la rébellion d'Emélian Pougatchev et au millénarisme russe, qui va créer bientôt la légende de l'Ataman d'or. Elle envoie donc au Monténégro, en 1769, le Prince Yury Vladimirovitch Dolgoruky, afin d'exposer Etienne comme fraudeur. N'ayant trouvé personne d'autorité suffisante pour remplacer le sorcier, Dolgoruky dut se résigner à lui pardonner, le commissionner officier russe et lui accorder une charte plaçant le Monténégro sous son commandement.

Une année plus tard, à la suite de l'explosion d'une mine qu'il posait, le guérisseur s'estropia et perdit un oeil. Déjà basané, moustachu et aux yeux foncés, dès lors borgne et boiteux, il devient un véritable chthonien, qu'on transporte dorénavant, comme un dictateur romain, sur une chaise à porteurs, don de la République voisine de saint Blaise (Raguse) acquis à Venise pour soixante ducats d'or. En septembre 1773, cependant, Etienne le Petit fut assassiné par son servant joueur de lyre, alors à la solde du Pacha de Scutari, qui espérait annexer le Monténégro à ses propres territoires.

La promptitude des Slaves du Sud à accueillir avec ferveur de tels apôtres de renouvellement s'explique par des conditions à la fois objectives et subjectives, notamment, par leurs expériences d'une domination étrangère. Ils ont conservé précieusement, par conséquent, l'ancien mythe du retour de l'ancêtre libérateur, le mythe de "l'empereur assoupi," connu en Asie occidentale sous la forme de "l'émir caché." Il s'agit, en effet, d'un phénomène de peuples hypersensibles, prêts et naturellement capables de passer d'un sentiment extrême à un autre, du désespoir à l'espoir sans bornes.

Un siècle après l'avènement d'Etienne le Petit, le docteur G. Frilley, qui succéda au docteur Boulongne à la cour du Prince Nikola du Monténégro, a décrit ainsi la psychologie des Monténégrins à l'époque de son séjour (1870 à 1880): "Les névroses semblent dominer la pathologie des Monténégrins: névroses de l'intelligence dans une proportion considérable pour une si faible population; névroses de la sensibilité, et surtout céphalée, migraine, névralgies des plus variées; ajoutons-y la paralysie de l'enfance, l'hystérie chez le tiers au moins des femmes, le nervosisme chez beaucoup d'hommes, les battements nerveux de l'aorte presque universels dans les deux sexes."

Cette description peut s'étendre probablement aux peuples voisins et aux époques antérieures. Si d'autres auteurs n'y font guère allusion, c'est par un manque de séjour médical ou par l'incapacité générale des observateurs de remarquer un état d'émotivité, qui, jusqu'à la fin du XVIIe siècle et parfois jusqu'au XIXe siècle, n'était que trop répandu en Europe occidentale aussi. Etant trop commun, cet état d'esprit pouvait passer inaperçu.

Aux autres visions millénaristes serbes, ajoutons les "signes dans les cieux," que le peuple interprétait de coutume comme augures de la guerre, des épidémies et de la rébellion, à la suite desquelles pourraient venir enfin la libération et la rénovation. On croyait, par exemple, que les comètes sont porteuses à la fois de messages d'espoir et de catastrophe, de renouvellement par la souffrance et la mort.

La ballade sur le "Début de la Révolte contre les Deys" du barde aveugle Filip Višnjić présente ainsi une vision apocalyptique des origines de l'insurrection serbe de 1804. Selon Nenad Dj. Janković, le premier augure signalé dans le poème est l'éclipse solaire du 30 janvier (le poème fait allusion à la veille de la Saint-Tryphon, soit le 31 janvier) ou l'éclipse lunaire du 14 janvier 1804. Le second augure, par contre, le signe des "bannières sanglantes" (*krvavi barjaci*), se rapporte vraisemblablement aux comètes de 1781, 1797 ou 1807, apparemment toutes visibles à l'oeil nu. Le troisième signe est l'orage du 14 janvier 1801 (la veille de la Saint-Sava). Le quatrième, enfin, se rapporte aux éclipses déjà mentionnées ou à n'importe quelle année d'éclipse.

Beaucoup d'expressions dans le poème prennent la forme de formule: depuis la Saint-Tryphon à la Saint-Georges, depuis la Saint-Georges à la Saint-Démètre. Le poème dévoile également une conception millénariste du temps. L'ordre chronologique, par exemple, est sans grande importance. Si l'on fait confiance au poème, par exemple, la succession d'événements correspond aux années suivantes: 1) 1804, 2) 1781, 1797 ou 1807, 3) 1801 et 4) 1804, ou à n'importe quelle année de présage. Il est dans cet ordre, cependant, une vérité généralement inaperçue de l'histoire événementielle, qui range systématiquement tous les événements dans un ordre chronologique. Le poème de Višnjić, qui fut contemporain des événements, nous permet d'apercevoir une configuration millénariste—de situer les débuts de la révolution serbe, dans ses aspects millénaristes, aussi bien en 1781 qu'en 1804 ou 1797.

On aboutit ainsi à la révolution, en Serbie, non par le moyen des lumières mais par la voie du millénarisme. Les chefs des soi-disant première (1804–1814) et deuxième (1815) insurrections serbes, Karadjordje (Georges le Noir) Petrović et Miloš Obrenović, étaient presque autant des chefs millénaristes que des guerriers. Un Serbe de la Voïvodine, qui visita la Serbie pendant les années 1820, représente Miloš comme "l'émissaire fidèle" de Dieu, envoyé pour libérer les Serbes des

Turcs, comme Moïse délivra des pharaons le peuple juif. Mais visant à devenir un chef traditionnel, ou prince légitime, Miloš se détourna de l'idée de demeurer un chef purement charismatique, dont le pouvoir dépend toujours de la foi inébranlable chez ses disciples en sa mission. En 1830, lors d'une grande assemblée nationale, il proposa adroitement d'abdiquer afin de faire taire les chefs mécontents et d'étouffer les plaintes qu'il agissait en tyran. Des cris zélés s'élevèrent alors: "Père! Sauveur de la patrie! Libérateur ! Elu-de-Dieu!" Puis l'assemblée le proclama Prince héréditaire.

Décourageant les activités de chamans et de prophètes dès les années 1820, Miloš redoubla son opposition aux mouvements populaires après 1830. Il se rendait compte que le peuple peut se détacher de ses chefs actuels au bénéfice de nouveaux meneurs charismatiques si les gens continuent à donner libre cours aux divinations des nombreux chamans.

Les guérisseurs (*vračari*), augures, devins, devineresses (*gatari*), prophètes (*proroci*) et vagabonds (*skitnice*) reflètent fidèlement, cependant, la culture serbe de l'époque. En juillet 1836, par exemple, la prophétie d'un moine et d'un "errant et sot'—*čovek skitnica i budala*—incite beaucoup de gens à fuire la rustique capitale de Kragujevac de peur que la ville ne soit engloutie dans la terre. Le Conseil de Miloš a recours alors à la soldatesque pour reconduire les évadés à Kragujevac par force.

Le problème des guérisseurs et prophètes continue de vexer l'Etat pendant les années suivantes mais ne joue désormais que rarement le rôle extraordinaire d'autrefois. Roger Bastide affirme, par contre, que le messianisme comprend

> à la fois des aspects favorables et des aspects défavorables pour un possible développement des pays sous-développés. Il peut, s'il est manipulé du dehors par des leaders intelligents, qui le transforment par exemple en parti politique, être un apprentissage, de la part de la masse, de nouvelles façons de penser et d'agir; mais il peut aussi, si on le laisse évoluer librement ou si on le persécute, donner une vigueur accrue à la pensée magique et entraîner la démission de l'effort au profit du rêve.

En d'autres mots, le mouvement peut se transformer en secte, en "rupture avec le reste du monde," passant de la révolution à la conservation et à l'immobilisme, comme dans la Serbie sous-développée d'après 1830.

Mais comment se fier à la première supposition de Roger Bastide? N'y a-t-il pas, au contraire, un abîme presque infranchissable entre les besoins d'organiser ou objectiver une nouvelle société, lui donner une base formelle, et les besoins des groupes millénaristes de retourner à une forme de société supposée antérieure?

Fig. 11. Djordje Petrović, nommé *Crni* (poétiquement, *Čarni*) Djordje, ou Karadjordje (Karageorges), soit, Georges Le Noir, chef de la guerre d'indépendance, 1804–1814. Il est représenté ici avant sa décision d'ordonner à ses troupes la coupe des queues de cheveux (coiffe habituelle, dans les Balkans ottomans, chez une grande partie des paysans chrétiens) afin de les mettre plus à l'aise dans le combat. Source: Bibliothèque Nationale (Paris), Cartes et Plans, Ge.DD.1500 (42), portrait tiré de l'*Atlas* (t. Ier, cahier 3e, page 307) de Conrad Malte-Brun [Malthe-Bruun], *Annales des voyages, de la géographie et de l'histoire*, 24 vols. (Paris, 1808–1815). Courtesy, Bibliothèque Nationale (Paris).

Le cas balkanique suggère, en effet, que le millénarisme a peu de chances dans une société vraiment politique ou politisée, que le millénarisme et le zèle sont, en principe, l'antithèse du politique.

Note

*Je remercie vivement le Rutgers Research Council de l'appui donné a mes recherches. Ces pages consacrées au millénarisme chez les Slaves du Sud aux XVIIe et XVIIIe siècles devraient faire partie, ultérieurement, d'une étude plus longue sur les structures millénaristes pré-industrielles des civilisations balkaniques (voir le dernier chapitre de ce volume). Les passages que je cite et que j'explique ou interroge proviennent des ouvrages suivants: J'ai puisé les deux lignes sur la vie des *hajduks* (haïdouks) chez M[ilan] Dj[uro] Milićević, *Život Srba seljaka* (2e éd. rév. et aug.; Belgrade, Srpska Kraljevska Akademija. 1894), p. 144, et chez Edmund Schneeweis, *Serbokroatische Volkskunde*, I. *Volksglaube und Volksbrauch* (Berlin: Walter de Gruyter, 1961), p. 137. La source du poème "Osman" est *Ivan Gundulić: Odabrane strane*, éd. Dragoljub Pavlović (Belgrade: Geca Kon, 1939), pp. 153, 160. La prophétie de Stanj est tirée de Milićević, *Život Srba seljaka*, pp. 82–36, et de Veselin Čajkanović, *0 srpskom vrhovnom bogu* (Belgrade: Srpska Kraljevska Akademija, 1941), pp. 116–17. Le manifeste attribué à Etienne le Petit vient de P. Coquelle, *Histoire du Monténégro et de la Bosnie depuis les origines* (Paris: Ernest Leroux, 1895), pp. 224–26. [Sur le sens des songes, voir Apomazar (Djafar ibn Mohammed [Abou Mashar], al Balkhi), *Des Significations et evenemens des songes , selon la doctrine des Indiens, Perses, & Egyptiens , pris de la bibliothèque de Sambucus, pvis tovrné dv grec en latin , par Iean Leunclaius [Johann Löwenklau, dit Leunclavius], et mis de nouueau en françoys* par Denys-du-Val (Paris: chez Denys du-Val, 1581), p. 260. Pour d'autres détails sur Etienne le Petit, voir (Alphonse Rabbe), "Introduction: Esquisse des révolutions de la Grèce depuis l'établissment de la domination romaine jusqu'à la chute du Bas-Empire; et Tableau de l'état de la nation grecque sous les Turcs," in Maxime Reybaud, *Mémoires sur la Grèce pour servir à l'histoire de la guerre de l'indépendance*, 2 vols. (Paris: Tournachon-Molin, 1824-1825), I, 126–29 (1–184), et Michael Boro Petrovich, "Catherine II and a False Peter III in Montenegro," *American Slavic and East European Review*, XIV (1955), 169–94.] Basée sur des observations faites pendant les années 1870, la description de la psychologie monténégrine est l'oeuvre du médecin G. Frilley (officier de la Légion d'honneur) et de Jovan Wlahovitj (Vlahović, capitaine d'origine monténégrine au service de la Serbie), *Le Monténégro contemporain* (Paris: Plon, 1876, p. 417. Enfin, Roger Bastide précise ses vues dans son article "Messianisme et développement économique et social", *Cahiers internationaux de sociologie*, XXXI (1961), 11–12. Pour quelques autres détails sur les croyances du peuple, voir mon article sur "Le Maïs dans les Balkans".

2
The Pattern of Serbian Intellectual Evolution, 1830–1880

Following Russian intervention in the war of Greek independence and Turkey's acknowledgment of an independent Greece, the moment seemed propitious for the institution in Serbia of a government of law. Since the end of 1828, indeed, a so-called "legislative commission" created by Prince Miloš had been engaged in the task of translating the Code Napoléon into Serbian and codifying the laws and customs of the country. In January 1830, Miloš solemnly advised a great national assembly of his success in obtaining an imperial edict by which the Sultan had not only put an end to all direct obligations by Serbian peasants to their former Turkish lords but guaranteed Serbian autonomy in most matters of internal administration and offered Serbia both the prospect of territorial aggrandizement and the express right to institute schools, courts, and a governmental administration of its own. Shortly thereafter, Serbian envoys returning from St. Petersburg made known that the Tsar Protector supposedly had expressed the broad view that every state should have an "organic charter." The Tsar's statement applied in any event to the Rumanian principalities of Moldavia and Wallachia to which the enlightened Russian governor, Count Paul Kiselev, would soon grant the so-called "Organic Statutes."[1]

"Constitutionalists" and Imported Bureaucrats

The reaction following the French, Belgian, Italian, and Polish revolutions, however, was little conducive to the elaboration of constitutional reforms. The work of the Serbian "legislative commission" took form, indeed, in a code of laws drawn from the Code Napoléon but amended to conform with native tradition. Submitted to an assembly of lay and clerical dignitaries for approval, the code was accepted with slight modifications. But it was never put into effect.[2] Nor was the country allowed to devise a popular constitution nor even given an organic charter.

The awakened ambitions of a few Serbian leaders to win true statehood, establish an official class familiar with the techniques and refinements of modern government, and restore the long disrupted links with Western civilization and culture, could none the less, at least theoretically, be more fully satisfied following Ottoman recognition of Serbian semiautonomy. In fact, however, Serbia possessed only a primitive governmental administrative structure and not even the semblance of an "educated class." The principality therefore found itself obliged to call upon the culturally more advanced transriparian Serbs of Austria and Hungary to perform the duties of a Serbian official class.

For a full decade and more after 1830, according to the somewhat exaggerated view of Miloš's Piedmontese doctor Barthélemy Sylvestre Cunibert, "a great thick cloud—*une nuée*" of Hungarian Serbs poured over Serbia in quest of official functions. Many of the new office seekers or, as Cunibert called them, "men of the pen," had just emerged from school or some modest business.[3] Some of them, however, were runaway debtors and law violators or, in the mordant words of the patriot scholar Vuk Karadžić, "bankrupts, vagabonds, and desperados."[4] They appreciated Serbia "as a pig [prizes] a forest in which there is an abundance of acorns and water."[5]

The transriparian Serbs regarded themselves as distinguished bearers of Western culture, destined to administer the illiterate and "half-savage barbarians" of the principality. Dress, language, and outlook divided them from the "raw" native Serbians. The "cooked" new "men of the pen" looked down upon agricultural or manual labor, demurred against teaching their sons a craft or marrying their daughters to a craftsman, and for several years wore "German" clothes instead of the ethnic Serbian dress. Instead of saying "thee" and "thou" in the raw homespun manner of the principality, they employed the cooked German habit—ridiculous-sounding to Serbian ears—of addressing each other in the third person. Finally, they refused to call other Serbians "brother" in the customary fashion of the patriarchal society of Serbia. No wonder that the *pravi Srbi* or "true Serbians" of the principality murmured against these "foreigners" or "Swabians," whom they considered without morals, without religion, without scruples, without patriotism, sold to Austria, and present in Serbia only to enrich themselves at the expense of the poor native Serbian.[6]

After 1830 most of the Serbian expatriate chiefs who had taken flight to Bessarabia upon the collapse of the Serbian insurrection in 1813, and who had long received lucrative pensions from the Russian government, heeded Russian counsels to return to Serbia. These returning émigrés came back seeking land, functions, and influence. The rewards they obtained did not content them; soon they were singing the praises of Russian political and social institutions, morals, customs, and way of life. Nothing could be good, true, or beautiful unless it was *à la russe*.[7] The "Swabians" extolled almost everything Austrian. "Cooked" in a somewhat different way, the returning expatriates praised almost everything Russian. They may not have been typical representatives of either Austria or Russia, but they were nonetheless a class apart from the native Serbian peasantry in their ambition to imitate what was foreign, the culture of the elites and "middle elements" of Europe—French and soon even English, if not Austrian or Russian or German.

The newcomers brought with them their alien tastes and requirements for new or "Austrian" and "Russian" furniture, food, clothing, and beverages, such as beer. New mercantile and handicraft shops arose: bookstores, pharmacies, coffeehouses, and taverns, many of them owned or managed by "Swabians" or by the once more ubiquitous Macedo-Vlachs.[8] With the *Kulturträger* came professional gamblers. Games of chance became an irresistible passion in Kragujevac, Smederevo, and Belgrade—so much so that Miloš decided to restore the old morality by decree; cardplaying—in private as well as in public—was declared illegal.[9]

Upset by the alteration of the mores and discontented with the Prince's disrespect for private property and continued vexatious exactions of corvée labor, the people soon complained that the Prince was entirely under the domination of the "Swabians." District elders and officials complained that Miloš treated them as personal servants; in the words of Karadžić, even as "beggars and slaves."[10] Karadžić, in exile, consequently warned Miloš in 1832 that Serbia desperately needed a government of law with proper guarantees for personal security and the right of property. He similarly called for a rational administrative structure, systematic development of education, and the abolition of all corvée labor that was not of "communal necessity and utility."[11]

A number of prominent district elders and several high officials thereupon formed a conspiracy to end the despotic personal government of Miloš. Led by the vice president of the Grand Tribunal, Stojan Simić, who believed that the peasantry required the tutelage of a class of enlightened oligarchs, the conspirators aspired to concentrate political authority and economic control in the hands of an oligarchy of great landlords and high officials, as in the neighboring provinces of Wallachia and Moldavia. The Simić plan was never put into operation, but in 1835 the conspirators forced Miloš to call a grand popular assembly. That assembly soon gave Serbia its first constitution.[12]

The constitution of 1835 provided for the separation of powers. Creating a Council of State, it also called for a National Assembly that was to meet at least once a year to approve the national budget. It further guaranteed personal and property rights and recognized the right of everyone (hence, the right also of officials) to engage freely in trade. By this provision the constituent assembly intended to break the commercial oligopoly of Miloš and his business "partners" or dependent farmers-general—undo the provincial command economy of the deys of Belgrade, to which Miloš had given new life. The constitution also instituted life tenure for public officials, who were to be dismissed henceforth only upon the recommendation of the Council of State and after conviction by the courts of violating the laws and decrees of the land. Finally, it established a hierarchy of ranks in government service, assured officials of promotion on the basis of seniority and ability, and entitled them to retirement pensions and sick benefits.[13]

Seeing in it a symbol of the contagious revolutionary principle, the Russian, Austrian, and Turkish governments intervened to effect the annulment of the Serbian constitution before its major provisions could be applied.[14] Instead of declining, however, the movement in favor of a constitution and government of law grew. The coalition of oligarchs who had tried to restrict the powers of the Prince entered into an intrigue with Russians and Turks with the object of restoring their recently won and lost constitutional rights.

Increasingly isolated, Miloš turned to Britain, which sent its first consul to Belgrade in 1837. The conditions *sine qua non* of English protection against the intrigues of Russia and encroachments of Turkey embodied the abolition of all corvée obligations that were not of public utility and the recognition of the inviolability of personal and property rights, including the right to engage in commerce without hindrance. [Thus, in effect, the Prince would have to yield his claim to the management of a provincial command economy.]

The British consul, Colonel George Lloyd Hodges, further advised the Prince that the idea of a strong executive was not altogether irreconcilable with the

Fig. 12. Scutari (Shkodër, Skadar), Albania, in 1848. Source: Edward Lear, *Journals of a Landscape Painter in Albania, &c.* (London: Richard Bentley, 1851).

satisfaction of part of the other demands of the "constitutionalists." Nor should it conflict with the provisions of the Ottoman *hatt-i sherif* or imperial rescript of 1830, which specified that the Prince should govern in agreement with an assembly of notables and forbade the dismissal of "elders" or "senators" unless they were found guilty of treason against the Porte or of violating the laws of the principality. To effect reconciliation between princely authority and the authority of the oligarchs, Hodges counseled Miloš to constitute all departmental and district elders, judges, upper clergy, and four highest military commanders into a special order of irremovable "senators" or "lords" with life tenure. The Prince should then create a Privy Council from among the members of the proposed privileged estate but should retain the right to dismiss and appoint councillors at his own discretion.[15]

Agreeing to the substance of the English plan, Miloš prepared a constitutional draft of Hodges' recommendations. Some of the transriparian "men of the pen," however, opposed the new proposals.[16] The aspiring oligarchs therefore prepared an alternative constitutional draft and despatched a delegation to Istanbul to seek redress of their grievances. The Sultan and his ministers gladly complied with their request. The delegation consequently returned to Serbia with a *hatt-i sherif* that was in essence an organic charter.

The "Turkish" organic charter of 1838, often called constitution, differed from the constitution of 1835 in four ways: it omitted all reference to a National Assembly; it was imposed upon instead of emanating from the people; it came by way of what for many Serbians was a foreign government and former colonial oppressor; and it augmented the powers of the Council of State or Privy Council.[17] But it perpetuated the bureaucratic apparatus instituted by the constitution of 1835. Uniforms for civil and military officials were maintained, higher officials continued to be graced with Russian titles, such as *prevoshoditelstvo* or "Excellency," *visokorodie* or "High Born," *visoko blagorodie* or "High Well Born," and *blagorodie* or "Well Born."

The transriparian Serbs or "Swabians" thus continued to be "the zealous guides of the inexperienced native-born population."[18] Higher functionaries continued to surround themselves with "a mob [of the kind] of subalterns who swarm the European chancelleries" and accumulate a "prodigious medley of worthless paper."[19]

In 1839, the "constitutionalists" succeeded in forcing the abdication of Prince Miloš. Proceeding to purge the bureaucracy of elements friendly to Miloš, they redistributed the political spoils among their own friends. The number of governmental functionaries thus rose from a total of 169 in 1830 to 672 in 1839, and 1,151 in 1842.[20]

The victory of the "constitutionalists" was shortlived. After the abdication of Miloš and the decease of Milan in quick succession in 1839, the new head of state, Prince Michael Obrenović, quickly revealed his own authoritarian inclinations. Several "constitutionalist" leaders thus went again to Istanbul in 1841 to plead their case. While in the Ottoman capital they made contact with Prince Adam Czartoryski's new French-supported Polish Agency or unofficial mission to the Porte of the Polish government-in-exile. With the aid of several Polish agents who came from Istanbul to Belgrade to thwart the autocratic will of Tsar Nicholas of Russia in backing the regime of Prince Michael, the "constitutionalists" succeeded in deposing Michael and twice electing Alexander Karadjordjević Prince of Serbia.[21]

Czartoryski and the "constitutionalist" leaders agreed that Serbia could not become truly independent until the Austrian monopoly of the foreign commerce of Serbia was broken. They consequently believed in the need to force the Turks to grant Serbia a corridor to the Adriatic or at least the right of free passage for its commerce. The commercial route or corridor to which they aspired was to run from Belgrade via Scutari (Shkodër, Skadar) to Ulcinj (Dulcigno). At Ulcinj, according to these projects, the Serbs would proceed to create an agency to promote the export of their own products and the import of French and British goods.[22]

To realize this goal of access to the Adriatic, and to create more useful functions for Serbian bureaucrats, the "constitutionalist" director of Serbian intelligence, Ilija Garašanin, divided European Turkey in 1845 into a western and eastern propaganda sector, to each of which he assigned a propaganda chief. To promote the cause of Serbian expansion to the Adriatic at a succession of lower territorial levels, the two sector chiefs appointed regional agents. Each regional agent in turn was put in charge of a number of so-called departmental prefects, and each departmental prefect was put in charge of a number of trusted village chiefs. To avoid the risk of a revelation of the extent of the operation to possible enemies, regional agents, departmental prefects, and village propaganda chiefs remained for the most part unknown to each other.[23]

Appointing numerous Roman Catholics as propaganda agents, Garašanin conceived the project of westward expansion to the Adriatic and of South Slav or Serbian unification without the collaboration of the Serbian Orthodox Church and under the direct influence of the Polish emigration. Only a single important representative of Orthodoxy, the poet Prince Bishop Petar II Petrović Njegoš of Montenegro, apparently collaborated in the execution of the program. An attempt was thus made to spread the mystique of a unified Serbian or Yugoslav state by exalting the ideas of religious freedom and tolerance. This mode of action was quite different from the later Bulgarian decision to advance the cause of Bulgarian nationalism by creating a Bulgarian Exarchate or autocephalous church, in which membership would be almost tantamount to acknowledgment of Bulgarian nationality.[24]

Endowing Serbia with a practical program for the future, the "constitutionalists" also succeeded in 1844 in giving the principality a civil code based directly upon the Austrian civil code of 1811 and indirectly on the Code Napoléon. The new civil code consecrated the principle of equality before the law and gave fresh vigor to the institution of private property. Adult male *zadruga* members who wished to separate from their households obtained the legal right to a proportionate part of the common household property and freedom to sell, mortgage, or otherwise alienate that portion.[25] Despite (and dialectically also because of) their theoretical preferences for "enlightened" oligarchy, the "constitutionalists" thus promoted a more thorough shift from a code of blood, kinship, and custom to a code of written law. They fostered by their deeds the development of a market economy and growth of a middle class devoted to the ideology of "liberalism."

Fig. 13. Dositej Obradović. Source: [Dositej Obradović], *Dela Dositeja Obradovića* (5th, state, edition; Belgrade: Državna Štamparija, 1911). A state edition of Obradović's works on the occasion of the centenary of his death.

The continued subdivision of *zadruga* properties, combined with the constant growth of population, also led to the pauperization of increasing numbers of peasants. The bureaucratic and "constitutionalist" phase of Serbian history thus not only fathered the "liberal" phase but also laid the objective or structural foundations for the later rise of "radicalism."

Rise of a Native Educated Class

The "constitutionalists" and imported bureaucrats were primarily concerned with concrete problems, such as the creation of a stable political or effective administrative state. The states they sought to imitate—often the most powerful, most bureaucratic, and most "political" of the "political states"— were, however, also "cultural states." "Constitutionalists" and bureaucrats were thus easily persuaded to promote "culture" through the introduction of a European system of "humanist" education.

In all of the pashalik of Belgrade, there were in 1800 only two elementary and no secondary or advanced Christian schools, and in both the language of instruction was Greek.[26] The monasteries of Serbia then performed only very perfunctory tasks of teaching; the monks were in fact customarily illiterate. In 1808, however, the rebel chieftain Karageorge allowed the self-unfrocked Serbian humanist and rationalist Dositej Obradović of the Banat of Temesvár (Timişoara, Temišvar) to establish a school of advanced learning in Belgrade. The collapse of the Serbian insurrection in 1813, however, temporarily ended efforts to improve education.[27]

Until 1830 the few teachers available to Serbia were poorly trained *daskals*, whose name suggests a tradition of neo-Byzantine culture. *Daskals* went from village to village, like wandering craftsmen, stopping for a time wherever parents were willing to pay a fee to have their sons taught to read and write. Ilija Garašanin, the ablest of the "constitutionalists," succeeded in supplementing the education he received from a simple *daskal* only by enrolling for a short time in a Greek school in Semlin (Zemun), in Austrian territory, and in a German school in Orahovica.[28]

Vuk Karadžić counseled Miloš in 1820 to select a small group of literate Serbian youths of 15 to 20 years of age, place them in a higher school for three years under the direction of three competent teachers, teach them grammar, mathematics, statistics, rhetoric, law, logic, history, geography, natural science, and physics, and ultimately reward them with the duties and responsibilities of governmental administration. Such youths, he contended, would be better trained and equipped with an immensely keener sense of civic responsibility than most "Swabian" immigrants with twelve years of study in tradition-bound Austrian and Hungarian schools. But distrusting Karadžić's advice that knowledge and freedom in combination are deterrents to revolt, Miloš and his closest advisers feared that the promotion of education might sharpen the spirit of revolt in the Serbian people.[29]

After 1830, however, Serbian elementary education advanced fairly rapidly. In 1870, Serbia had 441 elementary schools with 550 teachers and over 23,000 pupils.[30]

In the early 1830s, moreover, the Serbian government established a gymnasium or secondary school in

DIE HOCHSCHULE IN BELGRAD.

Fig. 14. The *Velika Škola* in Belgrade. Source: Spiridion Gopčević, *Serbien und die Serben*, Vol. I. *Das Land* (Leipzig: B. Elischer, 1888).

Belgrade and another in Kragujevac. In 1838, it founded a lyceum in Belgrade. Three years later the Lyceum added a faculty of law to its original faculty of philosophy. A seminary, two commercial schools, a technical school, a military academy, and a school of agriculture were established between 1836 and 1853. In 1863, a technical faculty was nominally added to the Lyceum, now renamed *Velika Škola*, a higher school in the German sense of *Hochschule*. Finally, in 1864, the government opened a secondary normal school for girls. By 1865, moreover, Serbia possessed two classical gymnasia and four junior gymnasia, with a total of 46 teachers and 1,476 students.[31]

In 1839, the Serbian government began to finance the education of select students in foreign schools. By 1848 perhaps a hundred Serbians from the principality had benefited from some kind of instruction abroad. In 1859, the number of such Serbians educated in Russian, German, French, Austrian, and Italian universities and other advanced schools was over two hundred.[32] Serbia thus eventually ceased to depend upon teachers and bureaucrats from among the Serbs of Hungary and freed itself of the excessive intellectual tutelage of Austria.

From the point of view of educational facilities it could offer other peoples, especially the Serbs of Montenegro and South Slavs of the Ottoman Empire, Serbia was not wholly a deficit area. As late as 1865, for example, Montenegro possessed only one secondary school, one seminary, and eleven two-year primary schools. In 1863, fifty-two Montenegrins and South Slavs from Turkey were enrolled in the gymnasia and other schools of the principality.[33]

Vienna, Pest, Sremski Karlovci, and Novi Sad had emerged as modest centers of Serbian culture in the eighteenth century. After 1848, however, Serbia began to challenge the intellectual accomplishments of the Serbs of Vojvodina and of the rest of the Habsburg realm. In 1868, of 269 books published in the Cyrillic script and Serbian tongue, 47 appeared in Novi Sad, 68 in Zagreb, and 126 in Belgrade.[34] Serbian literacy grew from conceivably less than half of one percent in 1827 to 9.33 percent in 1884. The rise in literacy was of greater significance than suggested by the (all too precise) percentages, for the population of Serbia grew from 678,192 in 1834 to 1,901,736 in 1884, not only as the result of a growing survival rate but also in response to immigration from Turkey and Austria-Hungary and the transfer to Serbia of certain Ottoman territories by the Congress of Berlin. The bulk of the new immigrants, at least the very large number from Turkey, were illiterate and tended to depress the percentage of Serbian literacy. In 1874, 91,039 inhabitants of the principality could "read and write," with the fifteen foremost towns accounting for about 40 percent of the Serbian literacy.[35]

Comparatively little was done, however, to attune education to the needs of industry and almost nothing to adjust it to the requirements of the peasant. The few specialized schools which were established were mediocre. The gymnasia, on the other hand, emphasized "classical" subjects, such as grammar, rhetoric, and "poetics." In 1850, moreover, Latin replaced Serbian as the principal gymnasium subject of instruction.

After 1830 a fierce struggle broke out among the Serbs (as among the Croats) over the language question. Should the Serbian language, for example, be made to conform to the spoken language of the people, or should the Slavo-Russo-Serbian literary idiom of the seventeenth and especially eighteenth century continue to prevail? Upon the intervention of the Metropolitan of Karlovci, Miloš and his circle of conservative intimates decided to oppose language reform. The new generation of educated urban youth and their teachers, on the other hand, waged a battle of words in its defense.

By the mid-1840s and in any case before 1848, the partisans of language and orthography reform were numerous in Serbia. Their cause was advanced by the publication in 1845 of the philosophical epic *Beam of the Microcosm* by Prince Bishop Njegoš of Montenegro. The theme of this work was the sacred obligation of man, endowed by God with reason and a moral sense, to combat tyranny, whose days are numbered. Yet more influential was the appearance in 1847 of a translaation of the New Testament by Vuk Karadžic into the language of the people and the publication of a stirring epic of the struggle of Montenegrin against renegade, the *Mountain Wreath* of Prince Bishop Petrović Njegoš. In the same year, philologist Djura Daničić presented a systematic defense of the Serbian language and scriptural reforms in his *War for the Serbian Language and Orthography*.

All four of the above works were published outside the confines of the principality. Their common aversion to tyranny and romantic appeal to reason and the fact that all four, along with other works published at the time, were in the language of the people, strengthened nonetheless the national consciousness and élan of the newly educated youth of Serbia.[36]

In 1846, as had happened somewhat earlier in the various Habsburg provinces, a Reading Club was founded in Belgrade. In 1847, the Serbian Literary Society inaugurated a literary periodical. In the same year, students of the Lyceum founded the Association of Serbian Youth with the goal of awakening the people through the medium of literature. The association entered into contact with the Society of Serbian Progress in Karlovci and with Serbian and other Slav students in Pest and Bratislava.[37]

Liberalism and Nationalism, 1848–1868

The revolution of 1848 found the educated urban youth of Serbia ecstatically imbued with the principles of liberalism and nationalism. Nationalist principles also found support among the older and more conservative generation of "constitutionalists." A week before the outbreak of revolution (call for the transfer of power) in Hungary, the Austrian consul to Serbia warned Metternich of the existence in Belgrade of a so-called "democratic Panslav Club" under the leadership of certain members of the Council of State. Ostensibly with the knowledge and approval of Garašanin, the club in question began to send out agents to Austria after mid-March to propagate the idea of South Slav cooperation.[38]

Shortly thereafter, the French consul to Belgrade advised Lamartine of the joyful delirium with which the Serbs of the Danube had greeted the news of the French revolution. In his *Histoire de la Turquie*, Lamartine had erroneously identified the Serbian chieftain Karageorge as a native of a village of Lorraine and veteran of the "French revolutionary campaigns of 1792." In 1833, while passing through Serbia after an odyssey of the Near East, he had been impressed by the devotion of the Serbs to the cause of progress. He had not refrained from saying then, as a traveler, what in 1848 he could less easily risk to say or do as foreign minister: "*J'aimerais à combattre avec ce peuple naissant pour la liberté féconde.*"[39]

On the morning of March 25, 1848, Belgrade awoke to find liberal and nationalist slogans posted nearly everywhere. Some of the slogans called for complete liberation from Turkey and the formation of a Yugoslav kingdom under the aegis of Alexander Karadjordjević.[40] Some Belgrade residents had even expected the students to fall upon the Turks of the garrison during the night. Being too few in number and perhaps poorly armed, the students entertained such thoughts only momentarily.

After March 25, however, Belgrade was in a revolutionary mood. The Council of State was in constant session. The new Reading Club appealed for freedom of the press. The government made veiled threats to close down the Lyceum. The streets were filled with uniformed police and secret police or spies. The students spread diatribes against the "Swabians," partly in hope of inheriting their places in public administration. Aleksa Janković, a native of Temesvár, was forced to resign as Minister of Education and Justice because the people regarded him as a "foreigner" or "Swabian." Stefan Stefanović Tenka, who replaced him, urged the Council of State to recognize the principle of freedom of the press. On his own authority, he allowed the students of the Lyceum to wear swords and marten-skin caps, which were part of the uniform of the bureaucracy. The gesture was thus a kind of symbolic recognition that governmental positions would henceforth be filled from their ranks.[41]

In April, Svetozar Miletić of Vojvodina came to Belgrade and was not expelled from Serbia before he had called upon Serbs, Bosnians, and Bulgarians to overlook differences of religion and dialect and "become a people that cries out, 'Fraternity and Liberty!'"[42] The excitement in Belgrade led to the intensification of anti-Turkish animosity and soon to threats of mob action against the Turks of the capital. Stojan Simić, president of the Council of State, while attempting to placate such a crowd, made the mistake of calling the assembled throng "good-for-nothings." Only his resignation from the Council finally appeased the mob.[43] The secretary of the Belgrade Police and several other "respectable" citizens tried to combat the revolutionary current by organizing a "party of reform." To no avail, the "party of reform" protested that Serbia already enjoyed the freedoms for which other European peoples were fighting.[44]

Hundreds of Serbians now joined the revolt in the newly proclaimed federal state of Vojvodina against the Magyars, whose leaders refused to apply to their neighbors the principle of nationality that they applied to themselves. By the beginning of 1849, more than 5,000 Serbian volunteers and mercenaries from the principality had joined the national struggle of the Vojvodina Serbs.[45]

The continuing popular manifestations, combined with the plots of the partisans of Miloš and Michael Obrenović to depose the reigning Karadjordjevic prince, forced the government of Serbia to convoke a "national assembly" in the early summer of 1848. This "national assembly" failed to give satisfaction to popular demands, however, because the government had taken the precaution of fragmenting the assembly by allowing the elected and *ex officio* deputies to gather not in a single place but in the capital of each department.[46]

The desires of the "liberals" and the "constitutionalists" were at this point superficially similar. The latter, however, placed their trust not in the nation but in their own ability to create a greater Serbia through negotiation and diplomacy.[47] During the summer of 1848, for example, many Christians from Turkey sought refuge in Serbia, announcing to Garašanin "their fullest preparedness to agree to all [Serbian] plans and undertakings." Garašanin had no intention, however, of rushing into any kind of military action against Turkey without an exact knowledge of the intentions of the Great Powers and of the readiness of France at least to support a movement of Serbian unification.

Prince Alexander's and Garašanin's extension of financial and military assistance to the rebels of Vojvodina was no doubt motivated by a number of important factors, but one element in the decision may have been the desire to forestall a serious liberal or popular insurrection at home by turning the attention of the people away from domestic problems. We can be sure in any event that for Garašanin and the "constitutionalists" the popular manifestations of 1848, including the convocation of a "national assembly," were but a "game of children."[48]

By the summer of 1850 the so-called "Bach system" of police repression prevailed in Serbia, too. In August, the government suppressed *Šumadinka*, the new literary review of the poet Ljubomir Nenadovic (who in 1848 had fought on the barricades of Paris) on the charge that it had "abandoned the field of belles-lettres and thrown itself into politics." In 1851, the government forbade the activities of the liberal Association of Serbian Youth.[49] The promised convocation of a regular national assembly was postponed. Finally, in 1855, one member of the Council of State bitterly complained to his colleagues: "There are districts where the people are perishing from the beatings and tyranny of officials. Do you know that they beat them like cattle? Do not wait for complaints to come to you. No one may complain."[50]

Fear was at the base of the reaction, fear of Serbians educated abroad, especially at the Law Faculty of the University of Paris, soon to play the role of a "school of ministers" for Serbia.[51] Under Russian and Austrian pressures, the state came to identify even conservative "constitutionalists" like Jovan Marinović and Ilija Garašanin as, in the words of Garašanin himself, "young and immoderate persons flowing over with French ideas."[52]

[Irony may be the customary trope of discourse of enlightened conservatives.] In 1853, for example, while still a member of the government, Garašanin ironically observed in a letter to the exiled Marinovic that Serbians seemed incapable of creating their own educated élite. The educated class had first been "Swabian," he wrote, and was now becoming "French" or "Parisian." How can an educated class of Serbians be created, he rhetorically asked, "or must we wait until you grow old and are Serbicized?" But how can we wait when "you grow old so slowly?"[53]

The real "Parisians" were men like Jevrem Grujić. In 1848, while a student at the Lyceum, Grujić became president of the new liberal Association of Serbian Youth. In 1849, he received a state stipend to study at the University of Heidelberg; after spending two semesters there he went on to Paris. In 1853, together with Milovan Janković, a Serbian state scholarship holder at the University of Berlin who had given up his scholarship there to study in Paris, he published a work entitled *Les Slaves du Sud*. In their joint work, the two authors defended in particular a proposal to link Belgrade by rail with Vienna, Constantinople, and the Adriatic.[54]

But, for his censure of the prince in this work, the Serbian government deprived Grujić of his stipend, thus compelling him to return to the principality. Failing to obtain appointment as a teacher or government functionary, Grujić sought employment as a legal counselor. As the government refused to allow him to advertise his services, however, he was forced to solicit the financial aid of his father in order to continue his legal studies at the Paris Faculty of Law. Upon receiving the *licence* in 1854, he returned to Serbia, where he was immediately recognized as an "advocate of French laws" and advanced quickly from the post of Chancellery clerk to first secretary of the Council of State. His presence in the Council facilitated the formation, in the winter of 1857-1858, of a conspiracy of liberals, certain "constitutionalists" like Garašanin, and partisans of the Obrenović dynasty against the personal regime of the reigning prince.

One group of conspirators soon formed a "liberal club," organized into two "circles." The policy-making unit known as the "small circle" was made up of Grujić, Milovan Janković (now professor at the Lyceum), the Belgrade Gymnasium teacher Jovan Ilić, and the military officer Ranko Alimpić. Less active but wholeheartedly sympathizing members were organized into a "wide circle," made up of other gymnasium teachers, another military officer, a ministerial secretary, several public administrators, seventeen merchants, five peasant proprietors, and five priests. In July 1858, the "small circle" decided to feel the pulse of public opinion. Each assigned a special propaganda area, Janković, Ilić, and Alimpić went forth to village fiestas, weddings, synods, and monastic fairs to hear the complaints of the people and persuade them of the need to establish a regular national assembly.[55] Partisans of the Obrenović dynasty like Stevča Mihailović also went to the people—to discuss the question of the return of the house of Obrenović with peasants, village mayors, and priests, but most of all with merchants, especially cattle traders, who "go most among the people."[56]

The political program of the Liberal Club included national liberation and independence, freedom of trade, freedom of the press, assembly, religion, and education, freedom of the individual and security of property, more and better schools and teachers, and the construction of good roads for the benefit of commerce. Ilić and Vladimir Jovanović, the liberal ideologists, contended that a national assembly was not a foreign innovation but "one of the most ancient and most sacred" of Serbian institutions.[57]

By the end of July 1858 agitators roamed the streets of Belgrade calling for a national assembly. The government finally acceded, elections took place, and early in December, 378 elected and 60 *ex officio* national deputies met in Belgrade and proceeded to obtain Alexander's abdication and the return of Prince Miloš.[58]

Coming quickly under the control of the "constitutionalists," the Assembly frustrated the realization of the liberal program. But the liberals also frustrated their own goals by their yearning for official titles and functions. Miloš thus complained in September 1859 that "it would require a state thrice the size of Serbia if I were to give a position to everyone who sought one."[59] Until 1864, however, Serbian liberals were not without influence. But in that year Vladimir Jovanović, liberal and nationalist foe of autocratic Russia as of the Habsburg and Ottoman empires, supported the election of the Russian radical intellectuals Herzen and Chernyshevskii as honorary members of the Serbian Literary Society. In reaction, the government abolished the Literary Society, set up a more conservative Serbian Learned Society in its place, and dismissed Jovanović and two of his liberal colleagues from their posts at the *Velika Škola*.[60]

The forces of liberalism, however, were not crushed. In 1863, reacting in part to the Turkish bombardment of Belgrade during the preceding year, certain Serbian students in Vienna founded the patriotic student society *Zora* (Dawn). In May 1866, *Zora* sent an invitation to Serbian student and youth societies of Serbia and the Habsburg dominions to attend a youth congress in Novi Sad. In August some four hundred representatives of Serbian youth from all Serbian lands met in the Gymnasium of Novi Sad and founded the *Ujedinjena Omladina Srpska* or United Serbian Youth.[61]

In the summer of 1867 the *Omladina* held a second congress in Belgrade. The presence at the congress of Jovanović and the Vojvodina liberal Miletić and the election as *Omladina* president of Jevrem Grujić, only recently released from prison, convinced the fearful government of the need for repression. Under pretense that the federation of youth intended to declare a republic, the police dispersed the congress and expelled Jovanović and Miletić from Serbia.[62]

Serbia's chief minister, self-styled imitator of Bismarck, and advocate of the "middle road," Jovan Ristić, advised Prince Michael in November that fruitful and salutary reforms had to be made from above or they would be made from below by way of disorder and convulsion: "The government is isolated; those who are with it are not so out of conviction but to earn their bread. The government has against it the party of Karadjordjević..., the entire intellectual class which grows like the grass of the earth..., [and] all the old discontented followers of the Obrenović dynasty with Stevča [Mihailović] at their head." Upon the rejection of his advice, Ristić resigned, went into exile, and drew closer to the liberals.[63]

In the spring of 1868 Prince Michael was assassinated. His minister Nikola Hristić immediately spread the rumor that the *Omladina* had plotted the crime, implicating certain students and the *Velika Škola* radical republican professor Dragiša Stanojević in a so-called cabal to establish a republic. Serbia also obtained the promise of the Hungarian government to imprison Jovanović and link Miletić to the assassination plot. The Hungarian Minister of the Interior, Baron Wenckheim, accordingly deprived Miletić of his functions as mayor of Novi Sad and arrested the other municipal officials of that town along with Jovanović.[64]

Soon many liberals—and among them Jovanović—were persuaded to abandon their opposition and give their support to Jovan Ristić, now chief regent of Serbia and architect of the policy of orienting the *Omladina* along "national liberal" lines. A section of the liberals thus became conservative, even to the extent of supporting a government that could and did suspend constitutional guarantees of freedom of speech, press, and person. Such liberals now tended to espouse the theory of a liberal or constitutional dictatorship.[65]

Romantics, Slavophiles, and Westernizers

Political liberals in Serbia were primarily interested in institutional and cultural changes that would make Serbia more like the states of Europe. Liberal and romantic creative writers, on the other hand, were more concerned with developing a mood in favor of the struggle for freedom against all tyranny, whether the tyranny of the East or West or the tyranny of the city over the country.

The strongest romantic current flowed from the rich tradition of native heroic and lyrical poetry. A weaker strain arose through the imitation of German lyricism. The most profound outside romantic influence came from the poetry of Heine, Byron, Shakespeare, and the revolutionary Hungarian poet Alexander (Sandor) Petöfi. No foreign writer was more popular in Serbia in the 1860s, especially among the adherents of the *Omladina*, than Heine of "Young Germany."[66]

Serbian romantics dreamed not only of the restoration of the empire of Tsar Dušan but also of the establishment of a new "phoenix world," a utopia founded on the conception of the basic oneness of mankind as against the idea of a world sharply divided and compartmentalized by race, class, and religion. However, the paternalism and hostility of many nationalist

Hungarians toward the Slavic and Latin groups in their midst had shattered this second dream. Serbian romantics then reidentified the "phoenix world" with the *zadruga*, with community as against society, with society as against the state, or with the particular world of Serbdom or Slavdom.

One group of romantics wanted to maintain a disintegrating patriarchal society, another wanted to use Slavic institutions as a means of circumventing capitalism and achieving socialism or democracy. But in their opposition to capitalism, bureaucracy, and even to the strong centralized "rational" state, the romantics, whether "reactionary" or "progressive," were more or less of one mind. Laza Kostić, the romantic writer who introduced Serbian readers to Shakespeare in the 1860s, admonished his compatriots: "Seek not salvation in the West, where the shopkeeper and the broker rule." One of the most influential of the radical romantic poets, Djura Jakšić, regarded the bureaucratic West as "a heap of foulness, a deformed creation." Satirizing the city, the radical Milovan Glišić decried the foul Balkan *čaršija*: "Oh, how that town market is nauseating! The crowd errs this way and that. The merchants quarrel, insult each other like Jews. No likeness to the peaceful people of the village." The conservative romantic novelist Stevan Sremac warned against the dangers both of "Europeanization" and of the Byzantine East.[67]

Romanticism provided a link between conservatism and liberalism and altered the character of both. It placed less and less faith in the idea of progress through institutional change and more and more in the concept that different behavioral codes are peculiar to different ethnic groups. Every people must act in conformity with the particularities of its own national or racial psychology. It may not indiscriminately adopt the institutions of other peoples no matter how outwardly desirable such institutions may seem. Romantics thus tended to challenge the values both of the conservatives and of the liberals who wanted reason and Western institutions to replace Slavic custom and "conscience." Seeking to maintain or create a self-inspired society, some romantics easily succumbed to Slavophilism.

Shortly before his death in 1860, Alexis S. Khomiakov, one of the Russian Slavophile leaders, composed an "Epistle from Moscow to the Serbs." The letter was published in Leipzig in both Russian and Serbian with the signature of eleven Slavophiles and Panslavists, all members of the Moscow Slavic Benevolent Committee. The Slavophile-Panslavists warned the fraternal Serbian people above all against the pitfalls of "pride," whether the hubris of the modern Greeks in the realm of the spirit, the intellectual pride of the West, or the recently castigated pride of the Russians in their military conquests or of Russian landlords in the exploitation of their serfs. They condemned the indiscriminate adoption of Western ways, including Western dress, luxury, constitutional government, social differentiation, a "double standard" of morality, the idea that good may spring from evil, capital punishment, bureaucratic tutorialism, the fetish of formalism, and the abandonment of the Slavic idiom in favor either of a German technical vocabulary or of French, "the most indigent of European languages," as the language of culture. They similarly opposed the appointment to public office of Roman Catholics. For the "conscience" of Roman Catholics, they held, is by definition at variance with that of Orthodox Slavs. Serbians, they allowed, could learn much from foreigners, but they should admit into their "social brotherhood" only Orthodox Slavs.

The Slavophiles expounded the idea of duty as the unique source of right and extolled the Slavic custom of unanimity as against the so-called Germanic custom of decision by the majority. A stable society, they contended, depends upon religious homogeneity, and in Orthodox Slavic society, they pretended, homogeneity approaches perfection. For only the Orthodox Slav submits to the Slavophile "general will" of the "communal conscience." In Orthodox Slavic society alone, according to Slavophile Rousseauism, have the commune and communal justice been preserved almost in their primeval purity.[68]

The "Epistle" gave rise to a series of polemics in the Serbian press of Hungary between the Russophiles and nationalists or "Westernizers." The historian and political leader Djura Vukićević and the liberal ideologist Jovan Ilić defended the Russian Slavophile views. The famous philologist at the *Velika Škola*, Djura Daničić, denounced important portions of Slavophile doctrine. The Serbian medievalist Stojan Novaković defended Daničić and denounced the hegemonistic views of the Slavophile-Panslavists.[69]

Daničić, who was soon to make known his advanced liberal view that the Serbian literature of the greatest value was the creation of the homogeneous state of the early Nemanja rulers rather than of the empire-building time of Stephen Dušan,[70] wrote to *Danica* censuring "the new Muscovite evangel" (the ideas contained in the "Epistle") of the "eleven apostles." Denying the Slavophile contention that "conscience" could take the place of laws, he denounced the Slavophile "heresy" that the spirit of brotherhood is a monopoly of the Orthodox Slavs and derided the confused Slavophile view that the sources of this spirit are Orthodoxy and the communal nature of Slav society.[71]

Ilić accused Daničić of misconstruing the statements of the Russian Slavophiles. Defending the Slavophiles against Daničić, Vukićević pointed out that history is replete with examples of laws that do not correspond to the "pure conscience of man." He further maintained that the idea of the commune has its basis "in the very blood of the Slavs," while fully responding to the "spirit of the Orthodox faith." Vukićević also decried the excess of borrowed Western *Gelehrsamkeit* (erudition) among the Serbs and the insufficiency of *samostalnost* or ethical and cultural autonomy and self-inspiration.[72] A decade later the Russophile Croatian philologist, I. V. Jagić, similarly criticized the *Gelehrsamkeit* of Daničić, describing him in a letter to the Russian Slavophile historian Vladimir Lamanskii as "very doctrinaire, believing everything that my Germans write and forgetting their proverb: *lügt wie gedruckt*."[73]

Both Russian and Serbian Slavophiles thus emphasized the self-sufficient, self-generating, self-sustaining qualities, the élan vital, of the divinely inspired Slavic race. They opposed laws that were not self-generated through the "conscience" of the people and the medium of their "communes," recognized leaders, and true faith, but drew instead upon heterogeneous influences.

The Ideology of Radical Realism

By 1871 Serbia was confronted in some respects with the kind of economic and intellectual situation that had faced France in 1789: a small but growing and increasingly prospering middle class temporarily hit by hard times, a growing total and urban population, a peasantry threatened by slow proletarianization, a constitutionalist, liberal, romanticist, and radical-realist intellectual leadership vying for the possession of men's minds.

Under the impact of the teachings of new native radical intellectuals, the spread of the ideas of the Paris Commune, the popular insurrection in Hercegovina and Bosnia, and the continuing economic crisis, the people of Serbia became increasingly radical, Jacobin, and socialist. In the elections of November 1875, socialists, workers, and progressive intellectuals captured the communal administrations of Kragujevac, Šabac, and Smederevo. New elections in February of the following year gave victory to peasants and workers in more than three hundred communes. In Kragujevac, seat of government and site of the arsenal or single big factory of Serbia, a cortège of five hundred persons celebrated the victory by parading through the streets, singing the Marseillaise, shouting,

> Long live the Republic!
> Long live the Commune!
> Long live communal autonomy!

and chanting a Serbian Carmagnole:

> Against God and the ruler,
> Against the priest and the altar,
> Against the Crown and the scepter,
> And the merchant usurer,
> For the worker, for the peasant,
> We wage the good fight.

Against the better judgment of the Ministry of War and Council of Ministers, frightened Prince Milan ordered troops to suppress the demonstration. Accused of treason, thirty prominent persons were imprisoned. The courts soon ordered their release, however, after finding them innocent or the charges against them vague or unsubstantiated.[74]

Underground *Omladina* revolutionary clubs, liberals, radicals, socialists, the Serbian National Assembly, and Panslav agents were all partisans by 1875 or 1876 of a policy of active assistance to the rebels of Hercegovina against Turkey, in contrast to the neutralist policy of Prince Milan and the "constitutionalist" or conservative party under Marinović. The liberals believed war would unite the national energies of Serbia; the radicals looked forward to war as a means of creating a new social order. The liberal-radical view prevailed. Soon Serbia was at war, a war for which the government had not prepared it materially. But it was not to be a war to found a new social order. Milan had consented to intervene against Turkey only to save Serbia and himself from revolution.[75]

The Serbian "constitutionalist" and liberal-radical movements were led by the sons of the "governing class" in particular and the maturing (but sometimes unwise) educated youth in general. Never wholly integrated within the society of their elders and still less well integrated if that society is undergoing rapid social acculturation, children may rebel against and reinterpret the outlook or ideologies of their parents. Who but the sons of "Swabians" and "constitutionalists" could have created an ideology of liberalism? Who but the sons of "constitutionalists" and liberals could create an ideology of radicalism?

Henri Saint-Simon, John Stuart Mill, and Auguste Comte had raised the question of generations before Turgenev, Chernyshevskii, Pisarev and Pisemskii.[76] In view of the acquaintance of Serbian and South Slav radicals, especially after 1868, with Saint-Simon, Mill and Comte, as well as with the Russians, it is hardly astonishing that they should quickly show an intellectual as well as practical concern for the problem of generational conflict. The Bulgarian revolutionary poet Hristo Botev (Botiov) thus developed the theme of "mothers and sons" or "mothers and daughters" in several poems in which conservative Balkan mothers, unfamiliar with the world beyond their village, sought to prevent their offspring from becoming socially "realist" and revolutionary. His compatriot Ljuben (or Liuben) Karavelov, the "Herzen of the Balkans," discussed the subject of conflict of generations in at least three articles. The last of these articles, "Is Justice at Fault?," written in Serbian in 1869, caused a minor "furor" in Belgrade.[77]

After 1868, intellectual conviction and economic pressure turned many sons of the "governing class" of Serbia to radicalism in the hope of remaking the world to the advantage of the victims of history. Among these "*enfants terribles*" were many students at the *Velika Škola*.[78] The radical *frondeurs* also included youths like Adam Bogosavljević (b. 1844), son of a well-to-do cattle trader. Refusing his diploma from the *Velika Škola* in order to forego the temptation of a bureaucratic career, Bogosavljević deprecated and anathemized bureaucracy as "unproductive work." By 1874 he was the foremost political leader of the radicalized anti-urban, anti-bureaucratic peasantry.[79]

The ideology of radicalism, however, found its most perfect expression in the thought of Svetozar Marković (1846–1875). Marković himself was a son of the Serbian "gentry" class. His father was a district prefect, member of the class of bureaucrats against which Marković was to direct his steadfast ire. After completing his intermediate studies in Kragujevac and Belgrade, Marković was one of five students admitted in 1863 to the new Technical Faculty of the *Velika Škola*, where he was introduced to the radical thought of Herzen and Chernyshevskii. In 1866 he was awarded a state scholarship to study at the Technological Institute of St. Petersburg. While in the Russian capital, he was initiated to the ideas of the radical critics Pisarev and Dobroliubov and elected secretary of the St. Petersburg *Jugoslovenska Opština* (Yugoslav Commune or Commonwealth), a new *Omladina* affiliate. Desiring to become a "political worker" in the widest sense of the term, he left for Zürich in 1869 to enroll at the *Polytechnikum* and shortly thereafter at the University of Zürich. In Switzerland he also served as Serbian correspondent of the Russian Section of the *International*.[80]

By the end of 1868 Marković no longer placed any hope in the leadership of the liberals. Instead, he urged the organization of a "radical party" to wage a "struggle against everything that has grown too old—a struggle of the young generation against the old." While a student in St. Petersburg, he proudly identified himself as a *shestidesiatnik*—"of the generation of the sixties" (1860s). As a *shestidesiatnik*, consequently a "nihilist," he denounced the charlatanism of "virtually all our liberals," who preach that reforms should be effected in accordance with the "national spirit." "Tyrannical prefects, captains, police, the knout, the bastinado," he warned, also reflect the "national spirit," as do the belief in witches and vampires and the maintenance of "chancelleries with their endless hierarchy of officials, gendarmes, spies, censors..., thanks to the bureaucratic upbringing of our pseudo-intelligentsia of the last forty years."[81] In 1870 he again rebuked Vladimir Jovanović and other liberal leaders for their ideology of an "eternal" and unitary Serbian democratic "public spirit" and their view that everything undemocratic is the pernicious result of "foreign influence."[82]

Marković admitted that age possessed the advantage of experience. Observing, however, that the youth of his day were better educated than their elders, he concluded that youth constitutes the natural leader and teacher in a changing and progressing world.[83]

Refusing to deny his authorship of an article in which he was sharply critical of the Serbian government, he soon lost his state scholarship. Leaving Zürich and returning to Serbia, he attempted to radicalize the *Omladina*. In June 1871 he founded *Radenik* (Worker), the first socialist newspaper of Serbia. During the rest of his short life he was a critic, reformer, revolutionary, advocate of women's rights, organizer of several unsuccessful producers' and consumers' cooperatives, and intellectual father of the Serbian Radical Party, founded by Nikola Pašić six years after his death.

Momentarily attracted to Bakuninism like his more practical fellow traveler Pašić, he quickly and decisively embraced "scientific" socialism and radical populism. Persecuted in Serbia, he fled to Novi Sad in Vojvodina, where he became tutor in mathematics to a young girl with whom he apparently fell in love.

Political persecution in Hungary forced him to return to the principality, but not before he had published in Novi Sad his most widely influential work, *Serbia in the East.*[84]

Upon his return in 1873, Marković founded the reform newspaper *Javnost* (Publicity), put out by the newly formed Associated Printing Press of Kragujevac under the chairmanship of the director of the state arsenal, Captain Sava Grujić. Sava Grujić was one of the Serbians who, with Svetozar Marković's brother, had gone to the aid of the rebel Poles in 1863. He was also one of the founders, along with Svetozar, of the St. Petersburg *Jugoslovenska Opština.* Civic-minded persons, reform-minded government officials, and thoughtful young military officers constituted the membership of the Associated Printing Press.

In its advocacy of a sovereign parliament, freedom of the press, free elections, and freedom of assembly, *Javnost* appealed to its readers, the commercial and professional middle classes and their sons. In its call for local autonomy and a free non-bureaucratic state, it appealed to peasants and uncommitted intellectuals.[85]

Marković's continued criticisms of the government finally resulted in his imprisonment in 1874, a consequent worsening of his health, and his death from tuberculosis while on a rest cure in Trieste after his release from prison.[86] His ideas, however, have continued to influence even twentieth-century generations of Serbians and Yugoslavs.[87]

Rationalism, Realism, Scientism

Progressive social leadership, held Marković, depends upon the evolution of human knowledge and reason. Yet individuals with a strong sense of "enlightened self-interest" can play a notable role only if social conditions are conducive to the diffusion of new ideas. Like the radical Russian critics Dobroliubov and Pisarev, Marković believed that peasants would eventually embrace socialism. For the time being, however, the peasant's highest ideal was property as the worker's was to become a petty bourgeois. Serbian peasants were in fact sometimes "so selfish as can be only the animal that calls itself man." Enlightenment must therefore come from above, from the "realist" intellectuals, the titans of the modern epoch.[88]

Faith in the powers of the intellect was part of the Serbian rationalist tradition laid down by Dositej Obradović at the close of the eighteenth century. Bemoaning ignorance as the source of evil, the rationalist tradition ascribed miraculous powers to education, endowed man with (perhaps a God-given) free will, and equated the good with the useful.[89]

The new "realism" of Svetozar Marković, however, differed from the rationalism of Obradović in its rejection of the idea of individual free will. On the basis of the psychological and physiological research of Wilhelm Wundt, Ludimar Hermann (professor at the University of Zürich between 1868 and 1884), and Ivan M. Sechenov, Marković welcomed the concept of the primacy of matter. Even the will, he concluded, is of material origin. Every thought is the outward projection or reflex of a movement in the brain stimulated by an external impression conveyed to the brain through the senses. But if the will is the inevitable consequence of external impressions, if thought and knowledge are historically and existentially conditioned, if the innate, immanent, or pure logical ideas and laws of the intuitive and idealist schools of philosophy are an illusion, the concept of free will is a self-evident absurdity. Subscribing to the materialist philosophy of Baron d'Holbach and of sensationalism, he also upheld the social Darwinism of one of the popularizers of the new science, Jacobus Moleschott. He was committed to the notion that ethics and ideology are challenges or responses to, hence necessary consequences of, social structure.[90]

While ready to identify Henry Thomas Buckle and Auguste Comte as "two of the greatest intellects of the nineteenth century," Marković was critical of Buckle's apparent exception of moral development from the laws of evolution. Morality and social ethics, he contended, can be altered by education and other external forces, even perhaps to the extent of being made—note the Lamarckian stance of at least this form of social Darwinism—hereditarily transmissible or, at least, socially persistent.

Unlike Comte and the Utilitarians, however, Marković insisted that intellectual change must result in social change before it can effect a general moral transformation.[91] A new climate of opinion could not readily reach the peasant, however, until the number of schools and teachers was greatly increased or until Serbian radical intellectuals obtained the theoretical and practical preparation and psychological readiness to go to the people and teach by the spoken word.[92]

In 1870, Marković, the poet Ljubomir Nenadović, the future Radical Party leader Nikola Pašić, and a dozen other young Serbs presented a resolution to the *Omladina* calling for free national education, the establishment of special technical and professional schools, the formation of societies to promote the health, progress, and general welfare of the people, and the convocation and infiltration by the radical and "realist" intelligentsia of church, school, and municipal councils. In proposing that the intellectuals go to the people, learn from them, and lead them, Markovic seemed to accept the populist techniques of the advocates of the populist program of Herzen (and Bakunin) and the later *Narodniki* of Russia.[93] His followers were also influenced by Jevrem Grujić, Stevča Mihailović, and Vuk Karadžić, all of whom went to the people.

Concerned with communicating a new climate of opinion to the peasant, Marković was no less keenly interested in problems of normal pedagogy and the sociology of learning. Condemning the use of physical punishment in elementary and intermediate schools, he also deplored the general inclination of pupils to learn by rote instead of seeking to understand. Committed to a pseudo-Rousseauistic anti-aestheticism, he decried the waste of time by students of the Belgrade Gymnasium and *Velika Škola* at the newly established theater and in the smoke of cafés, where they drank, gambled, and composed socially valueless poetry. He extended his adverse criticism to the "humanist" or non-utilitarian curriculum of the gymnasia.[94] Indebted as he was to Hegelianism and the liberalism of John Stuart Mill, however, he did not altogether deny the value of the classical "humanist" phase of education as a preparatory step towards a realist "humanism."

Students of the Law Faculty of Belgrade were particularly given to wasting their time, according to Marković, because of their virtual assurance of government employment upon graduation. The Philosophical and Technical faculties were somewhat more serious. But these faculties were small since they could offer little promise of employment. Their graduates could look forward only to a dreary or bohemian future.[95]

The value of a specific category of knowledge, maintained Marković, depends upon its rational utility. The basic error of Serbian education was that it did not prepare the student to fulfill himself by responding to the real wants of society. The economically weakly developed Serbian society, he held, did not need an unproductive bureaucracy. Nor did it need luxury goods, fine arts, or belletristic literature.[96]

The romantic *Sehnsucht*, cult of the ego, worship of the idea divorced from its social milieu—the discourse of metonymy—must give way to fact-searching and critical analysis, to generalization, and to the knowledge of man as a producer [consequently, in terms of the tropes of discourse, to a partly holistic or synecdochal mode]. Poetic genius, affirmed Marković, was no longer in the forefront of the struggle for freedom. It no longer fulfilled that purpose, not because Western culture had fallen victim to materialism, but because poets were unequal to the task of combating the strong, centralized rational state. The lyrical genius of the liberal and romantic poets thus did not guarantee the success of the revolution of 1848. The new conditions of social existence require a new kind of leadership and new ways of explaining and subjecting or manipulating objective or material phenomena. The realist social novels of Dickens, Gogol, and Chernyshevskii, or scientific sociological treatises, correspond more closely to the needs of the new times than do lyrical poetry and the romantic spirit.[97] Serbian schools should therefore shift emphasis to the positive sciences, set up experimental laboratories, teach the "social dynamics" of Auguste Comte, along with Darwinism and the laws of nature, teach for the sake of the people rather than for the specific sake of science or art, teach modern languages, social history and geography, economics and statistics.[98]

Marković did not appeal in vain. By 1875 *Realschulen* or technical schools began to be established in Serbia.[99] His disciples, moreover, put his theories to practical application by being the first in Serbia to discover Emile Zola and by making Darwin part of the Serbian public domain.[100]

Libertarianism and Progressivism

From the point of view of the individual, the supreme value of life is freedom. From the point of view of society, the supreme value is economic production. But according to Marković, the ideals of individual freedom and economic production are not incompatible. For the foundations of society are contractual. The well-being of society consequently requires the well-being of the individuals of whom it is comprised.[101]

The will of the people is no more infallible, he maintained, than the reason of the individuals constituting the people. A prevailing current of thought acknowledged the fallibility of the individual but denied the fallibility of the *Volksgeist*. People, however, do make mistakes. They should therefore be given repeated opportunities to make new choices and decisions. The group or party in power must therefore be forced to tolerate legitimate opposition and assent to new decisions of the people.[102]

Unfavorable social and economic conditions, he

held, can be modified by the "aggrandizement of the intellectual and moral wealth of the people," but the latter change can be achieved only through the increase of man's opportunities and capacities to learn and work. This last can be done only in freedom.[103]

Like Comte and Hegel, Marković believed that social revolution is subject to the laws of positivism and the dialectic: "No society can develop except gradually. Every new condition, every new order grows out of the preceding one.... No radical transfiguration can be made of a people, no matter how useful and advantageous it may be for the people in theory, if the individuals and the wherewithal for the accomplishment of such an order are lacking...."[104]

A persistent attempt to prevent the natural evolution of new and more perfect forms of order will result in violence. Governmental exercise of the power to prevent change thus will result not in the maintenance of true order but in the eventual provocation of revolt and revolution. "It is in the interest of the people," he wrote in 1869, "to avoid revolts and revolutions," but this they will not do unless "the causes which provoke them" are removed.[105]

Marković thus emphasized in his *Realist Direction in Science and Life*, the influential treatise which gave Serbian youth their first systematic introduction in their own tongue to natural and social Darwinism and the materialistic interpretation of history, that the French Revolution was "the greatest advance" Europe had made since time immemorial. By giving it a mass basis, the Revolution had made possible the salvation of French civilization, which had been suffering from the overindulgence and luxury of the upper and the ignorance of the lower classes. What Hellenistic civilization had failed to achieve because of the Roman conquest, French civilization realized through the Revolution. Culture, civilization, and science are fragile things when the possession of only a few individuals. In giving French civilization a popular basis the French Revolution created far more than it destroyed.[106]

The use of force may be justified to overthrow a discordant order. Its use as a means of organizing a new order may not be condoned. He thus wrote:[107]

Fig. 15. Mihail (Michael), Slavophile Archbishop or Metropolitan of Belgrade, Early 1860s Source: Rev. W[illiam] Denton, *Servia and the Servians* (London: Bell and Daldy, 1862).

> I do not understand and can never understand those socialists who expect to consolidate socialism with bayonets. They want all members of society to work and yet they must keep a non-working class for the maintenance of their system. They are like those liberals who need a dictatorship in order to establish liberty. I do not say that tyranny must not be fought by force, but only that every such insurrection will end in nothing if the masses are not inspired at least by the faith and hope that the new order will bring them good. I therefore think that force can be used only for the negation, the overthrow of the old society; the organization of the new society, however, cannot be accomplished by force, against the will of the majority.

While the Serbian liberal intelligentsia had sought to imitate the accomplishments of bourgeois revolution, the radicals and radicalized liberals sought inspiration in the ideas of radical revolution and of the Paris Commune of 1871. Serbian poets of the time, Jakšić and Jovanović Zmaj, extolled the Commune in their poetry. Marković himself made use of Marx's *Civil War in France* to defend the Commune in three articles published in his newly founded socialist newspaper

Radenik.[108] In the year of the Commune, moreover, another new paper, *Vragolan*, published a biting satire discrediting the bureaucratic culture. Students showed their general dissatisfaction with constitutional dictatorship and their sympathy for the ideas of the Commune by organizing or threatening political manifestations against the government.

Church and state were quick to react. The episcopal Synod and the Slavophile Metropolitan Michael denounced "the evil spirit of the time" and called for a revival of religious faith. The government declared all student associations, including *Omladina* affiliates, illegal. It suppressed *Vragolan*, imprisoned its editor, and even arrested students possessing copies of Marković's *Serbia in the East.* The students of the *Velika Škola*, the Seminary, the Military Academy, and the gymnasia countered the dictatorial acts of the harassed government by founding secret reading and discussion societies—new-style *sociétés de pensée* known in the 1870s as *komune* or communes. The *komune* met at night in the suburbs of Belgrade, serving both as workshops for the teaching of crafts and as centers for the dissemination of information or propaganda to the people.[109]

The Paris Commune gave Marković an opportunity to reexamine and perfect his concept of the decentralized state. The all-important function of the state, he concluded, should be the formulation of "a general plan of instruction and education" and the determination of the specific responsibility of the individual, the territorial commune (*opština*), and the arrondissement (*srez*) towards its implementation. The state should determine the tax structure and the number of institutions of public utility to be maintained by communities of varying size. The appointment of officials and supervision of their work, however, should be a function of the local community. The state should outline the general principles of economic and social development. Specific responsibility for the problems arising from the execution of these principles, however, should be delegated to the commune, arrondissement, and department. If these recommendations were followed, he argued, the clumsy, overcentralized, bureaucratic, inefficient, unpopular Serbian state of the 1870s would be turned into a decentralized, debureaucratized, efficient, popular state.[110]

Marković's aims closely resembled those of Proudhon, who postulated that the state should be the supreme educator of economic movement without being an entrepreneur, except where its enterprise might be necessary to initiate a new industry or set an example.[111] But one should not neglect to observe that his aims, while essentially Proudhonist, were also Marxist to the extent that Marx himself, in his *Civil War in France*, accepted the essence of Proudhonist thought—however much Marx may have refused to acknowledge this and however critical he may have been of Proudhon's own particular mode of discourse.

In 1873 Marković wrote in his *Principles of National Economy* that Marx had erred in maintaining that all societies must pass through the phase of industrial capitalism before achieving socialism. At that very time, however, Marx himself had begun to question the correctness of his previous view. In principle, he should have agreed with Marković on the possibility and desirability of introducing the "most perfect machine production" without passing through the "purgatory of capitalist production." After 1873, indeed, Marx even admitted the principle of the Russian *mir* or rural commune as a possible instrument of achieving socialism without passing through "the Caudine forks of capitalism."[112]

In assuming that a "young people" like the Serbs, once in possession of a superior "level of conscience," could—unlike the West, which had not developed such a conscience at the right moment—develop industrially without passing through industrial capitalism, Marković reflected the opinions of the Slavophiles and populists. In so doing, however, he also evinced, although unwittingly, a point of view accepted by Marx. In believing that the *mir* of the Russians and *zadruga* or extended family of the South Slavs, the "basic institutions" of Slavic society, could be turned into instruments of socialization, he believed in essence what Marx himself believed.[113]

He was opposed to Western Europe only in being hostile to bureaucracy and capitalism and in hoping to avoid the standardizing and dehumanizing effect of capitalist division of labor.[114] A sharp critic of the rigid distinction in the West between the notions of state and society, however, he desired to create a state that would respond to the needs of society, hence a nonbureaucratic state. Like Proudhon and Saint-Simon, who regarded state functionaries as "unproductive," Marković maintained that the most conspicuous area of unproductivity was the bureaucracy. And yet, since the 1830s, some of the most promising energies of the Serbian people had been wastefully diverted to officialdom for lack of adequate opportunities in industry.

Police intimidation, bureaucratic exploitation, and the general bureaucratic culture, he keenly observed, facilitated the domination of Serbia by foreign capital. Domestic bureaucrats and foreign capitalists both hindered the rapid development of a native capitalist class, fostering the growth of a proletariat through the impoverishment of peasants and artisans who were exploited in various ways by their bureaucrats and unable to render their goods competitive with foreign imports.[115] Marković's primary object in advocating the replacement of existing bureaucrats with elected and perhaps unpaid citizen officials was to enable Serbia to invest its surplus wealth in more productive enterprise.[116]

While an advocate of decentralization, Markovic did not desire the division of Serbia into wholly independent communes with little means of communication with each other. The commune or *opština* was generally too small, economically too weak and undiversified, and too short of educated leaders. The department and central government were too distant to appreciate the character of local problems. Development policies should therefore be assigned to the *srez* or "grand commune," and Serbia as then territorially constituted should be divided into fifty "grand communes" each having about 5,000 taxpayers. It would be the duty of the *srez*, he believed, to carry part of the burden of uplifting the depressed or underdeveloped communes within its circumscription.

The program of political decentralization should be accompanied by a program of economic confederation. Small parcels of land should be integrated and socialized, and cooperatives should be organized—consumers', agricultural, artisanal, and industrial producers' cooperatives. In imitation of Proudhon, Marković further advocated the confederation of producers' cooperatives and the establishment of a national bank to give credit at low rates of interest and assume, for a nominal commission, the function of marketing the surplus goods of the "grand communes" and producers' cooperatives.[117]

Epilogue

One might be inclined to believe that the formation several years later of a Radical Party bound by the discipline of theory should have served to promote social and ideological solidarity among Serbian radicals. But the extension of education to ever larger portions of the population, combined with the late advent of industrialization, led to a rapid increase in Serbia in the number of "hunters of functions" and to a continuing readiness on the part of many political leaders of all parties—Liberals, Radicals, and others—to compromise with or reinterpret their ideals in return for the reward of high position. Vladimir Jovanović, Kosta Cukić, Vladan Djordjević, Raša Milošević, Pera Todorović, Professor Giga Geršić, and Nikola Pašić began as liberals, radicals, or friends of the people. Soon, however, one may argue, they became the servants of a *bourgeoisie inquiète* and ultimately acquired the *préjugés nécessaires* of the bourgeoisie through their gradual detachment from the masses and their attraction, in conformity with Roberto Michels' "iron law of oligarchy," to the orbit of the "political class."[118]

Notes

1 Nil Popov, *Rossiia i Serbiia: istoricheskii ocherk russkago pokrovitel'stva Serbii s 1806 po 1856 god*, 2 vols. (Moscow: K. Soldatenkov, 1869), pp. 294–97; Dragoslav Janković, *0 političkim strankama u Srbiji XIX veka* (Belgrade: Prosveta, 1951), p. 71; Barthélemy Sylvestre Cunibert, *Essai historique sur les révolutions et l'indépendance de la Serbie depuis 1804 jusqu'à 1850*, 2 vols. (Leipzig: F. A. Brockhaus, 1855), I, 312; [Aleksandr N.] Pypin and [Wiodzimierz] Spasowicz, *Histoire des littératures slaves*, trans. from the Russian by Ernest Denis (Paris: Ernest Leroux, 1881), p. 301; David Mitrany, *The Land and the Peasant in Rumania: The War and Agrarian Reform (1917–21)* (London: Humphrey Milford, Oxford University Press; New Haven: Yale University Press, 1930), pp. 26–34; Vuk Stefanović Karadžić, *Pisma* (Belgrade: Prosveta, 1947), pp 114–17.

2 Leopold Ranke, *The History of Servia, and the Servian Revolution, with a Sketch of the Insurrection in Bosnia*, trans. from the German by Mrs. Alexander Kerr (London: Henry G. Bohn, 1853), pp. 250–51.

3 Cunibert, *Essai historique*, II, 27–29.

4 Karadžić, *Pisma*, pp. 142–43, 168–69. See also Janković, *O političkim strankama*, pp. 72–73.

5 [Karadžić], *Vukova prepiska*, 7 vols. (Belgrade: Državna Štamparija, 1907–13), II, 566, letter from Karadžić to Prince Miloš, December 19, 1824.

6 Popov, *Rossiia i Serbiia*, I, 252; Cunibert, *Essai historique*, II, 27–29, 271–72; Karadžić, *Pisma*, pp. 170–71.

7 Cunibert, *Essai historique*, II, 29–31; Popov, *Rossiia i Serbiia*, I, 250.

8 Cunibert, *Essai historique*, II, 213–14; Dragutin P. Subotić, "The Serbia of Prince Miloš," *Slavonic Review*, III (1924), 160; Emile Haumant, "La Serbie sous Miloš et ses premiers successeurs," *Šišićev Zbornik* [collection of articles in honor of Croatian historian Ferdinand Šišić], ed. Grga Novak (Zagreb: C. Albrecht [P. Acinger], 1929), p. 24.

9 Cunibert, *Essai historique*, II, 83, 277.

10 Karadžić, *Pisma*, p. 171; Janković, *O političkim strankama*, p. 74; Jaša M. Prodanović, *Istorija političkim stranaka i struja u Srbiji* (Belgrade: Prosveta, 1947), I, 62.

11 Cunibert, *Essai historique*, II, 271–72; Karadžić, *Pisma*, pp. 156–89, letter of April 12/24, 1832, to Prince Miloš.

12 Cunibert, *Essai historique*, II, 78–88, 128–29; Ranke, *The History of Servia*, pp. 254–58.

13 Prodanović, *Istorija političkih stranaka*, pp. 70–73; Janković, *O političkim strankama*, pp. 83–84; Emile Haumant, *La Formation de la Yougoslavie (XVe–XXe siècles)* (Paris: Éditions Bossard, 1930), pp. 272–73; Jean Mousset, *La Serbie et son Eglise (1830–1904)* (Paris: Librairie Droz, 1938), pp. 137–40; Stevča Mihailović, *Memoari Stefana-Stevče-Mihailovića*, ed. Živan Živanović, Srpska Kraljevska Akademija, "Zbornik za istoriju, jezik i književnost srpskog naroda," Section 1, Book XVIII (Belgrade: Grafički zavod 'Makarije' A. D. u Zemunu, 1928), p. 279.

14 Cunibert, *Essai historique*, II, 198, 201–27; Prodanović, *Istorija političkih stranaka*, I, 66.

15 Cunibert, *Essai historique*, II, 366–71.

16 *Ibid.*, II, 231, 372–73, 450–51; Mihailović, *Memoari*, pp. 285–86, 326; Jovan Skerlić, *Istorija nove srpske književnosti* (3d ed.; Belgrade: Rad, 1953), p. 180.

17 Prodanović, *Istorija političkih stranaka*, I, 85–87; Ranke, *The History of Servia*, pp. 261–67; 299–308.

18 Cunibert, *Essai historique*, II, 32, 201–4; Popov, *Rossiia i Serbiia*, I, 332–34; Janković, *O političkim strankama*, pp. 71, 98; Slobodan Jovanović, *Ustavobranitelji i njihova vlada (1838–1858)* (Belgrade: Državna Štamparija, 1912), pp. 30, 36.

19 Cunibert, *Essai historique*, II, 205.

20 Janković, *O političkim strankama*, pp. 71, 85, 98, 100; Nikola Vučo, *Privredna istorija naroda FNRJ do Prvog svetskog rata* (Belgrade: Izdavačko preduzeće Nar. Rep. Srbije, 1948), p. 252.

21 Marian Kukiel, *Czartoryski and European Unity, 1771–1861* (Princeton: Princeton University Press, 1953), pp. 245–48; Dragoslav Stranjaković, *Vlada Ustavobranitelja (1842–1853)* (Belgrade,: n. p., 1932), pp. 31–34; Dragoslav Stranjaković, "Kako je postalo Garašaninovo 'Načertanije,'" *Spomenik Srpske Akademije Nauka*, XCI, class 2, Book 70 (Belgrade, 1939), pp. 66–67.

22 *Ibid.*, pp. 68–115; Stranjaković, *Vlada*

Ustavobranitelja, pp. 268–72.

23 *Ibid.*, pp. 272–73; Mousset, *La Serbie et son Eglise*, p. 191; Janković, *O političkim strankama*, p. 89.

24 Stranjaković, *Vlada Ustavobranitelja*, p. 274; Mousset, *La Serbie et son Eglise*, pp. 191–95.

25 Janković, *O politickim strankama*, pp. 96–97, 134; Jozo Tomasevich, *Peasants, Politics, and Economic Change in Yugoslavia* (Stanford: Stanford University Press; London: Geoffrey Cumberlege, Oxford University Press, 1955), pp. 178–89, 200–2; Archives du Ministère des Affaires Étrangères (Paris), Correspondance Commerciale, Belgrade, IV, fol. 362–65, despatch of March 31, 1869, from the French consul in Belgrade, Edouard Engelhardt, to the French Ministry of Foreign Affairs, on the rise of poverty in Serbia; Lazare Marcovitch, "Two Anniversaries of Serbian Law: The Civil Code of 1844 and the *Zakonik* of Dushan," *Journal of Central European Affairs*, XIV (1954), pp. 270–71.

26 Cunibert, *Essai historique*, I, 17.

27 Haumant, "La Serbie," p. 25; Skerlić, *Istorija nove srpske književnosti*, pp. 114–15.

28 Mihailović, *Memoari*, pp. 50–51; Mousset, *La Serbie et son Eglise*, pp. 130–31; Ilija Garašanin, *Pisma Jovanu Marinoviću*, ed. St. Lovčević, Srpska Kraljevska Akademija, "Zbornik za istoriju, jezik i književnost srpskog naroda," Section 1, Book 21, 2 vols. (Belgrade, 1931), I, x; Svetozar Marković, *Izabrani listovi*, ed. D. Vučenov (Zagreb, 1949), p. 91.

29 Karadžić, *Pisma*, pp. 83, 94, 100, 177–82.

30 Subotić, "The Serbia of Prince Miloš," p. 161, for the period before 1817. Subotić writes that Serbia had 60 schools and 69 teachers in 1836. For later figures, see Joseph Mallat, *La Serbie contemporaine: Etudes, enquêtes, statistiques*, 2 vols. (Paris: J. Maisonneuve, 1902), II, 59; Skerlić, *Istorija nove srpske književnosti*, *passim*; Serbia, Ministry of Finance, Department of Statistics, *Državopis Srbije (Statistique de la Serbie)*, XVI (Belgrade, 1889), pp. xxxiv, xxxvi, xli–xlii.

31 Jean-Henri-Abdolonyme] Ubicini, *Les Serbes de la Turquie* (Paris, 1865), pp. 85–91; Mousset, *La Serbie et son Eglise*, pp. 81–85; Skerlić, *Istorija nove srpske književnosti*, p. 116; *Državopis Srbije*, XIII (1884), pp. 408–13.

32 Janković, *O političkim strankama*, p. 105; Ubicini, *Les Serbes*, p. 90; Haumant, "La Serbie," p. 26; Skerlić, *Istorija nove srpske književnosti*, pp. 116–17.

33 Jevrem Grujić, *Zapisi* (Belgrade: Štamparij Buducnost 1922), I, 54; Ubicini, *Les Serbes*, pp. 191–93; Leften S. Stavrianos, *Balkan Federation: A History of the Movement toward Balkan Unity in Modern Times*, Smith College Studies in History, Vol. XXVII, Nos. 1–4, Oct. 1941 – July 1942, Northampton, Mass. (Menasha, Wis.: George Banta Publishing Co., 1944), p. 87.

34 Skerlić, *Istorija nove srpske književnosti*, pp. 117, 203–4, 344; Hermann Wendel, "Svetozar Marković," *Aus dem südslawischen Risorgimento* (Gotha: Friedrich Andreas Perthes, 1921), p. 162.

35 *Državopis Srbije*, IX (1879), 142–45; XI (1882), 132; and XVI (1889), pp. ix, xix; Skerlić, *Istorija nove srpske književnosti*, p. 115; Vučo, *Privredna istorija*, p. 200.

36 Miroslav Djordjević, "Godina velikih kulturnih pobeda," *Članci i eseji* (Sarajevo: Svjetlost, 1951), pp. 103, 108–12, 118; Haumant, "La Serbie," pp. 26–28; Karadžić, *Pisma*, pp. 246–56, letter to the Serbian Council of State, March 17, 1848; Djura Daničić, "Rat za srpski jezik i pravopis," *Sitniji spisi Dj. Daničića*, I. *Kritika, polemika i istorija književnosti*, Srpska Kraljevska Akademija, "Posebna izdanja," Vol. LIV, Philosophical and Philological Writings, Book 14 (Sremski Karlovci: Srpska Manastirska Štamparija, 1925), pp. 5–46; Wendel, *Aus dem südslawischen Risorgimento*, p. 76; Michael Boro Petrovich, *The Emergence of Russian Panslavism, 1856–1870* (New York: Columbia University Press, 1956), pp. 169–70; Ksenija Atanasijević, *Penseurs yougoslaves* (Belgrade: Bureau Central de Presse, 1937), pp. 104–32.

37 Janković, *O političkim strankama*, pp. 98, 105; Ubicini, *Les Serbes*, p. 93; Djordjević, *Članci i eseji*, pp. 111, 114; Grujić, *Zapisi*, I, 3, 8.

38 Stranjaković, *Vlada Ustavobranitelja*, pp. 275–78.

39 Milan Markovitch, "La Révolution serbe de 1848 et les Français," *Actes du Congrès historique du centenaire de la Révolution de 1848*, ed. Comité français des Sciences historiques (Paris: Presses Universitaires de France, 1948), pp. 194–95; Alphonse-Marie-Louis de Lamartine, *Histoire de la Turquie*, in *Oeuvres complètes de Lamartine, publiées et inédites*, Vols. XXIII–XXVIII, 6 vols. (Paris, 1862–63), VI (XXVIII), Livre 37, pp. 317–18; Lamartine, *Voyage en Orient: Souvenirs, impressions, pensées et paysages pendant un voyage en Orient, 1832–1833, ou, Notes d'un voyageur*, 2 vols. (Paris: Hachette et Cie, I, 1913; II, 1911), II, 259–87.

40 Stranjaković, *Vlada Ustavobranitelja*, pp. 110, 275–78; Mousset, *La Serbie et son Eglise*, pp. 164–65.

41 Grujić, *Zapisi*, I, 10–11; Garašanin, *Pisma Jovanu Marinoviću*, I, 3–4.

42 Stranjaković, *Vlada Ustavobranitelja*, pp. 278–79; Mousset, *La Serbie et son Eglise*, p. 192.

43 Janković, *O političkim strankama*, p. 105.

44 Stranjaković, *Vlada Ustavobranitelja*, p. 111.

45 *Ibid.*, pp. 281–300; Grujić, *Zapisi*. I, 14; Markovitch, "La Révolution serbe," p. 194.

46 Grujić, *Zapisi*, I, 196–97; Mousset, *La Serbie et son Eglise*, pp. 164–65; Janković, *O političkim strankama*, pp. 106–7.

47 Mousset, *La Serbie et son Eglise*, p. 173.

48 Garašanin, *Pisma Jovanu Marinoviću*, I, 2–6, 9–11. For a more detailed development of Garašanin's views, see Vol. II, 7–13, 159, 166, 230–31, 242, 257, 320–23.

49 Janković, *O političkim strankama*, p. 108; Djordjević, "Godina velikih pobeda," *Članci i eseji*, pp. 113–14; Grujić, *Zapisi*, I, 196–97; Jovanović, *Ustavobranitelji*, p. 35.

50 Grujić, *Zapisi*, I, 33–34.

51 Haumant, "La Serbie," p. 26.

52 Garašanin, *Pisma Jovanu Marinoviću*, I, xvi–xviii, 158.

53. *Ibid.*, I, 158–59.

54 Grujić, *Zapisi*, I, 8, 18–21; book review by L. Michel, in *Moniteur universel: Journal officiel de l'Empire français*, April 9, 1853; review in *Revue des deux mondes*, XXIV, 2d ser, V, February 15, 1854, pp. 856–57.

55 Grujić, *Zapisi*, I, 22–28, 53, 147; Janković, *O političkim strankama*, pp. 70, 79, 81, 99–100, 108, 112, 114.

56. Mihailović, *Memoari*, pp. 203–5.

57 Janković, *O političkim strankama*, pp. 109–11; Prodanović, *Istorija politiičkih stranaka*, I, 257–58; Djordjević, "Svetozar Marković i 'Ujedinjena Omladina Srpska,'" *Članci i eseji*, p. 146.

58 Popov, *Rossiia i Serbiia*, II, 408–11; Grujić, *Zapisi*, I, 180, 203–4.

59 Janković, *O političkim strankama*, pp. 122–23; Prodanović, *Istorija političkih stranaka*, I, 247.

60 *Ibid.*, pp. 274–75; Ubicini, *Les Serbes*, pp. 93–94; J. M. Meijer, *Knowledge and Revolution; the Russian Colony in Zuerich (1870–1873): A Contribution to the Study of Russian Populism* (Assen, Netherlands: Van Gorcum, 1955), p. 55; V. Bogcharskii (pseud. for Vasilii Iakovlevich Iakovlev), *Aktivnoe narodnichestvo semidesiatykh godov* (Moscow: M. and S. Sabashnikov, 1912), p. 275.

61 The best general works on the *Omladina* are Wendel, "Die Omladina," *Aus dem südslawischen Risorgimento*, pp. 75–102, and Jovan Skerlić, *Omladina i njena književnost (1848–1871); izučavanja o nacionalnom i književnom romantizmu kod Srba* (Belgrade: Serbian Royal Printing Press, 1906). See also Skerlić, *Istorija nove srpske književnosti*, pp. 208–14; Djordjević, "Svetozar Marković i 'Ujedinjena Omladina Srpska,'" *Članci i eseji*, pp. 131–33.

62 Mihailović, *Memoari*, pp. 243–44; Slobodan Jovanović, *Svetozar Marković* 2d rev. ed. (Belgrade: Geca Kon, 1920), p. 129; Garašanin, *Pisma Jovanu Marinoviću*, II, 211; Haumant, *La Formation de la Yougoslavie*, p. 476; Wendel, *Aus dem südslawischen Risorgimento*, p. 79.

63 Janković, *O političkim strankama*, pp. 180–81, 186.

64 Jovan Skerlić, *Svetozar Marković: Njegov život, rad i ideje* (2d rev. ed.; Belgrade: Izdavačka Knjižarnica Napredak, 1922), pp. 40, 44–45; [Emile Picot], *Les Serbes de Hongrie, leur histoire, leurs privilèges, leur Eglise, leur état politique et social* (Prague: Grégr & Dattel, 1873), pp. 307–9.

65 Jovanović, *Svetozar Marković*, pp. 87–88; Janković, *O političkim strankama*, pp. 182, 189; Benoît Malon, *Histoire du socialisme*, 4 vols. (Paris: Derveaux, 1882–85), IV, 1547; Marković (Vučenov, ed.), *Izabrani listovi*, p. 9; Svetozar Marković, "Politički i ekonomski položaj radničkog staleža u Srbiji," *Odabrani spisi*, ed. Veselin Masleša (Zagreb: Biblioteka "Prosvjete," 1950), pp. 294–97.

66 Wendel, "Die Omladina," *Aus dem südslawischen Risorgimento*, p. 86; Skerlić, *Istorija nove srpske književnosti*, pp. 295–308.

67 Wendel, "Die Omladina," *Aus dem südslawischen Risorgimento*, p. 98; Velibor Gligorić, *Srpski realisti* (Belgrade: Prosveta, 1954), pp. 112, 114, 128, 263–97.

68 Alexis S. Khomiakov *et al.*, "Srbima: Poslanica iz Moskve," in Daničić, *Sitniji spisi*, I, 266–89. The Epistle bore the signatures of the following individuals: Aleksei S. Khomiakov, Mikhail P. Pogodin, A. Koshelev, Ivan Beliaev, Fedor Chizhov, Nikolai Elagin, Iurii Samarin, Pëtr Bezsonov, Konstantin Aksakov, Pëtr Bartenev, and Ivan S. Aksakov.

69 Daničić, *Sitniji spisi*, pp. 289–306.

70 *Ibid.*, p. 309.

71 *Ibid.*, pp. 289–92.

72 *Ibid.*, pp. 292–303.

73 B. B. Grekov, ed., *Dokumenty k istorii slavianovedeniia v Rossii (1850–1912)*, prepared for publication by V. R. Leikina-Svirskaia and L. V. Razumovskaia (Moscow and Leningrad: Akademiia Nauk SSSR, 1948). p. 82.

74 Malon, *Histoire du socialisme*, IV, 1556, 1559; Skerlić, *Svetozar Marković*, pp. 100–3; Benoît Malon, "Svetosar Markowitch et le socialisme serbe," *La*

Revue socialiste, VIII (Paris, 1888), pp. 592–93; Marković (Vučenov, ed.), *Izabrani listovi*, p. 15. The quotations are drawn from Mousset, *La Serbie et son Eglise*, pp. 361–62, and Janković, *O političkim strankama*, pp. 172–75.

75 Mousset, *La Serbie et son Eglise*, pp. 302–3; Stavrianos, *Balkan Federation*, pp. 110, 115–16; Malon, *Histoire du socialisme*, IV, 1559–60.

76 L. Erikhonov, *Russkie revoliutsionnye demokraty i obshchestvennaia mysl' iuzhnykh slavian v 60–70 godov XIX veka* (Moscow: Gospolitizdat, 1950), pp. 55–95. Erikhonov's work suffers from constant politically biased references to the "Fascist clique of Tito" and "Tito-Ranković." See also Frank E. Manuel, *The New World of Henri Saint-Simon* (Cambridge, Mass.: Harvard University Press, 1956), pp. 13–16; Yves Renouard, "La Notion de génération en histoire," *Revue historique*, CCIX (1953), 4.

77 Erikhonov, *Russkie revoliutsionnye demokraty*, pp. 55 ff., 89 ff., 128.

78 Skerlić, *Svetozar Marković*, p. 59; Jovan Skerlić, *Istorijski pregled srpske štampe, 1791–1911* (Belgrade: Državna Štamparija, 1911). p. 63; Djordjević, "Odjek Markovićevog članka 'Srpske Obmane,'" *Članci i eseji*, pp. 176–78.

79 Emile de Laveleye, *The Balkan Peninsula*, trans. by Mrs. Thorpe, rev. and ed. for the English public by the author (New York and London: G. P. Putnam's Sons, 1887), pp. 209–10; Dragoslav Janković, "O programima i borbama za lokalne samouprave u Srbiji XIX veka," *Nova Misao*, I, 3 (March 1953), pp. 412–14.

80 Wendel, "Svetozar Marković," *Aus dem südslawischen Risorgimento*, pp. 135–65; Marković (Vučenov, ed.), *Izabrani listovi*, p. 9; Marković (Masleša, ed.). *Odabrani spisi*, pp. ix–x; Meijer, *Knowledge and Revolution*, p. 55; Skerlić, *Svetozar Marković*, pp. 11–29, 127.

81. Miroslav Djordjević, ed., *Svetozar Marković: Iz političkih spisa i prepiske* (Sarajevo: Svjetlost, 1952), pp. 241–42, letter of December 24/12, 1868; Skerlić, *Svetozar Marković*, p. 127.

82 Svetozar Marković, *Celokupna dela* (incomplete despite the title), 8 vols. Vol. I–II, ed. Lj. Joksimović (Belgrade: Moderna Štamparija Milivoja Bodjanskog, 1911–12); Vol. III, edited and prepared by the Committee for the Publication of the Complete Works of Svetozar Marković (Belgrade: Izdavačka Knjižarnica Rajkovića i Cukovića, n. d.); Vols. IV–VIII, ed. Lj. Joksimović, text prepared by the Committee for the Publication of the Complete Works of Svetozar Marković (Belgrade: Parna Štamparja Narodne Radikalne Stranke, 1891–93), II, 185–92.

83 Djordjević, ed., *Svetozar Marković*, p. 206; Marković, *Celokupna dela*, I, 117; Djordjević, *Članci i eseji*, pp. 132–36.

84 Malon, "Svetosar Markowitch," pp. 587–91; Skerlić, *Svetozar Marković*, pp. 62–72, 82–91; Count Carlo Sforza, *Fifty Years of War and Diplomacy in the Balkans: Pashich and the Union of the Yugoslavs*, trans. J. G. Clemenceau Le Clercq (New York: Columbia University Press, 1940), pp. 4–13.

85 Skerlić, *Svetozar Marković*, pp. 94–96; Malon, "Svetosar Markowitch," p. 589.

86 Skerlić, *Svetozar Marković*, p. 99; Wendel, "Svetozar Marković," *Aus dem südslawischen Risorgimento*, pp. 145–46.

87 For evidence of the concern in Communist Yugoslavia with the ideas of Marković, see Milovan Djilas, "O nacionalnoj istoriji kao vaspitnom predmetu," *Komunist*, organ Centralnog Komiteta KPJ, January 1949, pp. 56–57.

88 Skerlić, *Svetozar Marković*, pp. 120–23; Marković, *Celokupna dela*, III, 18–19; VII, 33–34, 89–91; VIII, 9–12.

89 Atanasijević, *Penseurs yougoslaves*, pp. 95–98; Miloš Savković, *La Littérature yougoslave moderne* (Belgrade: Bureau Central de Presse, 1936), p. 18. See also Dositej Obradović, *The Life and Adventures of Dimitrije Obradović, Who as a Monk Was Given the Name Dositej*, trans. and ed. George Rapall Noyes (Berkeley and Los Angeles: University of California Press, 1953).

90 Marković, "Realni pravac u nauci i životu," *Celokupna dela*, V, 35–38, 82–85, 125 n.; Erikhonov, *Russkie revoliutsionnye demokraty*, pp. 141, 150–51.

91 Marković, "Realni pravac," pp. 109, 113–17, 120–21, 125–28, 137–47; Marković, "Srpske obmane," *Celokupna dela*, I, 82; Marković, "Beli teror," *Celokupna dela*, IV, 75–76.

92 In "Politički i ekonomski položaj radničkog staleža u Srbiji," *Celokupna dela*, I, 14, Marković identifies the "intelligentsia" as "the class which governs." Elsewhere he calls "the class which governs" *nadri-inteligencija*, that is, "pseudo-intelligentsia." Cf. Miroslav Djordjević, ed., *Svetozar Marković*, p. 241, letter of December 24/12, 1868; Marković, "Naše udruživanje," *Celokupna dela*, III, 46.

93 Djordjević, ed., *Svetozar Marković*, pp. 279–83; Djordjević, *Članci i eseji*, pp. 193, 203; Meijer,

Knowledge and Revolution, pp. 94–96; Marković, *Celokupna dela*, VII, 41–45; Marković, "Beli Teror," *Celokupna dela*, IV, 89.

94 Marković, "Kako su nas vaspitali (ispovest jednog 'praviteljstvenog pitomca')," *Celokupna dela*, VIII, 19–35, 38; Marković (Vučenov, ed.), *Izabrani listovi*, pp. 91, 99, 103.

95 *Ibid.*, pp. 111–16; Marković, "Kako su nas vaspitali," *Celokupna dela*, VIII, 45–53.

96 *Ibid.*, pp. 37, 45–48; Marković, "*Mlada Srbadija*" ["Young Serbdom," the *Omladina* newspaper], *Celokupna dela*, II, 175–78; Marković, "Realni pravac," *Celokupna dela*, V, 101; Marković, "Srpske obmane," *Celokupna dela*, I, 46, 53; *Celokupna dela*, VII, 4, 50–51, letters of July 19, 1873, and January 16 and February 24, 1874.

97 Erikhonov, *Russkie revoliutsionnye demokraty*, pp. 81–82, 158–60; Marković, "Pevanje i mišljenje," *Celokupna dela*, VIII, 55–71; Marković (Vučenov, ed.), *Izabrani listovi*, pp. 134–40, 149; Skerlić, *Svetozar Marković*, p. 195.

98 Marković, *Celokupna dela*, VII, 37, letter of November 20, 1872; VII, 4, letter of July 19, 1873; Marković, "Kako su nas vaspitali," *Celokupna dela*, VIII, 35–37; Marković, "*Mlada Srbadija*," *Celokupna dela*, II, 175; Marković, "Realni pravac," *Celokupna dela*, V, 101; Djordjević, "Svetozar Marković," *Članci i eseji*, p. 154.

99 Ljubomir Protić, "Škole u S. H. S.," *Narodna Enciklopedija srpsko-hrvatsko-slovenačka*, ed. Stanoje Stanojević, IV (Zagreb, 1929), p. 1025.

100 Skerlić, *Svetozar Marković*, pp. 133, 201–3, 206–7; Paul Radosavljević, *Who Are the Slavs? A Contribution to Race Psychology* (Boston: Richard G. Badger, the Gorham Press, 1919), I, 191–202; Hermann Wendel, *Südslawische Silhouetten* (Frankfurt a. M., 1924), pp. 131–33. Kosta Milutinović, "Proterivanje Svetozara Markovića iz Vojvodine" [Die Vertreibung Svetozar Marković's aus der Wojwodina], in Srpska Akademija Nauka, *Istoriski časopis*, V, 1954–1955 (Belgrade, 1955), p. 359; Erikhonov, *Russkie revoliutsionnye demokraty*, pp. 49–50; Miloch Savkovitch (Miloš Savković), *L'Influence de réalisme français dans le roman serbo-croate* (Paris: Librairie ancienne Honoré Champion, 1935), pp. 97–100, 153, 225–26; Savković, *La Littérature yougoslave*, p. 101; George Rapall Noyes, "The Literature of the South Slavs," *Yugoslavia*, ed. Robert J. Kerner (Berkeley and Los Angeles: University of California Press, 1949), p. 309; Gligorić, *Srpski realisti*, pp. 109–10, 141–46, 176–77, 201–2, 223–41, 246–47; Janković, *O političkim strankama*, p. 125.

101 Marković, "Financija," *Celokupna dela*, II, 16; Svetozar Marković, *Srbija na Istoku* (Belgrade: Prosveta, 1946), pp. 139, 141–42; Marković, "Beli Teror," *Celokupna dela*, IV, 67; *Celokupna dela*, VII, 39, letter of April 16, 1869; Djordjević, ed., *Svetozar Marković*, p. 281.

102 Marković, *Celokupna dela*, I, 30; Marković (Masleša, ed.), *Odabrani spisi*, pp. 217–18, 221.

103 *Ibid.*, pp. lxi–lxiv, 246–48.

104 Marković, "Narodna Skupština," *Odabrani spisi*, ed. Masleša, p. 125.

105 Marković, *Celokupna dela*, I, 78; Markovic (Masleša, ed.), *Odabrani spisi*, p. 246.

106 Marković, *Celokupna dela*, V, 20–21, 38.

107 Marković (Vučenov, ed.), *Izabrani listovi*, p. 70; Dragiša Lapčević, *Istorija socijalizma* (Belgrade: Geca Kon, 1922), p. 67.

108 Marković, *Celokupna dela*, IV, 5–105.

109 Djordjević, "Glišićev realizam i društvena stvarnost Srbije njegovog doba," *Članci i eseji*, pp. 222–23; Skerlić, *Svetozar Marković*, p. 12; Gligorić, *Srpski realisti*, pp. 109–10; Erikhonov, *Russkie revoliutsionnye demokraty*, p. 24. While anticlerical and believing that the Orthodox Church, as an institution, had in the course of time become increasingly prejudicial to Serbian development, Marković never attacked the lower clergy, from some of whose members he was able to obtain support. *Cf.*, Mousset, *La Serbie et son Eglise*, pp. 234, 359–60.

110 Marković, "Opština," in Djordjević, ed., *Svetozar Marković*, pp. 221–22; Marković, (Masleša, ed.), *Odabrani spisi*, pp. 149–55, 283; Marković, *Celokupna dela*, VII, letter of May 9, 1874; Janković, "O programima i borbama," *Nova Misao*, I, 3 (March 1953), p. 410.

111 P.-J. Proudhon, *Du Principe fédératif et de la nécessité de reconstituer le parti de la Révolution* (Paris: E. Dentu, 1863), p. 77.

112 Solomon M. Schwarz, "Populism and Early Russian Marxism on Ways of Economic Development of Russia (the 1880's and 1890's)," *Continuity and Change in Russian and Soviet Thought* (Cambridge, Mass.: Harvard University Press, 1955), pp. 48–50; Skerlić, *Svetozar Marković*, pp. 145–46.

113 *Loc. cit.* For Marković's conception of the Serbs as a "young people," see *Celokupna dela*, VII, 91, letter to his brother, Jevrem Marković, January 18, 1869.

114 Marković, *Srbija na Istoku*, pp. 150–53.

115 Jovanović, *Svetozar Marković*, p. 44; *Marković, Celokupna dela*, I, 46, 53; III, 36; IV, 130–32; Markovic (Masleša, ed.), *Odabrani spisi*, pp. 227, 281; Arthur Desjardins, *P. J. Proudhon: Sa vie, ses oeuvres, sa doctrine*, 2 vols. (Paris: Perrin et Cie, 1896), II, 223.

116 Jovanović, *Svetozar Marković*, pp. 103–4; Marković, (Masleša, ed.), *Odabrani spisi*, p. 241.

117 Marković, "Naše udruživanje," *Celokupna dela*, III, 10, 23–26, 45; Marković, *Celokupna dela*, II, 22, 46–47; III, 100–1.

118 Janković, *O političkim strankama*, pp. 148 ff.; Gligorić, *Srpski realisti*, pp. 217–19; Jovanović, *Svetozar Markovic*, p. 206. I have borrowed the terms "*bourgeoisie inquiète*" and "*préjugés nécessaires*" from Julien Benda, *La Trahison des clercs* (Paris: Bernard Grasset, 1928), pp. 202–10.

3

*The "Rationalization" of a Small Space-Economy: Serbia and the Great Powers, 1881–1914**

It is well known in a general way that the struggle between Serbia and Austria-Hungary during the last four decades preceding the First World War assumed an economic as well as a political character. What is realized less well is that the economic and political conflicts were reflected in Serbia in a way that suggests a close interaction between changes at three different levels of organization—space, economy, and society. The subject of this paper mainly concerns the relationship between two of these levels—space and economy—since a systematic consideration of the relationship between changes in the nature of Serbian society and the changes at the other two levels would require a longer essay.

A Serbian political and economic thinker who would play an important role in Serbian diplomacy, Čedomilj Mijatović, wrote in 1867 that the value of capital investment in transportation derives from the fact that the easier it is to move goods and people the more likely it is that the time required to perform a particular action—and thus probably the cost—will be reduced. In a country with a good network of roads, he maintained, "well-being is distributed in like manner throughout the land." Goods and capital investments, for example, can be transferred from places in which they abound to those in which they are lacking. The labor force will be able to circulate from places in which the demand for labor is low to those in which it is high.[1]

Mijatović hoped to distribute well-being in Serbia by improving the country's transportation system. Like most liberal economists, he overemphasized the virtues of railway transportation, paying insufficient attention to the political and international obstacles to the realization of "well-being in like manner throughout the land." In particular, he neglected a problem to which scholars subsequently have given greater weight. According to the sociologist Emile Durkheim, for example, the dynamic or commercial and communicational density (the mass of communications of every kind per unit of area) in a given society may rise more slowly than the *material* or demographic density.[2] Economists Mikhaylo I. Tuhan-Baranovsky and Simon Kuznets have stressed, in addition, that this is more likely to occur in territorially and demographically small countries than in large ones.

Fig. 16. Čedomilj Mijatović: Economist, finance minister, diplomat. Source: Count Chedomille Mijatovich [Čedomilj Mijatović], *The Memoirs of a Balkan Diplomatist* (London, New York, Toronto, and Melbourne: Cassell and Company, Ltd., 1917).

A small territorial state—that is, one smaller than or with fewer resources than the states around it—is prone to have a restricted market for many different reasons. It probably will be unable to take advantage of large-scale production and organization even if it has a high population density (for non-industrial countries a density of more than 30 or 40 persons per square kilometer may be considered as high, and most of the Balkan countries—all non-industrial—had a density of 30 by 1860 or 1870) because the total population is small. Being territorially small and having limited exploitable resources in terms of its existing technological and labor and management equipment and skills, it is much more likely to feel the adverse effects of natural crises (forest fire, flood, drought, etc.). It is unlikely to become a large-scale producer of goods for its own space, not to mention other political spaces, unless a favorable historical experience has allowed it to develop certain skills for whose product a good demand exists in other countries, or unless, for some reason, the territorially and demographically larger states around it tacitly or openly have endowed it with some form of political privilege, such as that of being neutral and thus not subject to aggression.

But most small states have not been privileged in this way—unless they have enjoyed the advantage of maritime space—and consequently are obliged to organize their transportation and transformation (production) systems in terms of the needs of the territorially larger and politically more powerful states. Railroads thus appeared along commercial routes between ports and large cities, along routes to mining centers, and as links between a commercial-industrial region and regions producing raw materials and foods, such as grains. Investments by large, powerful states or by their publics were more likely to be made in the transportation (railroads, canals, etc.) sector of a small, weak, and economically promising but underdeveloped country than in industry. A sector in which large, powerful, developed states often invested even more heavily when a small space-economy (or a small-space economy) could be useful to them was political protection. The small states in turn needed such investments. For as Kuznets has remarked, they had to invest in security not in proportion to their territorial or demographic mass but rather—if circumstances permitted—almost in proportion to the size and resources of their potential enemies.[3] Since political enmities and friendships are never wholly certain, on the other hand, small states must submit to accepting financial investments from whoever is ready to make them, taking care not to become dependent for war supplies on a giver or seller who, under the impetus of some particular structure and conjuncture of international relations, may become an enemy.

The economic development of world space has been unequal ever since the process of economic development started in prehistory, and the ability to dominate economically always seems to have meant to some degree an ability to dominate politically, although the converse may not always have been true. But no political or economic domination has lasted forever.[4] In most cases it has not extended beyond two, three, or four centuries. Domination is thus temporary by definition. Whether political or economic, its exercise ultimately results in the relative weakening of the dominant power. This occurs in response to several different, if related, conditions and processes: 1) the inability on the part of the dominant state to innovate politically and/or economically once it has invested heavily in an existing set of political and/or economic institutions; 2) the readiness on the part of rival powers to make political and/or economic investments in the small country or countries in which another power previously has been dominant; 3) the readiness on the part of a territorially large and politically great power to allow capital and entrepreneurial and technical skills to be made available to potential small-power enemies so that they are not tempted to align themselves with another great power; 4) the inclination on the part of small states to seek to free themselves from their dependence on a single political and economic pole by organizing their economic, political, and cultural activities around a multipolar network—that is, around one political pole and another economic pole, around two or more political poles and two or more (the same or others) economic poles, around a cultural pole distinct from the political or the economic pole, or in some other combination of the above;[5] and 5) the Schumpeterian propensity of small states to imitate the large and powerful ones with the object of ceasing to be small and weak. Of course, a risk is involved in such endeavors—the risk of being eliminated altogether as a political entity. All small powers thus will not succeed. It is no less true, however, that no great power may expect to remain equally powerful economically and politically forever. Some great powers will disappear altogether—like some small states. Moreover, whether a great power gives or fails to give economic or financial assistance to small, weak, and economically underdeveloped states, it ultimately still will be less powerful compared to other states.

Coming now to the Serbian case, we note that this country escaped from the Austro-Hungarian political, economic, and financial pole in the decade after 1900 or 1903. For its challenge it was almost destroyed as a state. Almost but not quite—for it emerged as a territorially and demographically larger state, albeit with even more problems than its predecessor. But since we are not here to discuss the successor states, let us return to the problem of how Serbia escaped from the Austro-Hungarian pole and how this political and economic mutation was made possible.

The mutation was achieved in the decade after 1900, but it was prepared by a trend that began many decades earlier. To understand how it was possible to transform the Serbian economy and re-equip the space on which that economy developed, one must take note that the post-1900 phase was preceded by two other important phases.

The earliest phase was marked by the formation of towns and the building of roads—the improvement of travel by cart—and lasted for about half a century, from about 1830 to the early 1880s. It was also during this period that a secret memorandum was prepared calling for the ultimate enlargement of Serbia's boundaries by the annexation of neighboring South Slavic territories. This memorandum or sketch—the 1844 *Načertanije* (*Načertanie*) of Ilija Garašanin—called in addition for access to the sea or at least for a corridor road to the sea by means of which Serbia might be able to achieve economic emancipation from Austria. There was also an attempt during the earlier part of this period to develop a Serbian merchant marine on the Sava and Danube, but the Austrian Danube Navigation Company and the Hungarian Society for River and Maritime Navigation frustrated such Serbian efforts for half a century—starting in the 1830s and 1840s but even more after 1850. The high tariff rates of these companies—apparently four times as high as those of such companies elsewhere—were designed to make Serbia dependent on the mercantile organization of Vienna, Budapest, and Trieste, and to reduce Serbian commercial contacts with the Black Sea to almost nothing.[6] The establishment at the newly built Iron Gate Canal, which cost five times as much as the building of the Kiel Canal although technically inferior to it, of canal dues twice as high and of tonnage dues three times as high as on the Kiel seems to have had in part the same purpose.[7]

The second phase of the re-equipment of Serbian space took the form of the building of railroads and of the development of a small merchant marine. The restoration of Serbia's river merchant marine started in 1893,[8] while railroad building began a decade earlier. By the latter part of 1889, Serbia had a railway length of 532.3 kilometers and 51 railroad stations, 27 locomotives, 127 passenger cars, and 702 freight cars.[9]

However else railroad building may or may not have altered the Serbian economy, it seems either to have facilitated the development of a cereal economy or to have come in part in response to a demand for a cereal economy—that is, to fulfill the needs of a growing population and of a growing share in the total population by cities, as in the United States, Canada, Argentina, Australia, and the Hungarian Alföld.[10] Serbia probably first expanded its cereal cultivation because of its own rapidly expanding demography, but it also did so in imitation of the example set by Hungary and the Danubian principalities as producers and exporters of grains. This is not to say that railroads created a previously non-existing demand but rather that the European demand for cereals was one of the factors that made foreign banks less reluctant to provide Serbia with funds for railroad building.

Between November 1, 1861, and October 31, 1862, exports of grains and flour from Serbia amounted to only 204,218 francs or 1.2 percent of the total value of Serbian exports, but grain and flour imports were then valued at 809,984 francs or 6.3 percent of Serbia's overall imports.[11] In the course of 1863 and 1864 the amount of land put under cereal cultivation increased at a faster rate than during the previous years,[12] and between 1847 and 1867 the area sown with grains experienced a 13 percent increase in the number of plowing days,[13] much of it probably accomplished between 1862 and 1867.

Despite its abundant harvest in 1863, however, Serbia was unable to export a significantly larger quantity of grains to the neighboring Banat during the drought-provoked famine of 1863–1864 simply because it still had too few paved roads suitable for long hauls and because its carts were too crude, furnished with hardly any iron parts and with wheels that were only approximately round, as in fourteenth and fifteenth-century Western Europe, and drawn by animals of small size or by slow-moving animals. But wheelwrights were beginning to appear in the country,[14] carts would be made larger and technically more efficient, and paved roads were to be extended.

For the moment we lack data to determine whether railroad substitutes (paved roads and good carts and draft animals in greater abundance) could have provided an equally cheap and efficient means of developing the Serbian economy, making it possible for more people to live on the same area of land.[15] Railroads, however, probably did provide a speedier and more regular mode of transportation, and many persons regarded them as a vehicle of modernization (or

TABLE 1: SERBIAN EXPORTS, 1847-1912

Value in Millions of French Francs in the Given Year or the Average for the Given Years

Type of Export Products	**1847**	**1848**	**1860**	**1862**	**1884**	**1884-93**	**1894-1905**	**1906-12**
Grains, other field, garden and orchard products	0.24	0.14		1.07	14.4			
Grains alone			0.22	0.20		8.0	13.8	33.6
Field, garden and orchard products excluding grains				0.87				
Fruits alone						10.2	11.2	14.8
Livestock	11.0	8.0		10.3		17.3	23.3	8.5
Animal products				3.2		3.6	8.0	23.3
Percentage of Total Exports in the Given Year or Average Percentage for the Given Years								
Grains, other field, garden and orchard products	1.7	1.4						39.7
Grains alone				1.2				
Field, garden and orchard products excluding grains				5.1				
Fruits alone								
Livestock	78.6	80		61.4				10
Animal products				19.8				15.5

Europeanization, to use a term that later lost ground to the more elusive concept of Westernization) or as a device for encouraging other types of change.

During the early years of Serbian railways, the cereal exports of Serbia (then a territorially somewhat larger country as a result of its annexation in 1878 of some territories to the south) were already important compared to what they had been before 1862. Between 1884 and 1893, for example, they amounted to an average of 8.0 million francs per year. This suggests that Serbian railways came at a propitious moment—if not for all aspects of the economy, at least for grain producers who had surpluses. But if railroads had been a crucial factor, one would have expected grain exports to grow still more rapidly after 1893. Instead, the average annual export of cereals from Serbia between 1894 and 1905 amounted to only 13.8 million francs. Thus the export of grains (in value at any rate) seems to have increased by forty times between 1862 and 1893 but by less than three-quarters between 1894 and 1905. On the other hand, in the subsequent period, 1906–1912, which was only half as long, the average yearly grain exports increased to 33.6 million francs or by two and one-half times over the previous period.[16] In part, this change may have been the result of the doubling of Serbia's railroad trackage between 1908 and 1912.[17] The data in Tables 1 and 2 show how Serbian exports of grains grew both absolutely and in relation to the total Serbian exports between 1847 and 1912.[18]

If Serbia was able to respond successfully to Austria-Hungary's customs or tariff war between 1906 and 1911, it did so at least in part because grains, fruits, and (in absolute values) animal products taken together had become more valuable than livestock in Serbia's export economy (126 percent of the value of livestock exports and more than half of Serbia's total export value) as early as the period 1884–1893, whereas in 1862 they had formed only a little over two-fifths of the value of Serbian livestock exports and less than a third of the total export value. Serbia thus increasingly exported farm products that competed with those of Hungary. It nevertheless had to export them by way of Hungary to Austria (whence a portion was redistributed to other countries) so long as the cost of transportation to Black Sea ports was maintained artificially at a high level by the Austrian and Hungarian navigation companies. This policy was reinforced, moreover, by the 1889 tariff schedule of the Austro-Hungarian, Serbian, Bulgarian, and Turkish railway administrations, whose differential rates served to discourage agricultural goods from taking the Salonika route while encouraging the importation of Austro-Hungarian manufactures by Serbians, Bulgarians, and Turks.[19] As a result of such measures and of the maintenance of traditional commercial patterns, 93 percent of the value of all Serbian exports went to or passed through Austria-Hungary during 1881–1893; 83.5 percent did so during 1894–1905. At the same time, Serbian imports from Austria-Hungary increased from 60 percent during 1881-1893 to 66 percent during 1894-1905.[20]

In 1881, indeed, the Serbian government had been forced to accord most-favored nation rights to Austria-Hungary without a reciprocal guarantee.[21] It was kept in this manner under a regime of "capitulations" of the kind that had discouraged the development of manufactures in the Ottoman Empire. Austria-Hungary, moreover, periodically prohibited the importation of pigs and cattle from Serbia, often because of the real or rumored existence of epizootics but sometimes, it seems, in order to remind Serbia of its dependence on the Austro-Hungarian space-economy. Such restrictions were imposed in 1882 for one week, in 1883 for almost two weeks, and in 1884 for two months. Put into effect several times during 1890, they were applied for seven months in 1894 plus ten succeeding months in 1895, for six months in 1896, and for varying periods in 1898, 1901, and 1902.[22]

To escape dependence on a single political-economic territorial pole, Serbia concluded a customs union treaty with Bulgaria in the spring of 1904. By this means the two countries agreed to make their domestic products accessible to each other free of duty and to pursue a common customs policy toward other countries. Under the pretext that the treaty violated its right to most-favored nation treatment by Serbia, as provided by the Congress of Berlin and by the formal arrangements of 1881, Austria-Hungary insisted that all provisions of the treaty in violation of its most-favored nation right be abrogated. This was done.[23] While such action represented a political defeat for Serbia, it is doubtful that the Serbo-Bulgarian customs union would have made possible appreciably lower unit costs of production for a larger market in view of the fact that the chief surplus products of the two countries were very similar and thus unlikely to find an outlet in the other country of the customs union.

Unable to realize the ambition to free itself of its Austro-Hungarian economic orientation by a Serbo-Bulgarian customs union, the government of the Old Radicals succeeded in stabilizing the Serbian state budget. To finance its armaments and improve its railways, it tried to turn to France. But Austria-Hungary brought down the Pašić cabinet on May 23, 1905, by a hostile press campaign and by threatening to break off trade relations with Serbia if the latter ordered artillery in France. The government of the Old Radicals returned to power on August 18, 1905, however, and subsequently negotiated a loan of 95 million francs with France, agreeing to place its entire order for artillery with French industrial enterprises. The agreement was signed on November 12, 1906. It was approved by the Serbian legislature on December 14/27 by a majority of thirty-five votes.

Austria-Hungary's response to Serbia's negotiations with France was customs warfare of the type we have referred to but prolonged over a period of more than five years. That conflict is sometimes called the "Pig War." It began with Austria-Hungary's decision not to renew the commercial treaty between the two countries that expired on June 6, 1906.

In undertaking this action Austria-Hungary overlooked two important factors: first, Serbia's exports were changing, reflecting the shift from a primarily stock-raising to a primarily agricultural economy; second, the Old Radicals had formidable resolve and organizational skills .

The French Inspector of Finances on mission to Belgrade and French representative (there was also a German representative) to the Administration of the Serbian State Monopolies, Joseph Simon (Simon technically was a silent observer who was there to see that the Serbian government fulfilled its obligations to its creditors),[24] took careful note of the difficult situation confronting Serbia. The "absolutely irrational exploitation of the agricultural resources of the country, drawn to the plains of Hungary by the certainty of an easy (if not always profitable) sale," he wrote, was aggravated by the frequent ignorance of many Serbian producers of current world market prices and supplies and by the insufficiency of docks and warehouses. Because of this last condition, producers often had to sell their goods at whatever price they could get.

Since the still-small Serbian river navigation company was unequal to the task of quickly disposing of the fruit, grain, and other goods that threatened to pile up, the Serbian government made arrangements with the Rumanian navigation company for the transport of goods via the Sava and Danube to the Black Sea at Sulina and with the French *Compagnie Fraissinet* for the transport of goods to Mediterranean markets via Salonika. Serbian agents were sent to Sofia and Istanbul to arrange for the transport of Serbian goods on the Bulgarian and Turkish railroads, and the Serbian government reduced the railway rates on goods destined for export by 50 percent. Serbian goods thus sought an outlet through the seaports of Sulina (by river), Salonika (by rail), and Varna (by rail), but the largest portion went up the internationalized Danube to Regensburg.

The Serbian government advanced 200,000 francs to the Stockyards Society, in return for which the latter agreed to buy for export up to ten thousand pigs a year at 0.80 francs per kilogram and to pay cash to the peasant sellers. By the end of October 1906 it had exported two hundred tons of lard, bacon, ham and other meat products to Algeria, Marseille, Bordeaux, Hamburg, and Antwerp, and by the end of the year it had slaughtered 18,000 pigs, preparing most of them for export as pork products.

The government was equally successful with the organization of the export of dried prunes and marmalade by persuading the peasantry that other markets were available for these products and by sending inspectors-on-mission to encourage peasants to adopt better methods of sorting, preparing, and packaging their products. The official journal started publishing reports on world stocks and prices. As a result, peasants were able to increase their prices by about 20 percent. The total export of fruits in different forms during 1906 rose to 65,000 tons compared to the previous yearly average of 57,000.

More difficulties were encountered with the organization of the export of cattle. But to overcome this barrier the government despatched special agents to Genoa, Salonika, Piraeus, and Alexandria. It also issued special brochures and published informative reports on the cattle trade in its official journal. Moreover, it extended certain concessions to the Serbian Export Bank (*Izvozna Banka*) in order to persuade it to undertake the export of cattle to Genoa and Alexandria. By the end of December 1906, more than 3,000 head of cattle had been purchased for export, and 1,500 had already been exported, mostly to Italy and Egypt.

Despite the customs war the value of Serbian exports in 1906 was about the same as in the previous year. From the following chart of data provided by Joseph Simon, it is evident that Serbian exports to Germany increased between 1904 and 1907 by more than twelve times, those to Belgium by more then fifty-six times, and those to England by almost a thousand times. Serbian trade with England, almost nonexistent in 1904, was thus brought to the level at which Serbia's trade had stood with Germany in 1904 and 1905—at least its direct trade. Exports to all other countries except Austria-Hungary increased by more than five times:

Indeed, through the intermediary of Austria-Hungary, where Serbian products were re-sorted, repacked, or otherwise transformed to make them more marketable, Serbia had been exporting large quantities of goods to other countries before 1906. According to the Serbian Ministry of Commerce, for example, of the Serbian exports to Austria-Hungary between 1899 and 1905, valued at 396 million francs, 203 million—more than half of Serbia's exports to Austria-Hungary—were re-exported to other coun-

TABLE 2: SERBIAN EXPORTS IN FRENCH FRANCS, 1904-1907

Importing Country	**1904**	**1905**	**1906**	**1907**
Austria-Hungary	55,350,000	64,712,000	30,032,000	12,932,000
Germany	2,606,000	2,116,000	19,053,000	32,925,000
Belgium	230,100	323,100	6,259,000	13,010,000
England	2500	0	65,560	2,337,000
Other Countries	3,967,400	4,844,900	16,194,440	20,287,000
Total	62,156,000	71,096,000	71,604,000	81,491,000

tries, especially Germany and Belgium. It thus appears that by its customs war Austria-Hungary lost its position as a commercial intermediary between Serbia and other countries and that Serbia was able to increase its prices in consequence of its improved sorting, packaging, and other new marketing practices. Serbian labor and entrepreneurship thus probably obtained at least a portion of the remuneration that formerly went to Austro-Hungarian labor and enterprise.

The miracle was nevertheless not a miracle. It was the product of work carried on a little more regularly, of more methodical organization, of the creation of docks, elevators, and warehouses, of the diffusion of more and better information to Serbian peasants and merchants, and of the establishment of official commercial information-gathering and disseminating agencies in Alexandria, Brăila, Geneva, Istanbul, London, Marseille, Berlin, Brussels, Salonika, Antwerp, Malta, and, in 1908 or early 1909, in Odessa.

Minor as they often were, the measures of rationalization were extended to manufacturing, agriculture, banking, transportation, and marketing. As a result, observed Joseph Simon, "the Nation became conscious of its strength and, understanding for the first time that its ancient economic dependence on Austria was due mainly to its lack of initiative, it took heart and envisaged making new efforts and revived its hope for a better future." It was thwarted nevertheless by two events. First, Austria-Hungary failed to ratify a new treaty of commerce concluded with Serbia on September 1, 1908. Then, in October, the Dual Monarchy annexed Bosnia-Hercegovina, a former Ottoman province to which Serbia had ethnic claims.

Moreover, the new commercial treaty itself was drawn up under pressure from the Hungarian agrarian lobby. It thus excluded the importation of Serbian livestock, limited meat imports to a fixed quantity—set at about half the amount exported to Austria-Hungary before the customs war—and subjected them to a rigorous veterinary control. Import duties were raised drastically—for some items as much as seven times. The high duties on grains made the importation of such products almost prohibitive. The Serbian government in turn raised its duties on Austro-Hungarian manufactured products in an effort to promote its own sugar, beer, cement, leather, textile, and other manufactures.

Under these circumstances, Serbian leaders earnestly sought to impress on the Great Powers their feeling of the intolerable situation created by Serbia's "geographic position" (Joseph Simon's term), the jealousies of its neighbors, and Austria-Hungary's intransigence. They were thus eager "to claim at all cost an outlet to the sea." Without access to the sea—a Serbian objective since at least the 1840s—even their "most tenacious efforts," they feared, risked a "precarious" or "sterile" outcome.[25]

German geographers have traditionally divided their studies under the trinomial *Raum, Wirtschaft und Gesellschaft*.[26] Going beyond these divisions, one might propose that a transformation of one of the three factors entails—perhaps requires—a transformation of the others. The mutation of the Serbian economy was possible because certain social and institutional structures had been altered—by demographic growth, by changes in the character and size of the family, by the development of literacy, and by the expansion of a money economy and the institution of a relatively sound banking system. But the change at the level of society and the economy entailed a simultaneous reorganization of space, for space, the economy, and society are interacting factors. A continuing or radical change in one cannot exist without a corresponding change in the other two factors.

Pierre Renouvin has thus underlined the importance of geographic position (as well as size) in setting limits on what a state or people can or cannot do. But Serbia's geographic position, as Joseph Simon noted, was indisputably disadvantageous in the existent political context. It did not reflect its new achievements, nor did it match the aspirations (rising expectations) of its leaders and people. Serbia was a small landlocked state situated along one bank of the lower Sava and one bank of the middle Danube, the only two rivers in the country navigable by ships engaged in long-distance trade. Other states—large and small—occupied the river-basin positions permitting access to the sea. But as Renouvin has observed, "The State deprived of access to the sea (Serbia before 1914; Bolivia after the annexation of the coastal zone of Antafagosta by Chile in 1884) may fear a paralysis of its foreign trade, for it is highly exposed to 'economic pressures' in case of political tension."[27]

Since the thinking of Serbia's political and intellectual leaders was in overall spatial-economic-societal terms, they sought to expand and improve the country's railway line—change some of the rails and rebuild the bridges along the lines to Istanbul and Salonika so that they could support more rapid trains and heavier cargoes.[28] In 1912, however, the Serbian geographer Jovan Cvijić observed that the transport of cattle between Belgrade and Salonika by rail and then by boat to Naples or Genoa ordinarily took 20-27 days and was detrimental to the health of the cattle. If the cattle were shipped to Genoa or Naples via an Albanian (San Giovanni di Medua or, in Albanian, Shën Gjin) or Montenegrin port (Bar), they could reach their destination in five or six days. Cvijić thus argued that the acquisition by Serbia of Albanian territory was an "anti-ethnographic necessity," that at the very least Serbia needed economic rights in Albania and the right of unobstructed communication across Albanian territory.[29]

During the Balkan War of the same year the maximum public goal of the Serbian government in regard to access to the Adriatic was the partition of Albania among Greece, Serbia, and Montenegro. Its minimum public objective was the acquisition of San Giovanni di Medua or Durazzo (Durrës) and of a strip of territory around the port in question plus communications rights across Albania in order to assure its free access to the sea.[30] It consequently had favored, even before 1908, the building of a railroad from Prahovo on the Rumanian frontier to Niš continuing to Mrdare on the pre-1912 Turkish frontier—thus passing south of the sanjak of Novibazar (Novi Pazar) in which Austria-Hungary claimed special rights. But despite French support for such a railroad, Turkey had opposed the project, and the Austro-Hungarian government was averse to any project that might promote a slightly more rational organization of Serbian space unless Austria-Hungary itself could play a key role in that organization. At the end of 1912, therefore, after Serbia had occupied most of the northern half of Macedonia, the Dual Monarchy was ready to encourage Serbia to make use of the port of Salonika, to be recognized as a free port under the joint administration of the Balkan states and the presidency of Austria-Hungary.[31] As for Italy, it had favored a Danube-Adriatic communications network to promote its own interests in Albania, with the Danube-Adriatic railroads to be organized "on the model of the railroads of Manchuria."[32]

Austro-Hungarian opposition to Serbian spatial-economic and political conceptions was reinforced by that of the British minister to Belgrade, Sir Ralph Paget, who told his French counterpart that the Foreign Office viewed even the minimum Serbian demand as sheer "folly." Paget informed his own government that the Serbians were "quite off their heads" in their "visions of blue seas and Servian ships in the offing bringing home the wealth of the Indies."[33] France's minister to Belgrade writes even of an "Anglo-Austrian campaign of intimidation" against Serbia, as a result of which Serbian leaders are said to have felt "the same disgust for England that they had for Italy." They were inclined to regard Paget as "more Austrian than the Austrians and more Germanic than the Germans."[34] But pressed by Russia to avoid provoking Austria-Hungary, aware that Italian support for a Danube-Adriatic railway was designed to favor its own commerce and politics in the region, perhaps even at Serbia's expense, and realizing that the possession of a single port on the southern Adriatic without the intermediate region to that port would not free Serbia from Austro-Hungarian control, they decided to be content for the moment with free commercial access to Salonika.[35]

The problem of the "rationalization" of space, the economy, and society is never solved once and for all. Each new solution or major change calls for other solutions and changes, and if these are introduced too quickly, chaos may ensue. As a result of the Balkan wars and subsequent demobilization, for example, Serbia's chief railway stations, especially the Belgrade Central, were heavily congested at the close of 1913 and in early 1914. It was therefore necessary to curtail the flow of traffic from Austria-Hungary to Serbia. This action provoked in turn the congestion of some of the Hungarian railway yards. In particular, it required halting traffic between Maria-Theresiopel and Semlin (Zemun).

To eliminate the congestion in its own territory the Serbian railroads suspended commercial traffic during January and February 1914 for thirty-two days. The Hungarian railroads in turn suspended commercial traffic to Serbia for two weeks. Peeved with each other, the two railroad administrations made little effort to coordinate their actions.[36]

After the restructuring of the preceding decade Serbian space was disorganized in 1914—not only by the railway congestion but by the difficulties of administering the newly occupied territories. If the aim of the Serbian government was to rationalize its space and integrate its space, economy, and society, it is difficult to see how it could have reconciled this goal with a third war to follow immediately the two Balkan wars. In the Serbian case, rationalization required peace—not peace forever, since states desire peace only so long as it suits their political interests, but peace at least for several years.

But Serbia's acts were unpardonable. What it had done in the course of a decade, as Liljana Aleksić-Pejković has shown, was to escape from the orientation around the bipolar Austro-Hungarian space by obtaining French loans for, and investments in, Serbian defense, public works, mining, banking, and export enterprise. It had thereby exposed itself to French diplomatic pressures.[37] But between 1906 and 1912 Serbian commerce acquired a multipolar orientation. Serbian foreign policy, too, might have acquired a multipolar orientation if Austria-Hungary had not sought so strenuously (probably because it was itself a bipolar entity, Austrian and Hungarian) to maintain conditions under which Serbia would continue to be subservient to the Austro-Hungarian political and economic space.

Notes

*I am grateful to the Research Council of Rutgers University for research and travel grants that aided this study's preparation and facilitated my participation at the *Assises scientifiques internationales* organized by the Serbian Academy of Sciences and Arts, Belgrade, September 1974, on *Les Grandes Puissances et la Serbie à la veille de la Première Guerre Mondiale.*

1 Čedomilj Mijatović, *Izvod iz politične ekonomike* (Belgrade: Državna Štamparija, 1867), p. 132.

2 Emile Durkheim, *Les Règles de la méthode sociologique* (14th ed.; Paris: Presses Universitaires de France, 1960), pp. 112–14. The first edition of this book was published in 1895 by Félix Alcan.

3 Mikhaylo I. Tuhan-Baranovsky, "Periodic Industrial Crises," *Annals of the Ukrainian Academy of Arts and Sciences in the U. S.*, III, 3 (9) (Spring 1954), p. 749; Simon Kuznets, "Economic Growth of Small Nations," in Eliezer Kaplan School of Economics and Social Sciences of the Hebrew University, *The Challenge of Development: A Symposium Held in Jerusalem, June 26–27, 1957* (Jerusalem, 1958), pp. 9–25.

4 Alain Cotta, "Le Déclin de la domination économique d'une nation," *Revue d'économie politique*, LXX, 1 (January-February 1960), pp. 35–68.

5 *Loc. cit.*; Andreas Predöhl, *Aussenwirtschaft: Weltwirtschaft, Handelspolitik und Währungspolitik* (Göttingen: Vandenhoeck & Ruprecht, 1949).

6 Archives du Ministère des Affaires Etrangères (Paris), Correspondance Commerciale (hereafter cited as Af. Etr., CC), Belgrade, II, fol. 34–35, Théodore Goepp, June 22, 1850; II, fol. 142, Goepp, August 26, 1850; Af. Etr., CC, Belgrade, VI, fol. 397–98, Richemont, January 23, 1885; Dragomir Arnaoutovitch, *Histoire des chemins de fer yougoslaves 1825–1937* (Paris: Dunod, 1937), p. 197.

7 David Mitrany, *The Effects of the War in Southeastern Europe* (New Haven: Yale University Press, 1930), p. 44.

8 Velizar Yankovitch, "Le Problème de notre navigation fluviale," in *Livre jubilaire des chemins de fer d'Etat du Royaume de Yougoslavie* (Belgrade: Imprimerie Vreme, 1929), pp. 268–77.

9 Arnaoutovitch, *Histoire des chemins de fer yougoslaves*, p. 163.

10 A. N. J. Den Hollander, "The Great Hungarian Plain: A European Frontier Area," *Comparative Studies in Society and History*, III (1960–1961),pp. 160 (74–88, 155–69); Albert Fishlow, *American Railroads and the Transformation of the Ante-Bellum Economy* (Cambridge, Mass.: Harvard University Press, 1965), pp. 163–204.

11 Af. Etr., CC, Belgrade, III, fol. 22–23, Botmiliau, May 1, 1863.

12 *Ibid.*, fol. 280–81, Botmiliau, September 27, 1864.

13 Nikola Vučo, *Privredna istorija Srbije do Prvog svetskog rata* (Belgrade: Naučna Knjiga, 1955), p. 185.

14 Af. Etr., CC, Belgrade, IV, fol. 1–2, Botmiliau, January 17, 1865.

15 For the thesis that, in the United States, waterways and canals could have performed the function of railroads with approximately equal efficiency and for about the same cost, see Robert William Fogel, *Railroads and American Economic Growth: Essays in Economic History* (Baltimore: Johns Hopkins Press, 1964), pp. 207–37.

16 Costa Stoyanovitch, *Economic Problems of Serbia* (Paris, 1919), pp. 45–46.

17 John R. Lampe, "Serbia, 1878–1912," in Rondo Cameron, ed., *Banking and Economic Development: Some Lessons of History* (New York: Oxford University Press, 1972), p. 133.

18 The table is based on the sources cited in foot-

notes 6, 11, and 16, and on Vučo, *Privredna istorija Srbije*, pp. 224–25.

19 Af. Etr., CC, Belgrade, VII, fol. 415–16, Petrimonio, May 12, 1889; fol. 223, copy of Petrimonio's report attached to his letter of June 28, 1889.

20 Stoyanovitch, *Economic Problems of Serbia*, pp. 42–43, 47–48.

21 Dragoslav Janković, *O političkim strankama u Srbiji XIX veka* (Belgrade: Prosveta, 1951), p. 136.

22 Stoyanovitch, *Economic Problems of Serbia*, pp. 47–48.

23 Jacob Viner, *The Customs Union Issue* (New York: Carnegie Endowment for International Peace, 1950), pp. 9–10.

24 Archives du Ministère des Affaires Etrangères (Paris), Archives Diplomatiques (hereafter cited as Af. Etr., AD), N. S. Serbie, XXVI, fol. 202–3, Louis Descos (France's Minister to Serbia) to the French Ministry of Foreign Affairs, Belgrade, January 19, 1911.

25 *Ibid*., fol. 41–59, Joseph Simon, "Note sur la situation économique et financière de la Serbie de 1906 à 1908," March 16, 1909.

26 In his seminars at the Ecole Pratique des Hautes Etudes during 1949–1952, Fernand Braudel often emphasized this point.

27 Pierre Renouvin, "Première partie: Les Forces profondes," in Pierre Renouvin and Jean-Baptiste Duroselle, *Introduction à l'histoire des relations internationales* (Paris: Armand Colin, 1964), p. 15.

28 Af. Etr., AD, N. S. Serbie, XXI, fol. 20, Descos to the Ministry of Foreign Affairs, June 6, 1909.

29 Jovan Cvijić, "Izlazak Srbije na Jadransko More," *Govori i članci*, 2 vols. (Belgrade: Napredak, 1921), II, 9–25, based on two articles published in 1912, one in *Petermanns Mitteilungen* and the other in *Glasnik Srpskog Geografskog Društva*.

30 Ministère des Affaires Etrangères, Commission de la publication des documents relatifs aux origines de la Guerre de 1914, *Documents diplomatiques français (1871–1914)*, IV. *(1er octobre 1912–4 décembre 1912* (Paris: Imprimerie Nationale, 1932), p. 477, No. 467, Descos to Poincaré, D. No. 166, Belgrade, November 15, 1912; p. 484, No. 472, Descos to Poincaré, T. No. 96, Belgrade, November 16, 1912.

31 Arthur J. May, "Trans-Balkan Railway Schemes," *Journal of Modern History*, XXIV, 4 (December 1952), pp. 354–59.

32 *Documents diplomatiques français (1871–1914)*, IV, 578, No. 581, Descos to Poincaré, T. No. 120, 121, and 122, Belgrade, November 27, 1912, 8:30 A.M.

33 *Ibid*., p. 496, Descos to Poincaré, T. No. 100, Belgrade, November 18, 1912; George Peabody Gooch and Harold Temperley, eds., with the assistance of Lillian M. Penson, *British Documents on the Origins of the War, 1898–1914*, Vol. IX, Part 2 (Printed and published by His Majesty's Stationery Office, London, 1934), p. 234, No. 313, letter dated Belgrade, November 30, 1912.

34 *Documents diplomatiques français (1871–1914)*, V. *(5 décembre 1912 – 14 mars 1913)* (Paris: Imprimerie Nationale, 1933), p. 106, No. 88, Descos to Poincaré, D. No. 193, Belgrade, December 18, 1912.

35. *Ibid*., p. 169, No. 149, Descos to Poincaré, D. No. 202, Belgrade, December 30, 1912.

36. Af. Etr., AD, N. S. Serbie, XXVI, fol. 208–9, Alfred Dumaine; fol. 210, Descos, Belgrade, Feb. 23, 1914.

37 Liljana Aleksić-Pejković, *Odnosi Srbije sa Francuskom i Engleskom 1903–1914* (Belgrade: Istorijski Institut, 1965). More than half the book (pp. 380–836) is devoted to the reaction of the British and French governments to the Serbian aim of access to the sea.

4

L'Espace maritime segmentaire de l'Empire ottoman

Le système fondamental de circulation et de communication de l'Empire ottoman s'est dessiné, à mon avis, en *dromocratie*,[1] c'est-à-dire, en un ensemble de commandement des routes maritimes et terrestres mis en place afin d'assurer le mouvement réitéré de troupes, de transports, de messages et de fonctionnaires depuis la capitale jusqu'aux provinces et depuis les provinces jusqu'à la capitale; afin d'effectuer la redistribution des richesses et le port des tributs à la capitale; afin d'assurer l'approvisionnement de la capitale, des villes provinciales et portuaires et de l'armée et de la marine de guerre. En état de création depuis deux siècles, le système dromocratique ottoman atteint son apogée vers 1560. Sans être jamais complètement miné, il subit d'importantes transformations à partir des années 1580. Je me charge ici, en particulier, de la tâche plus modeste de mettre en évidence et d'expliciter le système dromocratique maritime, dès ses premiers remaniements jusqu'à la fin du XVIIIe siècle.

Pour mieux mettre en lumière les vicissitudes du système dromocratique ottoman maritime, je me reporte à la pensée maîtresse de Fernand Braudel. Ecartons donc l'idée, inopinément attribuée à Braudel, d'une Méditerranée en toute occasion unitaire.[2] La Méditerranée est conceptuellement une, bien sûr, mais elle se partage en outre en deux, quatre et même cinq grands ensembles, et il s'étend une "plus grande Méditerranée" au-delà de la Méditerranée de nos habitudes. Et ne doit-on pas entendre, par surcroît, sous ce vocable de Méditerranée, plus d'une centaine d'aires diverses de circulation à allure variable d'hommes, de croyances, de nouvelles et de biens matériels?[3]

Dans un sens surtout la Méditerranée s'avère-t-elle unitaire. Nantie dans son pourtour d'un climat relativement semblable, elle a favorisé la constitution d'une "même civilisation agraire" trinitaire du blé, de l'olivier et de la vigne, et d'un même ensemble d'élevage: cire et miel, cuir de mouton et laine. Sans être identiques, ses productions rurales se ressemblent, d'où l'âpre rivalité entre ports, marchands et voituriers méditerranéens, détenteurs des mêmes marchandises, frères ennemis presque toujours.[4] Car la cité qui ose délaisser l'esprit de concurrence risque de tomber en décadence.[5]

La Méditerranée comprend toutefois "une série de mers étroites" animées, douée chacune de ses usages particuliers et séparée presque toujours d'une autre mer étroite animée par une vaste solitude maritime. L'étroite mer Egée civilisatrice (la mer Blanche de l'époque) est éloignée ainsi de la mer animée des Syrtes par le vide de l'immense mer Ionienne, dite aussi mer de Crète, tandis que la mer animée Tyrrhénienne et la mer des Syrtes sont désunies de la "Manche" méditerranéenne par les solitudes de la mer de Sardaigne.[6] N'oublions pas non plus les mers étroites de la plus grande Méditerranée—la mer Rouge et le golfe Persique--et la complexe mer Noire.

Pendant le XVIe siècle, l'Empire ottoman s'efforce de convertir cette chaîne de mers étroites et mers désertiques en une seule mer Méditerranée. Il doit pourtant renoncer à cette intention pour épouser le but plus restreint de reconstituer l'autonomie de ces multiples mers méditerranéennes ou les mettre en association duelle--une mer étroite animée liée à une mer plus vaste de solitudes. Mais, en fait, ce compartimentage comment s'est-il manifesté?

Pour répondre à cette question, tournons d'abord notre regard vers la mer Rouge et le golfe Persique. Peu après sa conquête de la Syrie et de l'Egypte, l'Empire ottoman donne la chasse aux Portugais, alors nouvellement arrivés en océan Indien, qui menacent de le priver inopportunément des épices de l'Inde et de l'Insulinde. Une première escadre ottomane se présente en océan Indien dès 1517. Puis, en 1538, les Ottomans vont s'emparer d'Aden et, en décembre 1546, de Bassorah. Par leur établissement à Bassorah, ils menacent de détourner les épices vers les routes terrestres en direction d'Alep et d'Istanbul. Depuis quelques années cependant, les Portugais avaient adopté la pratique d'accorder périodiquement, à un certain nombre de navires indiens, pour un prix modique, des laisser-passer ou *cartazes* autorisant le cabotage entre Goa et Ormuz. Bientôt ils vont se désister, d'ordinaire, d'entraver le commerce entre l'océan Indien et la mer Rouge. A partir de 1550, par conséquent, le commerce des épices à destination du Caire et de Venise va reprendre son essor.

L'Empire ottoman est sujet d'ailleurs à ses propres

Fig. 17. Le Compartimentage de la Méditerranée. Source: Bibliothèque Nationale (Paris), Cartes et Plans, Ge.C.10074: "La Mer Méditerranée divisée en Mer de Levant et de Ponant, subdivisées en leurs principales parties ou mers," dressé par Sanson, géographe ordinaire du Roi, à Paris, chez H. Jaillot, 1685. Les noms que Sanson donne aux mers méditerranéennes particulières ne sont pas ceux de Fernand Braudel, mais l'idée de compartimentage tient chez Sanson une place importante. Courtesy, Bibliothèque Nationale (Paris).

impératifs, qui imposent des bornes à ses ambitions en océan Indien. On peut constater, en premier lieu, que le bois de construction fait défaut dans l'arrière-pays de la mer Rouge et du golfe Persique. Pour pourvoir la mer Rouge d'une escadre, par conséquent, les Turcs doivent faire passer en caravane des galères démantelées depuis Alexandrie ou Damiette jusqu'à Suez. Il s'ensuit de cette contrainte un plafond sur le nombre de galères assignées à la défense de la mer Rouge à 25 bâtiments. Bien que propres à la navigation en Méditerranée et en mer Rouge, ces galères, de construction et de techniques méditerranéennes, se révèlent inférieures aux voiliers portugais et occidentaux, non seulement en armement mais en capacité de navigation océanique. Hors de la Méditerranée, le bois de construction le plus proche se trouve en Afrique orientale et en Inde, mais trois grandes puissances—la Perse, l'Inde et l'Ethiopie—barrent la route à l'expansion turque vers ces ressources essentielles.[7] Songer d'ailleurs à gagner accès à ces forêts lointaines est illusoire, car une économie-monde (dotée évidemment d'une technologie pré-moderne) ne peut dépasser, au moyen des transports ordinaires, un rayon de 40 à 60 jours de voyage en convoi entre son foyer politique et ses périphéries,[8] rayon déjà atteint par l'Empire ottoman vers 1550.

Etant donné que la mer Rouge et le golfe Persique débouchent sur l'océan Indien, leur compartimentage est relativement facile à comprendre. Des compartimentages se font au même titre cependant en Méditerranée proprement dite. Ils ne s'y font pourtant qu'après un premier effort d' élaborer une mer ottomane cohérente.

Afin de supprimer les courses des Chevaliers de Saint-Jean, d'abord à partir de leur point d'appui sur l'île de Rhodes, puis, après 1530, de leur base sur l'île

Fig. 18. Rhodes à la fin du XVIe siècle. Source: Bibliothèque Nationale (Paris), Cartes et Plans, Ge.FF.4736: Rosaccio, *Viaggio da Venetia, a Costantinopoli,* pl. 46. Noter bien la rangée de moulins à vent. Courtesy, Bibliothèque Nationale (Paris).

Fig. 19. Intérieur du port de Rhodes vers 1840. Source: Bibliothèque Nationale (Paris), Département des Imprimés, Gr. Fol. O^2. 184: Eugène [Napoléon] Flandin, *L'Orient,* 4 vols. (Paris: Gide et J. Baudry, 1853-1867), Vol.II, pl. 2. Courtesy, Bibliothèque Nationale (Paris).

de Malte, afin d'assurer la sécurité des routes maritimes du pélerinage aux lieux saints islamiques, afin de combattre la puissance des Habsbourg et de gêner les ambitions de l'Empire du Maroc, allié de la Perse des Safévides, l'Empire ottoman étendra son pouvoir aux cités corsaires de Tunis, Alger et Tripoli.[9] Peu avant sa défaite à Lépante, en 1571, il dispose, en Méditerranée, d'une flotte de 228 ou même 250 galères et 100 autres navires, ce qui lui a permis de mettre en ligne à Lépante 230 vaisseaux de guerre.[10] Il faut croire qu'il s'en est remis vite, car plusieurs mois après Lépante, une source occidentale estime que l'Empire turc "pourra avoir," avant la fin mai 1572, "deux cens gallères ou galliottes, et en auroit beaucoup davantage sans l'extresme faulte qu'il a de bronze pour faire de l'artillerie pour les gallères, et de fer pour les ancres et autres ferremens nécessaires."[11]

En 1573, Venise cède Chypre à l'Empire ottoman, tandis que Don Juan d'Autriche s'empare de Tunis. Puis, le 13 juillet 1574, une flotte ottomane de 240 galères, 25 grandes galiotes, 16 maonas (mahonnes) et 3 galions, et d'une douzaine de grands voiliers, voire, la plus grande armada jamais réunie par l'Empire ottoman, arrive dans les parages de Tunis. Après son triomphe, cependant, dans cette campagne censée être la plus coûteuse du XVIe siècle, la flotte ottomane doit se retirer.[12] En effet, Tunis est séparé d'Istanbul par une distance de 1 500 kilomètres, et aussi les lieux d'approvisionnement ottomans situés dans l'Archipel et dans les ports de la mer Ionienne sont loin. Tunis se trouve, en effet, à la limite extrême de la logistique des galères ottomanes.[13] Dès 1577, des relations antagoniques se précisent entre Alger et la Porte ottomane et, à partir des années 1580, Tunis et Alger vont agir en puissances relativement autonomes.[14] Accueillant dès lors les techniques de navigation propres à l'Atlantique, achevant le transfert technologique facilité par la présence de nombreux Chrétiens renégats, les marines de guerre et de course maghrébines—comprenant non seulement celles de Tripoli, de Tunis et d'Alger, mais aussi celle du Maroc, sans attaches avec l'Empire turc—se chiffrent, dans la première moitié du XVIIe siècle, à 150 bâtiments armés de 1 000 canons et disposant de 20 000 hommes.[15]

Bientôt cependant, une donnée nouvelle s'impose en Occident. Après 1700, la distinction entre marine de guerre et marine marchande devient plus claire.[16] En affermissant son pouvoir, l'Etat est enfin devenu "*the relevant unit of competition.*"[17] Les puissances maghrébines ripostent de leur côté par la manifestation d'une préférence croissante pour des tributs réguliers aux profits précaires de la course. Afin d'entretenir la "protection" d'Alger, par exemple, la Hollande et le Danemark doivent lui livrer chacun un tribut annuel de 100 000 livres tournois en munitions navales. Venise, à son tour, est redevable à Alger d'un tribut annuel de 10 000 sequins d'or, tandis que la Suède est assujettie au paiement d'un don consulaire bisannuel et la France et l'Angleterre doivent lui présenter un don à chaque mutation consulaire.[18] Les autres puissances maghrébines bénéficient de droits semblables.

D'autres facteurs s'y ajoutant, la course maghrébine devient plus rare. Le nombre d'esclaves chrétiens, un des objets les plus indicatifs de la fréquence de cette

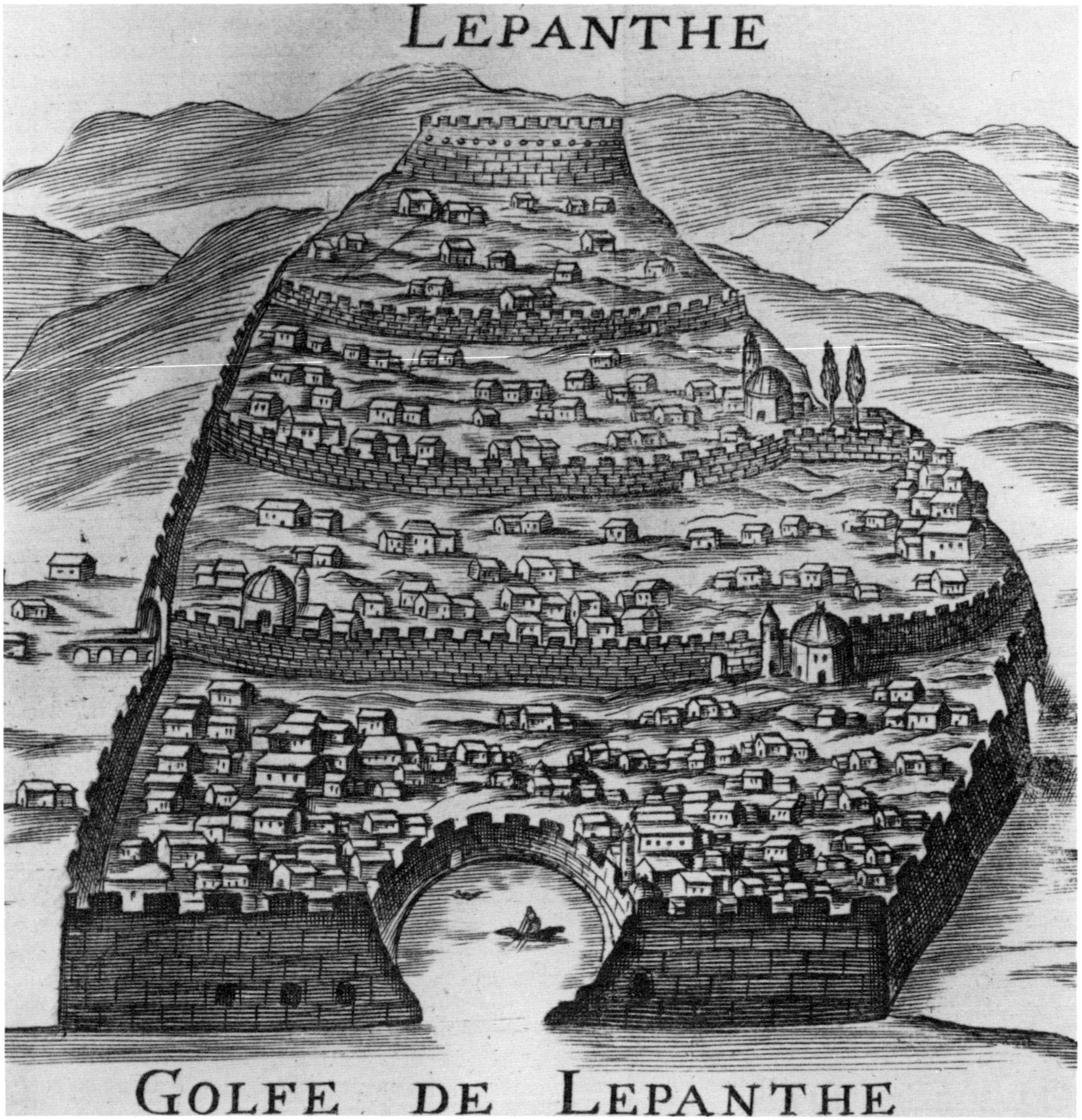

Fig. 20. Golfe et ville de Lépante vers 1675. Source: *Voyage d'Italie, de Dalmatie, de Grèce et dv Levant, fait és années 1675 & 1676 par Iacob Spon docteur medecin aggregé à Lyon, & George Vvheler* [Wheeler] *gentilhomme anglois*, t. II (Lyon: chez Antoine Cellier le fils, 1678).

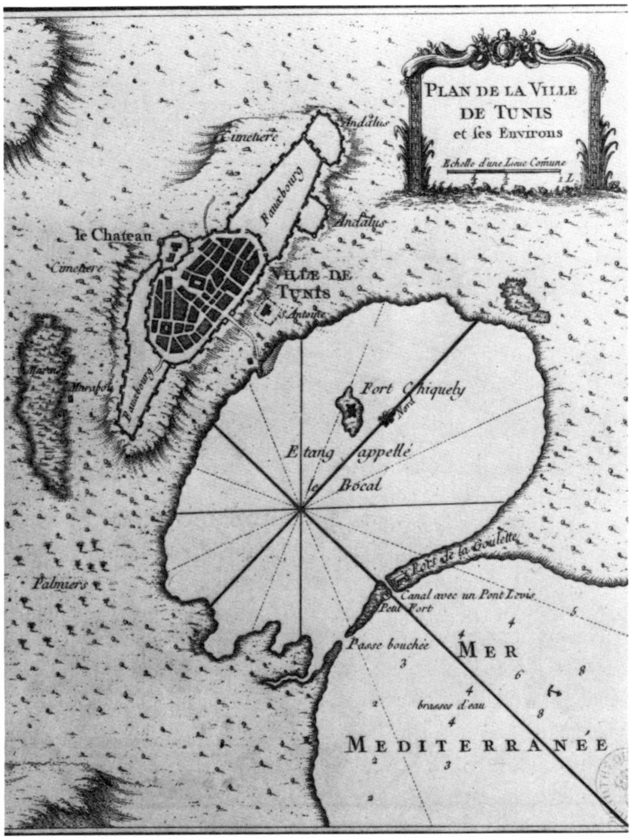

Fig. 21. Plan de la ville de Tunis vers 1760. Source: Bibliothèque Nationale (Paris), Cartes et Plans, Ge.FF.4695: [Jacques-Nicolas Bellin], *Le Petit atlas maritime: Recueil de cartes et des plans des quatre parties du monde*, t. III. *Contenant 1) l'Asie, 2) l'Afrique* (s.l., 1764), pl. 82. Courtesy, Bibliothèque Nationale (Paris).

course, y diminue donc au cours du XVIIIe siècle. Entre 1580 et 1600, par exemple, il se trouvait régulièrement à Alger et dans ses faubourgs environ 25 000 esclaves chrétiens. Jusqu'au milieu du siècle suivant, ce chiffre oscille toujours entre 25 000 et 35 000,[19] (mais peu après il tombe à 10 000 ou 12 000)[20]. En 1790, il est réduit à 500 ou 700. En comptant les esclaves chrétiens que la peste de 1787 et 1788 a fait mourir—600, peut-être même 760—et les 700 esclaves rachetés par l'Espagne et Naples peu auparavant aussi bien que les 40 esclaves corses rachetés par la France en 1779, on peut estimer le nombre d'esclaves chrétiens présents à Alger vers 1775 à 2 000, à peine donc 8 pour cent du nombre détenu en captivité vers 1650. A Tunis, on ne trouve plus, en 1790, que 200 esclaves chrétiens.[21]

Ce qui rend la course moins obligatoire pour la régence de Tunis et peut-être aussi pour celle d'Alger, c'est l'extension et le renforcement de la fonction redistributive de l'Etat à l'égard de ses propres sujets.[22] Enfin, en donnant lieu aux mêmes résultats, l'Etat de Tunis s'engage, après 1760, à encourager l'agriculture, le commerce et les manufactures, notamment, par l'assurance de la sécurité des propriétés et par les autorisations plus régulières et plus fréquentes des sorties d'huile et de grains à destination de Marseille, Livourne et Barcelone.[23]

Bien avant ce résultat inattendu, voire, depuis la fin du XVIe siècle, les corsaires du Maghreb organisent leur action, semble-t-il, par la jonction des mers deux par deux: "Manche" méditerranéenne et océan Atlantique, "Manche" méditerranéenne et mer de Sardaigne, mer des Syrtes et mer de Sardaigne, et aussi par la jonction, accomplie par les soi-disant Tripolins—dont les capitaines et équipages musulmans sont souvent originaires de Dulcigno—des côtes albanaises aux côtes tripolitaines, à travers la mer Ionienne, touchant de cette façon aux marges des mers voisines.[24] La zone d'opération de la flotte ottomane proprement dite se limite donc, d'ordinaire, à la mer Noire, à la mer Egée et à la mer Ionienne.

Jusqu'au début du XVIIe siècle, l'Empire ottoman concentre toujours la moitié de sa flotte—une centaine et parfois jusqu'à 150 galères et autres bâtiments de guerre—à Istanbul, d'où, fin avril ou début mai, il sort tous les ans une partie pour faire la croisière dans les mers Egée et Ionienne. A la veille de la guerre de Candie cependant, la flotte ottomane est réduite à une centaine de navires, y compris 50 à 60 galères et 3 ou 4 galéasses qui font l'hivernage à Istanbul et environ 40 galères appartenant à plusieurs îles égéennes et aux garde-côtes, destinées uniquement à la défense des côtes et des îles de la Méditerranée orientale.[25] Depuis 1621, quoique fixé officiellement à 47, le nombre de galères retenues en Méditerranée orientale dépassait rarement 40 ou 42, réparties selon la table d'organisation de la façon suivante: 7 à Rhodes, 7 à Chio, 6 à Chypre, 11 en Morée, 8 dans l'Archipel et 8 en Egypte.[26] Sur les 81 galères dont l'Etat dispose à la fin de la guerre de Candie (1669), par contre, 24 vont hiverner à Istanbul, tandis que 57 sont réparties dans les ports de l'Archipel, en Morée et en mer Ionienne: 1 à Istanköy, 13 dans les parages de Chio et d'une petite île voisine, 2 à Smyrne, 2 à Mytilène (Lesbos), 1 à Cavalle, 7 à Négrepont, 5 à Naples de Romanie (Nauplion), 1 à Coron, 1 à Modon, 6 à Famagouste, 5 à Alexandrie, 2 à La Canée, 1 à Candie (Hérakleion) et 2 à Navarin.[27] Augmentant de 24 à 32 le nombre des navires tenus responsables de la sécurité de la capitale, la table d'organisation instituée en 1688 établit le nombre des bâtiments chargés de la défense de la

Fig. 22. Négrepont au début du XVIIe siècle. Source: Bibliothèque Nationale (Paris), Cartes et Plans, Ge.DD.324: Johann Ludwig Gottfried, *Neuwe Archontologia Cosmica, das ist, Beschreibung aller Kayserthumben, Königreichen und Republicken der ganzen Welt, die keinen Höhern erkennen,* planches de Mathaeo Merian [Mathieu Mérian] (Franckfurt am Mayn: Wolfgang Hoffmans Buchdruckerey, 1638), pp.512-13. Courtesy, Bibliothèque Nationale (Paris).

Méditerranée orientale à 33: 2 à Smyrne, 6 à Chio, 6 à Négrepont, 7 en Morée, 4 à Rhodes, 4 à Chypre et 4 à Alexandrie.[28] Entre 1666 et 1730, en effet, le nombre des vaisseaux de guerre maintenus à Istanbul n'a presque jamais dépassé 32, et il a souvent été inférieur à 24. Toute la flotte ottomane ne dépasse pas alors une soixantaine de vaisseaux de guerre, le quart ou le cinquième de la force navale ottomane des années 1580.[29]

Cet affaiblissement est à relier en partie à la dépendance de l'Empire turc d'une marine de guerre dont la moitié des armements se font aux frais des particuliers, notamment des garde-côtes. Les équipages des galères des garde-côtes sont à la solde d'ailleurs du propriétaire du navire, qui est rémunéré par l'Etat vers 1730, pour le service rendu à l'armée navale, d'une somme annuelle de 16 000 à 18 000 piastres, soit, 40 000 à 45 000 livres tournois.[30] Enclins à favoriser leurs propres intérêts, les garde-côtes s'adonnent de plus en plus, à partir du milieu du XVIe siècle, à l'écoulement des ressources locales en blé (mais aussi en autres marchandises) aux marchands et navires qui peuvent offrir le meilleur prix, en général, les marchands d'Occident.[31]

A cette époque cependant, une ou plusieurs années d'abondance sont souvent suivies d'une ou de plusieurs années de disette, d'où la poursuite par l'Empire ottoman d'une politique contradictoire mais logique, pratiquée également par les pays d'Occident. Des autorisations de sortie sont suivies ainsi d'interdictions et les garde-côtes et ceux qui aspirent à ce privilège apprennent vite à en réaliser un double profit, d'abord par l'autorisation semi-officielle de l'exportation de marchandises en principe interdites, puis en mettant à rançon les navires munis de cette même autorisation. C'est ce qui se passe souvent, en tout cas, au XVIIIe siècle. Lorsqu'un armement ottoman rencontre un navire marchand occidental, il s'attend à en recevoir un riche présent, exigeant une rançon qui s'élève parfois jusqu'à 500 écus, le tiers ou le quart de la valeur du chargement normal d'un navire à blé.[32]

Les Turcs se plaignent à leur tour de la piraterie des navires arborant le pavillon fleurdelisé. Ces doléances ne sont pas sans fondement, car de nombreuses petites voiles—jusqu'à 400 navires selon certaines estimations et sûrement beaucoup plus de 80 voiles—portant le pavillon de France se sont emparées du commerce de cabotage en Méditerranée orientale (la France elle-même détenait alors peu de marchandises propres à l'exportation au Levant), tandis que les Anglais et les Hollandais se bornent à noliser un petit nombre de grands bâtiments chargés de leurs propres marchandises. Mais peu après le commencement de la guerre entre la France et l'Europe en 1689, le Kapudan Pacha ou Grand Amiral des forces navales ottomanes propose aux puissances belligérantes occidentales une ligne de démarcation allant depuis la côte nord-africaine jusqu'à l'extrémité occidentale de l'île de Candie (Crète), qui servirait à interdire aux corsaires des puissances chrétiennes de pénétrer à l'est et au sud.[33] La Porte est alors trop faible pour donner suite à cet objet, mais la proposition elle-même combien symptomatique de la décision ottomane de limiter sa sphère d'action à la Méditerranée orientale!

Au fur et à mesure de l'augmentation des manufactures françaises et des productions coloniales—draps,

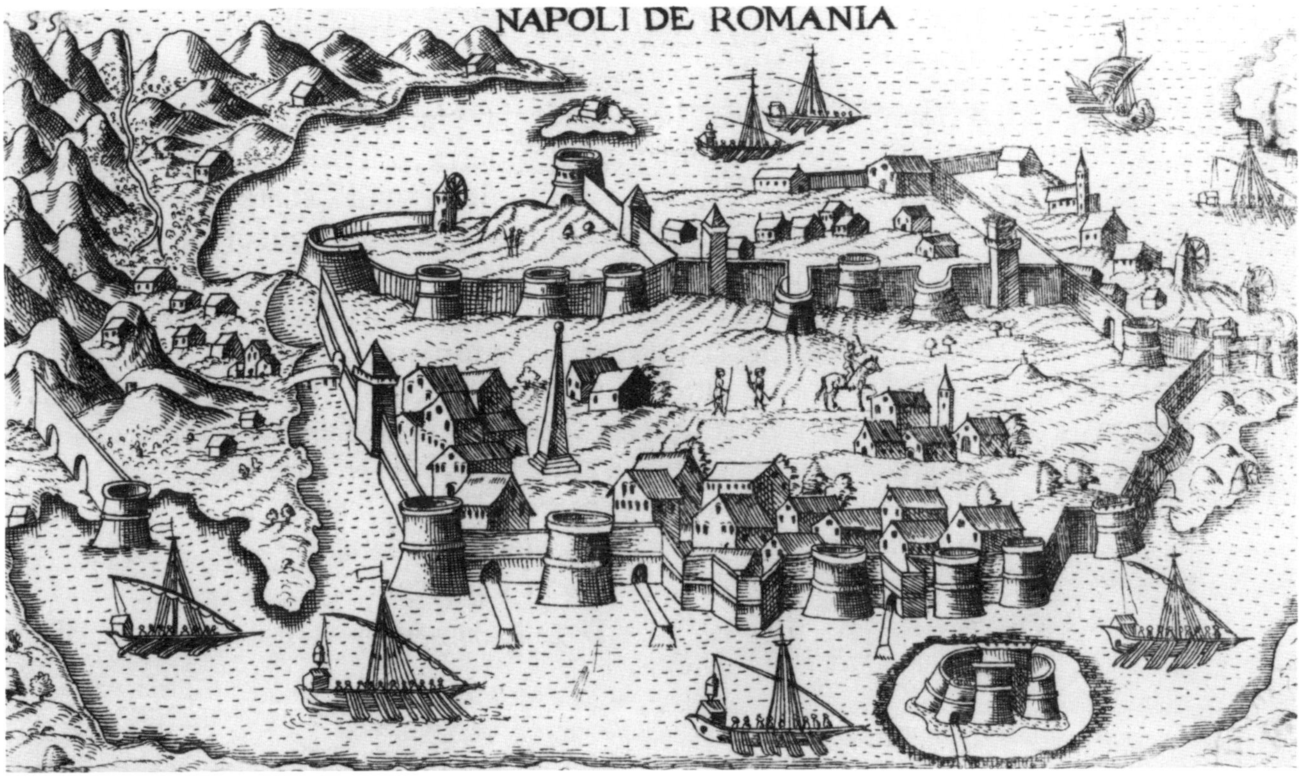

Fig. 23. Nauplion (Nauplia, Nafplion, Nafplia) or Napoli de [di] Romania (Naples de Romanie) à la fin du XVIe siècle. Source: Bibliothèque Nationale (Paris), Cartes et Plans, Ge.FF.4736: Rosaccio, *Viaggio da Venetia, a Costantinopoli*, pl. 43. Courtesy, Bibliothèque Nationale (Paris).

sucre, café, produits tinctoriaux—le gouvernement de France se désintéresse du commerce de cabotage. Il préfère plutôt limiter le cabotage aux navires construits dans ses petits ports méditerranéens—La Ciotat, Saint-Tropez, Six-Fours, Cassis—ne voulant plus prêter son pavillon à des navires étrangers. Son cabotage se réduit ainsi, après 1717, à quelques 50 ou 60 navires.[34]

Dès 1724, par contre, pour protéger son commerce grandissant, la France institue au Levant un système de croisières plus ou moins régulières, réclamé déjà en 1694 par les échevins et députés du commerce de Marseille en préférence au système tellement lent des convois.[35] Quand d'autres puissances sont en guerre, les croisières françaises s'intensifient. Pendant les années 1770 à 1774, par exemple, lorsque la guerre en mer entre la Russie et l'Empire turc bat son plein, la France divise la mer Egée en trois zones, la première zone surveillée par une frégate et les deux autres zones par une frégate ou corvette: une aire occidentale à l'entrée de l'Archipel, une aire centrale, une aire septentrionale. Après le renouveau d'hostilités entre la Russie et l'Empire turc en 1788, la France partage l'Archipel et la Méditerranée orientale en quatre zones de croisières: les côtes moréotes, une zone septentrionale (Smyrne-Salonique-Dardanelles), une zone centrale et une dernière zone des îles de Crête et Rhodes et des côtes syriennes.[36]

A la suite du désistement du gouvernement français de la promotion du cabotage au Levant, des navires grecs se mettent à cette tâche. Sollicitant des patentes, "passeports" ou laissez-passer—documents qui font penser aux *cartazes* de l'océan Indien et du golfe Persique—émis par le Grand-Maître de Malte ou par des notables grecs (ces derniers laissez-passer sont en langue grecque), les acheteurs les revendent bientôt à d'autres capitaines, qui plus tard agissent de même. Pourvus souvent d'un équipage de 50 ou 60 hommes, les navires grecs sont armés et capables de se livrer tour à tour au commerce ou à la piraterie. De la même manière, des navires dulcignotes et missélonghiotes sont munis de patentes de course par la cité corsaire de Tripoli.[37]

Il se crée ainsi deux petites marines marchandes rivales: d'un côté, une marine de plusieurs cités grec-

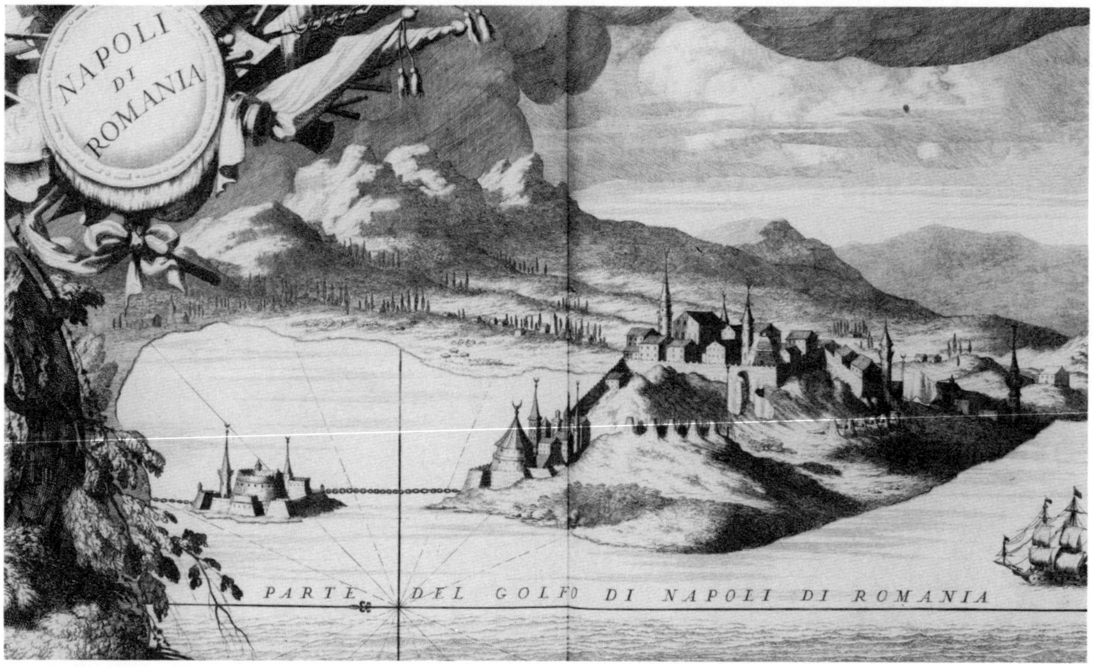

Fig. 24. Naples de Romanie sous l'occupation vénitienne, en 1689. Source: Bibliothèque Nationale (Paris), Cartes et Plans, Rés.Ge.DD.509: *Città, Fortezze, Isole, e Porti Principali dell'Europa, in Pianta, et in Eleuatione, Descritte, e Publicate ad Uso dell'Accademia Cosmografica degli Argonauti* dal Padre Maestro Coronelli, Lettore, e Cosmografo della Serenissima Republica di Venezia, 1689, pl. 100. Courtesy, Bibliothèque Nationale (Paris).

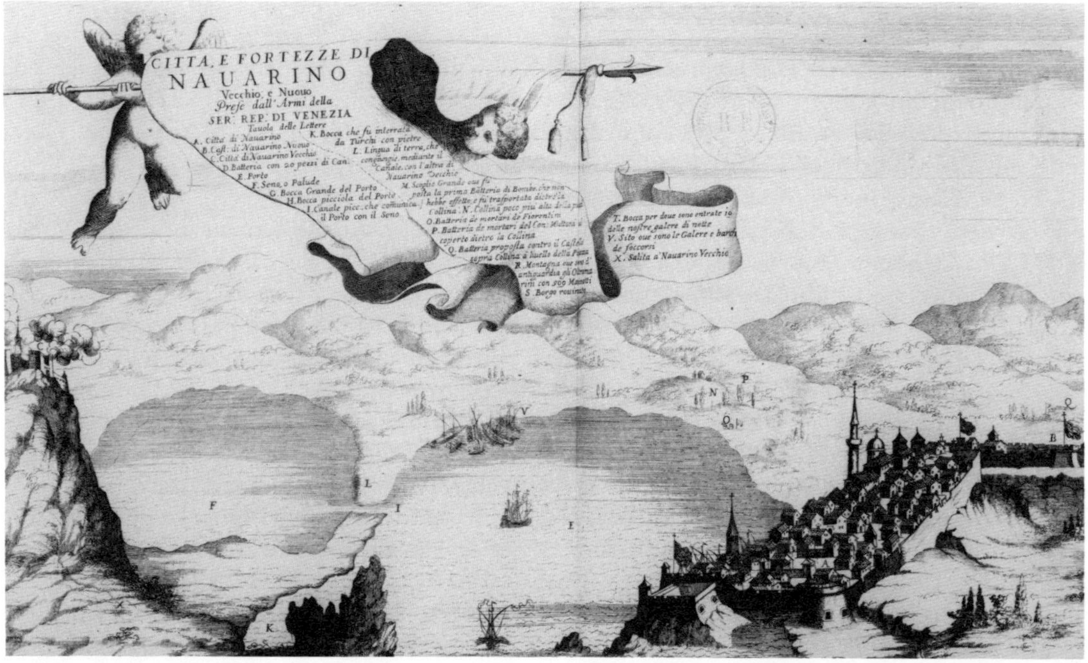

Fig. 25. Navarin Ancien et Nouveau vers 1689. Source: Bibliothèque Nationale (Paris), Cartes et Plans, Rés.Ge.DD.509: *Città, Fortezze, Isole,* pl. 90. Courtesy, Bibliothèque Nationale (Paris).

Fig. 26. Costume de Kapudan Pacha, vers 1800. Source: [Octavian Dalvimart], *The Costume of Turkey, Illustrated by a Series of Engravings; with Descriptions in English and French* (London: printed for William Miller, 1802), plate 52. Courtesy, Rare Book and Special Collections Division, Library of Congress, Washington, D.C.: GT1266.D3, Copy 2.

ques et gréco-albanaises, de rite orthodoxe, dont les équipages sont recrutés surtout dans les îles de Psara, Hydra et Spetsai, et dont l'armement et la navigation sont financés en partie par les marchands grecs de Chio et de Smyrne; de l'autre, une marine des Albanais de foi islamique des cités de Dulcigno (Ulcinj), de Durazzo (Durrës) et de Missélonghi(on), qui jouissent souvent de l'appui de Tripoli. Les conflits dans lesquels se mêlent ces pays-cités, ainsi que la marine renouvelée de Raguse (Dubrovnik), celle-ci de foi catholique romaine, reflètent l'éternelle concurrence, revêtue de religion (idéologie), pour l'achat, pour la vente et pour le transport de denrées tellement similaires.[38] Sans les navires des îles Ioniennes, toujours alors sous la dépendance de Venise, la marine marchande grecque ou gréco-albanaise se chiffre, en 1786, à 400 bateaux et, en 1812, à plus de 600.[39]

Alors que se constituent ou reconstituent en Méditerranée orientale des marines quasi autonomes, la marine de guerre ottomane n'est plus capable de résistance efficace pendant la guerre russo-turque de 1768 à 1774. En juillet 1774, par exemple, une escadre russe venue du nord par le détroit de Gibraltar attaque l'escadre du Kapudan Pacha à Tchesmé, dans le canal de Chio. Le Kapudan Pacha est soutenu par 15 vaisseaux de ligne, 5 chébecs, 2 caravelles et 8 demi-galères. A la conclusion de la bataille, il ne lui reste qu'un vaisseau de ligne, 5 demi-galères et un petit nombre de chaloupes et canots.[40]

Jusque vers 1730, la marine de guerre ottomane est demeurée de type essentiellement méditerranéen, composée en grande partie de galères. Avant le milieu du XVIe siècle, la galère de guerre employée en Méditerranée était pourvue d'habitude de 24 bancs de chaque côté et de 3 rameurs par banc, en tout, de 144 rameurs. Puis, vers 1570, quelques changements survenus dans la manière de ramer en Méditerranée occidentale ont fait augmenter le nombre de rameurs par galère à 200 hommes ou davantage, tandis que les Turcs s'accoutument à ces changements beaucoup moins vite. Toutefois la galère dite bâtarde ou réale du Kapudan Pacha dispose, vers 1730 aussi bien qu'en 1621, de 30 bancs de chaque côté. Et les galères *capitanes*, qui accompagnent le Kapudan Pacha à la sortie du Bosphore de l'escadre chargée de la perception annuelle de la capitation, du dixième du produit territorial provenant de l'Archipel (l'île de Tinos en est exempte) et aussi—lorsque la guerre n'y fait pas obstacle—du tribut et des prélèvements en blé de l'Egypte, sont pourvues d'habitude de 28 bancs de chaque côté. Par contre, les galères plus nombreuses des garde-côtes n'ont que 22 à 25 bancs et 3 ou 4 rameurs par banc, chiffre nettement inférieur au nombre des rameurs par galère en Méditerranée occidentale.[41]

L'amélioration de la défense des places fortes a peut-être contrebalancé l'infériorité navale ottomane. Mais l'Etat ottoman n'a pas su surmonter un obstacle qui menace tous les grands Etats: les frais croissants de la guerre et de l'administration, l'insuffisance des ressources fiscales.[42] Et parmi les dépenses d'Etat, rien n'est plus coûteux à cette époque que l'entretien d'une marine de guerre pourvue d'artillerie.[43] Même sans les frais de réparations, le coût d'entretien d'une galère d'Etat s'élève vers 1580 à 5 000 ou 6 000 ducats d'or par an (l'entretien des galères des garde-côtes coûte moins cher).[44] L'entretien d'une flotte de cent galères d'Etat eût donc exigé une dépense annuelle de 500 000 pièces d'or, soit, 5 à 6 pour cent des revenus de l'Etat ottoman en 1527/1528 ou en 1553, 8 à 10 pour cent de ses revenus en 1567, plus de 12 pour cent en 1582, le tiers de ses revenus en 1597, 20 pour cent en 1598, 5 ou 6 pour cent en 1637, 17 ou 18 pour cent en 1648 ou 1649, 11 à 12 pour cent en 1650, 1652 ou 1653, 10 pour cent en 1661, le tiers des recettes ottomanes en 1669. En effet, l'Empire turc ne réussit qu'après 1840 à augmenter ses ressources fiscales, accomplissement dû surtout aux encouragements donnés à la propriété privée et à l'accroissement de la production céréalière.[45] C'est pourquoi la flotte ottomane se chiffre, entre 1640 et 1730, à moins de cent navires de guerre dont, à partir des années 1660, environ 20 ou 30 seulement sont des galères d'Etat.

Le soi-disant refus technologique de l'Empire ottoman au cours du XVIIe siècle est probablement en grande partie un refus des coûts technologiques. Quelques petits changements surviennent, par contre, entre 1730 et les années 1760, notamment, l'introduction d'un plus grand nombre de voiliers et des techniques de navigation de l'océan Atlantique. Mais c'est surtout pendant la guerre russo-turque de 1768 à 1774 que l'Empire ottoman va essayer, enfin, de créer une marine de guerre au niveau des techniques de l'époque.[46]

Cependant tout se complique. Pendant une centaine d'années, les sujets ottomans ont joui d'un droit presque exclusif à la navigation en mer Noire. Puis, à partir de 1588, des corsaires riverains cosaques montent des raids répétés sur les territoires du khanat du Crimée et sur l'espace voisin ottoman. Ces razzias s'intensifient surtout pendant les années 1620, s'étendant alors jusqu'au Bosphore.[47] Entre 1696 et 1711, Pierre Ier de Russie s'efforce d'établir une marine russe en mer d'Azov. Il n'aboutit pas à son dessein et l'Empire turc n'accède pas à la demande russe de la libre navigation en mer Noire,[48] chasse gardée de l'Empire pour ses besoins en blé, viandes, cuir, cuivre, fer et bois de construction et de chauffage.[49]

Le traité de paix russo-turque de 1774 accorde enfin aux navires et aux marchands russes le droit de naviguer librement sur le Danube et les droits d'entrée et de sortie par le Bosphore. Cependant les Turcs refusent aux navires russes le libre passage des Dardanelles jusqu'à la conclusion de nouveaux traités en 1783 et 1784. Puis, en 1784, 1799, 1802 et 1806, cette navigation est ouverte successivement à la Monarchie des Habsbourg, au Royaume-Uni, à la France et à la Prusse.[50]

Dès 1780, l'Impératrice Catherine de Russie va affirmer la présence russe en mer Noire par le projet d'y construire 12 vaisseaux de ligne. En mai 1781, la marine de guerre russe y compte déjà 32 frégates de 20 à 40 canons chacune et quelques petits bâtiments. En 1786, la puissance russe y atteint 8 vaisseaux de ligne de 50 à 74 canons chacun, 12 frégates de 40 canons chacune, 18 ou 19 frégates et autres bateaux de 20 à 40 canons chacun. En tout, par conséquent, la Russie dispose alors en mer Noire d'un armement mobile de plus de 1 500 canons.[51]

L'Empire turc doit concentrer alors sa flotte en mer Noire et adopter la nouvelle technologie coûte que coûte. Au début de 1788, peu de mois après la reprise de la guerre avec la Russie, il y détient une marine de guerre de 121 bâtiments armés de 2 226 canons et 25 mortiers. Sa force navale en mer Egée est réduite à 29 bâtiments armés de 656 canons. En effet, les navires turcs se répartissent alors entre les deux mers de la manière suivante (Tableau 3):[52]

Pourtant, à la bataille navale du 24 juillet, au voisinage de l'île de Feodonisi, la supériorité de l'escadre turque en nombre de canons et probablement en calibre—15 vaisseaux de ligne dont 5 de 80 canons chacun, 8 frégates, 3 bombardes et 21 chébecs, polacres et kirlanguichs—ne peut prévaloir de la vivacité du feu de l'artillerie de l'escadre russe, qui comprend 2 vaisseaux de 66 canons chacun, 2 frégates de 50 canons chacune, 8 frégates de 40 canons chacune et 24 navires de force plus faible.[53]

L'Etat ottoman se met donc trop tard à la tâche difficile de réviser son système dromocratique maritime et—c'est ce que montrerait, je pense, un examen détaillé de ces efforts entre 1730 et 1780—avec trop d'interruptions, avec une détermination insuffisante, sans avoir amélioré sa fiscalité, sans l'adoption préalable d'un programme de réformes sociales. Un tel programme eût provoqué sans doute—comme il l'a fait dès les années 1780—une forte résistance de la part des groupes privilégiés. Mais ayant négligé une telle politique, l'Etat doit maintenant, faire face à la fois à cette même résistance et aussi aux oppositions qui mettent d'un côté une marine marchande grecque (ou gréco-albanaise), secourue au moment critique par la Russie et aussi par l'Occident, et de l'autre côté une marine marchande albanaise musulmane, confédérée d'abord de la cité corsaire de Tripoli, puis, à la suite des guerres napoléoniennes, de l'Egypte du gouverneur habile albanais, Mohammed Ali. La riposte ottomane n'est point égale, par conséquent, à ce double, même triple, défi.

Une mise au point qui met en lumière le compartimentage de l'espace maritime ottoman et l'insuffisance

TABLEAU 3: MARINE DE GUERRE OTTOMANE EN MERS NOIRE ET MEDITERRANEE, 1788

Bâtiments	En Mer Noire	En Méditerranée Orientale	En Port ou en construction, capables d'être armés en 1788
Vaisseaux	16	2	2
Frégates	6	2	2
Barques longues	7	2	
Corvettes	9	2	1
Kirlanguichs	11	20	9
Transports armés	7	1	3
Galiotes à bombes	4		
Prames	1		2
Galères	5		
Bombardes	20		43
Canonnières	35		2
Brûlots			2
Total	121	29	66

de son système dromocratique maritime est utile aussi peut-être d'un autre point de vue. Par cette analyse, on peut voir à quel moment et pendant quelle période s'est affaiblie une des structures fondamentales du système de commandement ottoman. Depuis longtemps des savants se demandent à quel moment précis ce système total est devenu enfin presque irréparable. D'un côté on affirme qu'il est en décadence depuis les années 1560 ou 1580, d'un autre côté on insiste que le système fonctionne sans défauts graves jusqu'à la fin du XVIIIe siècle, voire, jusqu'aux premières décennies du XIXe. La même réponse n'est peut-être point valable à l'égard de toutes les nombreuses structures de commandement. En ce qui concerne le système dromocratique maritime, cependant, la réponse est sans ambiguïté. Ce système s'affaiblit entre 1580 et 1640, puis il périclite entre 1640 et 1730, sans subir une révision adéquate entre 1730 et 1780. Avancer un peu, comme le fait l'Etat ottoman entre 1730 et 1780, c'est, dans les circonstances de l'époque, avancer trop peu, voire, tomber de nouveau en retard par rapport à ses voisins, surtout la Russie, et par rapport aux exigences des nouvelles contraintes intérieures.

Notes

1 Jacques Ancel, *Géographie des frontières* (Paris: Gallimard, 1938), pp. 32, 58–61; B. G. Spiridonakis, *Essays on the Historical Geography of the Greek World in the Balkans during the Turkokratia* (Thessaloniki: Institute for Balkan Studies, 1977), p. 60.

2 Andrew C. Hess, *The Forgotten Frontier: A History of the Sixteenth Century Ibero-African Frontier* (Chicago: University of Chicago Press, 1978), pp. 1–10.

3 Fernand Braudel, *La Méditerranée et le monde méditerranéen à l'époque e Philippe II*, seconde édition revue et augmentée, 2 tomes (Paris: Armand Colin, 1966), I, 148–55. [Pour une idée antérieure d'une série de mers étroites méditerranéennes, voir la carte suivante à la Bibliothèque Nationale (Paris), Cartes et Plans, Ge.C.10074: "La Mer Méditerranée divisée en ses principales parties, ou mers," du sieur Sanson, géographe ordinaire du Roy, a Paris, chez H. Jaillot, 1685.]

4 Braudel, *La Méditerranée*, I, 214–16.

5 *Ibid.*, I, 134–36.

6 *Ibid.*, I, 99–126.

7 *Ibid.*, II, 458–59; Carlo M. Cipolla, *Guns, Sails, and Empires: Technological Innovation and the Early Phases of European Expansion, 1400–1700* (New York, Pantheon Books, 1965), pp. 101–3; Vitorino Magalhâes Godinho, *L'Empire portugais aux XVe et XVIe siècles*, Ecole Pratique des Hautes Etudes—VIe Section, "Ports, routes, trafics", 26 (Paris: S.E.V.P.E.N., 1969), pp. 761–80; Andrew C. Hess, "The Evolution of the Ottoman Seaborne Empire in the Age of the Discoveries, 1453–1525," *American Historical Review, LXXV* (décembre 1970), 1910–14 (1892–1919); M.A.Cook, "Economic Developments," *The Legacy of Islam*, éd. Joseph Schacht et C. E. Bosworth (Oxford: Clarendon Press, 1974), p. 221 (210–43); Bailey W. Diffie et George D. Winius, *Foundations of the Portuguese Empire, 1415–1580* (Minneapolis: University of Minnesota Press, 1977), pp. 204–5, 416–17.

8 Braudel, *La Méditerranée*, I, 339–40.

9 *Ibid.*, II, 176–212, 226–31, 238–40, 282–96, 301–308, 319–25, 334–36, 373, 392–98, 410–13, 418–27; Paul Coles, *The Ottoman Impact on Europe* (New York: Harcourt, Brace & World, 1968), pp. 88–98; Donald Edgar Pitcher, *An Historical Geography of the Ottoman Empire from Earliest Times to the End of the Sixteenth Century* (Leiden: E. J. Brill, 1972), pp. 114–19.

10 E. Charrière, *Négociations de la France dans le Levant*, III (Paris: Imprimerie Impériale, 1853), pp. 185–89; Fernand Braudel, *La Méditerranée et le monde méditerranéen à l'époque de Philippe II* (Paris: Armand Colin, 1949), pp. 935, 938; pour d'autres estimations relativement semblables, voir R. C. Anderson, *Naval Wars in the Levant, 1550–1853* (Princeton, N. J.: Princeton University Press, 1952), pp. 37, 42, 45.

11 Charrière, *Négociations*, III, 243, communication attribuée à l'Evêque d'Acqs (Dax).

12. Hess, *The Forgotten Frontier*, pp. 91–95.

13 John Francis Guilmartin, Jr., *Gunpowder and Galleys: Changing Technology and Mediterranean Warfare at Sea in the Sixteenth Century* (Londres: Cambridge University Press, 1974), pp. 105, 177.

14 Hess, *The Forgotten Frontier*, pp. 102–14.

15 G. N. Clark, "The Barbary Corsairs in the Seventeenth Century," *Cambridge Historical Journal*, VIII/1 (1944), 22–35.

16 G. N. Clark, "War Trade and Trade War, 1701–1713," *Economic History Review*, I/2 (janvier 1928), 262–80.

17 Richard T. Rapp, "The Unmaking of the Mediterranean Trade Hegemony: International Trade Rivalry and the Commercial Revolution," *Journal of Economic History*, XXXV/3 (septembre 1975), 514–15 (499–525).

18 Bibliothèque Nationale (Paris), MSS, Nouvelles Acquisitions Françaises (ci–après: BN, MSS, NAF) 9134: Jean-Michel de Venture de Paradis, "Barbarie—Tunis, Alger et Tripoli: Notes générales".

19 Hess, *The Forgotten Frontier*, p. 175; Charles-André Julien, *History of North Africa—Tunisia, Algeria, Morocco: From the Arab Conquest to 1830*, éditee et revue par R. Le Tourneau, trad. du français par C. C. Stewart (Londres: Routledge & Kegan Paul, 1970), pp. 290, 306, 320.

20 [Jean] de Thévenot,*Relation d'vn voyage fait av*

Levant, dans laqvelle il est cvrievsement traité des Estats sujets au Grand Seigneur, des moeurs, religions, forces, gouuernemens, politiques, langues, & coustumes des habitans de ce grand Empire (a Roven, et se vend à Paris: chez Lovis Billaine, 1665), p. 549.

21 BN, MSS, NAF 9134: Venture de Paradis, "Barbarie—Tunis, Alger et Tripoli" et "Notes sur Alger".

22 Traian Stoianovich, "Commerce et industrie ottomans et maghrébins: pôles de diffusion et aires d'expansion," *Contribution à l'histoire économique et sociale de l'Empire ottoman*, dix-sept études réunies et présentées par Jean-Louis Bacqué-Grammont et Paul Dumont (Istanbul, Paris, Louvain: Institut Français d'Etudes Anatoliennes d'Istanbul et Association pour le développement des études turques, 1983), included in Vol. I of the present work.

23 BN, MSS, NAF 9134: Venture de Paradis, "Barbarie—Tunis, Alger et Tripoli" et "Ville et royaume de Tunis".

24. Archives Nationales (Paris), Fonds Affaires Etrangères (ci-après AN, AE), B^{I} 470, lettres des 18 avril, 25 juillet, 4 septembre et 17 novembre 1765, et des 30 janvier et 25 septembre 1766; AN, AE, B^{I} 471, Le Maire, 18 septembre 1768.

25 AN, AE, B^{III} 244, mémoire de l'ambassadeur de France de La Haye, 7 septembre 1669.

26 [Louis Des Hayes, baron de Courmenin], *Voiage de Levant par le commandement du Roy en lannée 1621* (seconde éd.; Paris: chez Adrian Tavpinart, 1632), pp. 214–16.

27 Jean Tavernier, *Les Six voyages de Jean Tavernier, écuyer baron d'Aubonne, en Turquie, en Perse et aux Indes, faits pendant l'espace de quarante ans*, 3 tomes (La Haye: chez Henri Scheurler, 1718), I, 356–59. Tavernier ne précise pas la date et il donne un total de 80 galères.

28 BN, MSS, Fonds Français (ci-après FF) 7176, Etat des places fortes; AN, Fonds de la Marine (ci-après MAR), B^{7} 481, mémoire concernant les vaisseaux et galères du Grand Seigneur, 1688; état de la marine du Grand Seigneur, sans date mais écrit vers 1730. La série B^{7} concerne le service général et le commerce en pays étrangers.

29 *Loc. cit.*; AN, AE, B^{III} 244, de La Haye, 7 septembre 1669; AN, MAR, B^{7} 205, Arnoul, 12 mai 1671. Pour des chiffres moins élevés encore, voir Mary Lucille Shay, *The Ottoman Empire from 1720 to 1734 as Revealed in Despatches of the Venetian Baili* (Urbana: University of Illinois Press, 1944), pp. 77–78.

30. AN, MAR, B^{7} 481, Etat de la marine du Grand Seigneur, sans date mais écrit vers 1730; BN, MSS, FF 7176, Etat des places fortes. [Sur l'armement et les équipages des galères des garde-côtes en 1621, voir Des Hayes de Courmenin, *Voiage de Levant*, pp. 211–14.]

31 Braudel, *La Méditerranée*, I, 535–37; II, 65–67; Maurice Aymard, *Venise, Raguse et le commerce du blé pendant la seconde moitié du XVIe siecle*, Ecole Pratique des Hautes Etudes—VIe Section, "Ports, routes, trafics", 20 (Paris: S.E.V.P.E.N., 1966), *passim*.

32 AN, AE, B^{I} 470, Le Maire (à Coron), 6 et 19 septembre 1765; AN, B^{4} 120, fol. 50, de Lyle, 4 janvier 1774. La série B^{4} concerne le service général et les campagnes.

33. AN, AE, B^{I} 376, fol. 4–5, de La Haye, 3 septembre 1668; AN, MAR, B^{7} 462, mémoire sur le commerce et la navigation de la France en Levant, sans nom d'auteur et sans date mais écrit probablement vers 1780; AN, AE, B^{III} 234, mémoire sur le négoce du Levant en 1664 et mémoire du 17 juin 1769, également sur le commerce du Levant.

34 Fernand Braudel, *Civilisation matérielle, économie et capitalisme*, 3 tomes (Paris: Armand Colin, 1979), III. *Le Temps du monde*, p. 410.

35 AN, MAR, B^{7} 119, fol. 95–97 (95–105), mémoire du Roi pour servir d'instruction au sieur de Grandpré, capitaine entretenu dans la Marine, 8 mars 1724; Robert Mantran, *Istanbul dans la seconde moitié du XVIIe siècle: Essai d'histoire institutionnelle, économique et sociale* (Paris: Librairie d'Adrien Maisonneuve, 1962), pp 597–600, 625–30.

36 AN, MAR, B^{4} 54, fol. 252, Mairargue, 20 décembre 1771; AN, MAR, B^{4} 272, fol. 115–23, instructions du comte de Thy.

37. Traian Stoianovich, "L'Economie balkanique aux XVIIe et XVIIIe siècles (principalement d'après les archives consulaires françaises)", thèse de doctorat, Faculté des Lettres, Université de Paris, 1952, pp. 107–11, 114–17, 127–40.

38 *Ibid.*, pp. 102–57; AN, MAR, B^{4} 54, fol. 256–58, copie d'une lettre au comte de Narbonne-Pelet, 20 août 1771; AN, AE, B^{III} 241, Projet de détruire les forbans grecs, mars 1775; AN, MAR, B^{4} 272, fol. 96–97, lettre du chevalier de Ligondès, 30 mai 1786; AN, MAR, B^{4} 277, de La Vintinaye, 7 juin 1788; Traian Stoianovich, "The Conquering Balkan Orthodox Merchant," *Journal of Economic History*, XX (juin 1960), 273–76 (234–313).

39 George B. Leon, "The Greek Merchant Marine (1453–1850)," *The Greek Merchant Marine (1453–1850)*, éd. Stelios A. Papadopoulos (Athènes: Banque Nationale de Grèce, 1972), pp. 25–44 (13–44, 469–83).

40 AN, Mar, B^{7} 277, Supplément aux Nouvelles

extraordinaires de divers endroits, Leyde, 8 septembre 1788, chiffres attribués au Maréchal Prince Poniatowski.

41 AN, MAR, B^7 281, Etat de la marine du Grand Seigneur, sans date mais écrit vers 1730; BN, MSS, FF 7176, Etat des places fortes; Des Hayes, *Voiage de Levant*, p. 213.

42 Braudel, *La Méditerranée*, II, 46–48.

43 Fernand Braudel, "Les Empires au XVIe siècle," Collège de France, 2 février 1951.

44 Hess, *The Forgotten Frontier*, p. 91.

45 Traian Stoianovich, "Balkan Peasants and Landlords and the Ottoman State: Familial Economy, Market Economy, and Modernization," *La Révolution industrielle dans le Sud-Est Européen—XIXe s.: Rapports présentés au Colloque International de la Commission de l'AIESEE sur l'histoire sociale et économique, Hambourg, 23–26 mars 1976* (Sofia: Institut d'Etudes Balkaniques, Musée National Polytechnique, [1977/78]), pp. 172–74, 179–80, 189–90 (164–204).

46 William H. McNeill, *The Pursuit of Power: Technology, Armed Force, and Society since A.D. 1000* (Chicago: University of Chicago Press, 1982), p. 147.

47 Carl Max Kortepeter, *Ottoman Imperialism during the Reformation: Europe and the Caucasus* (New York: New York University Press, 1972), pp. 18, 104–106, 177, 186; N. A. Smirnov, *Rossiia i Turtsiia v XVI–XVII vv* (Moscou, 1946), II, 18; Paul Rycaut, *The History of the Turkish Empire from the Year 1623 to the Year 1677* (Londres: John Starkey, 1680), pp. 6–7; Mantran, *Istanbul*, pp. 83–85.

48 B. H. Sumner, *Peter the Great and the Ottoman Empire* (Oxford, 1949), pp. 17–25.

49 Karl M. Kortepeter, "Ottoman Imperial Policy and the Economy of the Black Sea Region in the Sixteenth Century," *Journal of the American Oriental Society*, LXXXVI/2 (avril 1966), 86–113; Braudel, *Civilisation matérielle*, III, 411.

50 Stoianovich, "The Conquering Balkan Orthodox Merchant," p. 288.

51. AN, MAR, B^7 481, Etat des forces navales de la Russie dans la mer Noire, mai 1781, et Etat de la marine de l'Empire de Russie, fait à Paris par le Marquis de la Galissonnière, 15 mars 1787; AN, MAR, B^7 453, Observations sommaires sur l'état actuel des ports de Kherson et de Sébastopol, copiées sur les MSS remis au Maréchal de Castries par M. de La Colinière, 1787.

52 AN, MAR, B^7 481, Etat de la marine ottomane en 1788.

53 AN, MAR, B^4 277, fol. 275, Supplément aux Nouvelles extraordinaires de divers endroits, Leyde, septembre 1788, chiffres attribués au Maréchal Prince Poniatowski.

5
*Russian Domination in the Balkans**

Russian involvement in the Balkans raises once more the question of what imperialism is and how it works. My own proclivity is to regard it in part as a particular form of the more general human longing to flee the constraints of space and achieve the kind of "boundlessness" described by Nikolai Gogol in his novel *Dead Souls*: "Russia! Russia!... Thou art wretched, disjointed, and comfortless..., yet an incomprehensible secret force draws me to thee...and my thought is numb before thy vast expanse. What forsooth does this boundless space presage? Does it not foretell that here in thee will be born an idea as infinite as thyself?... And that thou too, O Russia, will then dash on like a fleeting troika that nothing can overtake, the road asmoke, the bridges rumbling, beneath [thy wheels]...!"[1]

Modernity: A Hunger for the World

In their larger aspects, discovery, exploration, colonization, and imperialism are manifestations of what Fernand Braudel fittingly called "a hunger for the world."[2] Initially a prelude and later a response to the development of a visual stress, the craving for an El Dorado and for unknown horizons is characteristically strong in periods of "modernity," when old laws and customs are eroded and men strive to run on wheels, fly with wings, elude the law of gravity. The journey from parochialism to modernity has been long, arduous, and often interrupted. Discoveries and explorations have had to be made over and over again. For Russia the journey was harder than for western Europe, but Russia too was on its way by 1530.

Russia rediscovered the world in many ways, partly through the revival and intensification of cultural influences from the southwest, the territories of Cossackdom and onetime Kievan Rus. The Cossacks have not always been regarded as agents of modernization, and in many respects they were traditionalists; but by their maritime forays against Ottoman Istanbul, so similar to those of the Rus, their predecessors, against Byzantine Constantinople more than half a millennium earlier, they ultimately drew Russia's attention to the Mediterranean. A Soviet historian has taken note of Cossack incursions into the Bosporus in 1624,[3] during the great Ottoman and indeed European and worldwide political, social, and economic disorders that started in the 1580s and lasted into the 1660s and beyond. In the worst of the 1620s the Turks daily predicted their own necessary early and crushing defeat.[4]

Fig. 27. Saics, caiques, or ketches, and smaller craft, at Istanbul, *ca.* 1840. Often colorfully painted, such boats were the customary means of supplying Istanbul with wood and marble from the Sea of Marmara and the Black Sea, with textiles from Bursa and Izmir that they loaded on at Mudania, and with Persian goods that they picked up at Trebizond. Source: Bibliothèque Nationale (Paris), Département des Imprimés, Gr. Fol. 0^2.184: Flandin, *L'Orient,* Vol. I. Courtesy, Bibliothèque Nationale (Paris).

A seventeenth-century English historian and consul at Smyrna, Paul Rycaut, has left a vivid description and careful analysis of the long light raiding boats in which, in 1626, Cossack corsairs executed a daring razzia in the Bosporus:[5]

During these Troubles the Cosacks taking advantage of the Captain-Pasha's absence in *Tartary*, entred the *Bosphorus* with about an hundred and fifty Sail of Saicks [caiques] and Boats; these Boats and Vessels which the Cosacks use are built long and light with ten Oars of a side, and two men to an Oar; the Head and Stern are not unlike, so that they hang the Rudder sometimes at one end, and sometimes at the other, being not obliged to turn their Vessel, but without loss of time to proceed with that end which happens to be foremost. Each Boat carries fifty select men armed with Fire-arms and Cemiter, in the management of which they are very expert; and are a People sober, enduring labour and hard diet, and so speedy in their Incursions, that they forestal the advices, and commonly strike before they threaten. With these Boats and people (as we have said) they entred the *Bosphorus*, where they burnt several Villages and Houses of Pleasure; on the Grecian side they burnt *Boyuc-deri* [Büyük Dere] and *Yenichioi* [Yeni Köy], on the Asian side *Stenia* [Isteniye]. The appearance of this Enemy so near the Imperial City caused a general consternation, not unlike that at *London*, when the Dutch entred the River of *Chatham*. To oppose this Force there was not one Gally in readiness, so that Saicks, Chimbers, and small Boats were armed to the number of four or five hundred, and man'd with such people as the present haste and expedition offered; the great Chain was then brought forth to cross the *Bosphorus*, which the Grecian Emperours used at the siege of Constantinople: and ten thousand men were issued from the City to defend the shoar from depredation and further mischief. The Turkish Fleet faced the Cosacks to give them a stop, whilst they hovered about the middle of the Chanel in form of a Half-Moon, and so continued the whole day until Sunset; when with the night they returned into the Sea, carrying with them, besides their Booty, glory sufficient to have entred the Chanel, and without blows or opposition to have braved the Capital Seat of the Ottoman Monarchy, and the most formidable City of the whole World. Not many days after they returned again with greater Force than before, which put the City into the like consternation; and having hovered about three or four days at the Mouth of the Black Sea, they burnt the Pharos or Lantern with certain Villages thereabouts, and being laden with Spoils and Glory, they again returned into their own Country.

Benedict H. Sumner, author of one of the most equitable estimates of the reign of Peter the Great, concludes that only four changes wrought by Peter "had either nothing leading towards them in the immediate past or so very little that it scarcely counts." One of these was the creation of a navy.[6] But if pre-Petrine Russia lacked a navy, the Cossacks of the Ukraine had already built one by the early part of the seventeenth century. Even as an architect of a navy, therefore, Peter was not an absolute innovator. Russia succeeded in creating a navy, at least in part, as it acquired the maritime propensities of the peoples and cultures in the new territories it absorbed.

Expansion with a Purpose

Joseph A. Schumpeter defines imperialism as "the objectless disposition on the part of a state to unlimited forcible expansion" and explains it as a consequence of the hammering of certain "peoples and classes into warriors" and of the fact that "psychological dispositions and social structures acquired in the dim past in such situations, once firmly established, tend to maintain themselves and to continue in effect long after they have lost their life-preserving function." Imperialism is consequently an atavistic social and psychological structure, a survival of past rather than an indicator of current relations of production.

I should be among the last to quarrel with the view that certain archaic cultural traits, and perhaps even structures, are embodied discreetly in modern civilizations. Schumpeter errs wholly, however, in identifying one of these traits as the absence of militancy or aggressiveness on the part of "the Slavic masses" and in ascribing the militancy of "triumphant czarism" entirely to soldierly Germanic and Mongol elements with whom the Slavs were fatefully joined.

War, he maintains, was part of the "settled order of life" of Russia's great lords, "an element of sovereign splendor, almost a fashion." They waged it "whenever the occasion was offered, not so much from considerations of advantage as from personal whim. To look for deep-laid plans, broad perspectives, consistent trends is to miss the whole point."[7] I have long pondered upon these fundamental statements, and my research has led neither to an affirmation nor to a negation but to a unifying conclusion. War and expansion, in the Russian case if not generally, were a question of whim and fashion. They were also conducted, and often simultaneously, with a conscious or unconscious purpose.

The objects of domination have varied, moreover, in accordance with variations in the relations and ways of production, social organization, distribution of space and resources, demography, and communication of goods and ideas. The goal of nomadic conquerors, for example, was traditionally the levying of tribute and the seizure of slaves (especially young women, skilled craftsmen, and other specialists), sheep, cattle, horses, and other chattel. In retaliation, precapitalist settled societies attempted to augment the arable land, achieve a demographic superiority, and establish greater security in local and long-distance trade, without wholly abandoning an interest in the objects of primary concern to the nomads. Capitalist societies in turn developed a national economy and a technological advantage which has allowed them to produce an ever greater quantity of manufactured goods, whereas the increases in the production of agricultural societies stay in line more or less with world demographic growth.

As a result of the unequal distribution of political power and economic goods, societies and economies tend to become—directly or indirectly, voluntarily or involuntarily—dominant or dominated in their relationships to each other.[8] A politically or economically dominant society is said furthermore to be imperialist. In fact, however, a country may be dominant in one political or economic sector, or in one region, and dismally overshadowed in other geographical areas, and in other spheres of life endeavor. It may dominate in old ways or new, or in different combinations of the two. A clear ability to command in every realm, including ideas, takes long to achieve but is rarely of long duration. Competence of imperium shifts in fact from one ethnic and political group to another, and from nomadic to agricultural, from agricultural to industrial, societies.

Geography, Demography, and Technology

Subject for a time to the domination of nomads, the Russians developed ways of dominance characteristic of agricultural societies. Through their relations with the Crimean Tatars, they were drawn ever further southward, into the *okraina* or new Frontier and old Metropolis (*Mala Rus*). The motives of the new conquerors were sometimes ambiguous, but a meaning emerges even from a seeming meaninglessness.

The southward expansion of Russia was an act of modernization. If Russia had remained sullenly passive, if its lords and priests and peasants had been content with the old territorial limits, it could hardly have augmented and improved its farmlands, and nomads and seminomads might have continued to prevail in the *okraina*. Tatar horsemen and auxiliary infantry troops might have persisted in taking their customary toll of Russian labor (slaves) and capital (cattle)—several thousand prisoners (not counting persons who were sold into slavery) and tens of thousands of head of stock each year.[9] If Russia ransomed the prisoners who fell into the hands of the Tatars, it lost one scarce commodity: money. If it failed to ransom them, it lost another: labor. In any case, until the 1620s or 1630s, Russia was always a loser of capital, a commodity no less rare.

As nomads and seminomads, the Tatars had to strive to prevent a rise of population on their prairie lands. Their raids were generally remunerative, but even if a market for slaves had been nonexistent, they would no doubt have been obliged to organize periodic man hunts in order to maintain, from the point of view of nomads, a satisfactory relationship between people and cattle, namely a denser distribution of herds.

By cultivating wheat and other cereals, men can obtain a caloric value three, five, or ten times that of the meat which can be produced when the same plot of land is given over to grazing.[10] The population of a given area can be thus quickly tripled, and even increased tenfold, simply by a change from a grazing to a farming economy. The Poles and Russians of the sixteenth and seventeenth centuries were perhaps unaware, or only dimly aware, of the operation of this principle. They nevertheless acted *as if* they knew, for their goal was colonization. Pastoral habits were less common among them than among the Tatars, and by doing no more than pursue their usual way of life—that is, by being traditionalists—they became agents of modernization, or of the transformation of a pastoral and nomadic into an agricultural economy.

Europe has long been divided into four concentric zones of population density. In 1500, the density in the core area, which then included Italy, Greece, Aegean Macedonia, several other portions of the Mediterranean, northern and eastern France, southern England, the Netherlands, and the Rhineland, was 20 persons or more per square kilometer. Around this core was a large ring, within which were included the bulk of the Iberian and portions of the Balkan peninsula, southwestern and central France, most of Ireland, the rest of England, perhaps the Scottish Highlands, and Central Europe as far east as Mazovia (Warsaw region), with a density of 10 to 20 persons per square kilometer. In southern Sweden and east of Mazovia and north of the line Halich-Chernigov-Kazan and south and west of the line Tikhvin-Beloozero-Kazan, the density fell to 2 to 10 persons. North, south, and east of this area, it declined to less than 2 persons per square kilometer until the outer limits of Persian and Chinese civilization were reached, whereupon new rings of demographic concentration were laid out, this time with a Persian or Chinese orientation.[11]

Around the middle of the sixteenth century, the population density of the Dnieper Ukraine was approximately a fifth of Little Poland's and not much over a tenth of Mazovia's. But in the century after 1570, as a result of repeated wars, of famine and plague, and of the flight of people eastward from Poland and southward from Muscovy in order to escape the growing harshness of serfdom in the countries of settled agriculture, the population of Poland and Russia declined and that of Volynia and of the right-bank Ukraine began to rise.[12] In the eighteenth century, the process was extended to the left-bank

Ukraine, where the demographic growth between 1724 and 1795 was in the order of 86 percent on the basis of official statistics. In the second half of the century, Russia undertook a vast program of colonizing the southern Ukraine.[13]

The plow won the steppe.[14] It won because of the support of a vast military organization. In the Russian as in the Austrian agricultural advance, writes William H. McNeill, "the army carried state power into the empty lands ahead of settlement, thus giving officials the opportunity to superintend the establishment of new cultivators and set up rules to which the pioneers had more or less to conform." Moreover, "a great many of the new settlers were military men, either discharged veterans or colonists assigned militia duty and thus subject to military rather than civilian official control."[15] To stave off and stop the rapid thrusts of the nomads, the Russian military, beginning in the 1570s but more especially in the seventeenth century, built across their southern marches a series of carefully patrolled defensive networks of newly planted woods and log and earthen fortifications,[16] thus simulating in the steppe the forest milieu of the north.

Other aids to the conquest of the steppe were the cannon and the musket. In the first half of the fourteenth century, a certain "Boris the Roman" went apparently from Tver to cast bells in Moscow and Novgorod, and by the end of the century the Russians may have been manufacturing both cannon and church bells. But in the latter part of the fifteenth century the Florentine Rodolfo Fioraventi again had to instruct the Russians in the art of founding cannon and clocks. A Russian metallurgical industry capable of supporting a "modern" war economy was of a still later date, however, going back to the establishment of gun foundries and other ironworks at Tula, south of Moscow, by Dutch, Swedish, and other foreign artisans during and after the 1620s.[17] After Peter the Great's consolidation and further development of the metallurgical industry,[18] Russia was finally in a position to match Ottoman technology, which had stagnated during the seventeenth and retrogressed or barely improved during much of the eighteenth century.[19]

The geography of the steppe—"those Desart Plains, which do so far resemble the Sea, that the Mariners Compass may be useful for Direction in the one, as well as the other"[20]—more or less dictated that the plain should succumb to that neighboring power which could prove its demographic and technological superiority. The Cossack threat to Tatar and Ottoman power lacked a modern technological base, but the Cossacks and their sea-like steppes drew Russia ever farther southward into the Ukraine and toward the sea. By the quick action of their mobile field and naval artillery and by their modest but nonetheless real technological superiority in other respects, the Russians prevailed over the Ottoman cavalry and navy during the second half of the eighteenth century.[21]

The Limits of Universal Monarchy

From the reign of Peter the Great to 1853, according to Karl Marx, Russia's frontier advanced a thousand miles in the direction of Persia, seven hundred miles in the direction of Berlin, Dresden, and Vienna, and six hundred and thirty miles in the direction of Stockholm, but only (the "but only" is my own thought) five hundred miles toward Istanbul and the Balkans.[22] The obstacles to Russian southwestward expansion beyond the steppe were more formidable than the hindrances to aggrandizement in other directions.

In Europe or the region west of the Scythian steppe, Russia encountered a force that was inimical to the very principle of universal monarchy, namely a strong tradition of opposition to territorial bigness and power without limits. Eighteenth-century political science acted to reinforce this tradition. In his *L'Esprit des lois* (1748), for example, Montesquieu stipulated that a state should be "mediocre" in size and that it should confine itself to "the [territorial] limits natural to its government" and maintain the laws, customs, tribunals, and privileges of the territories and peoples that it conquered.[23] In his *Institutions politiques* (1760), Baron Jacob Friedrich von Bielfeld, scion of a Hamburg merchant family and privy councilor to Frederick the Great, reached a similar conclusion. The ambitions of kings and ministers should be "proportionate to their states and their situation." Wisdom dictates that the political system of France should limit itself "to making the seas, the Alps, the Pyrenees, and the Rhine as the frontiers of its states...." If, on the other hand, it "aims at Universal Monarchy, if it engages in far-flung conquests in Europe, it becomes foul, blameful, dangerous, chimerical. The same applies to the other powers."[24] Finally, Jean-Jacques Rousseau, who is generally considered to have been an advocate of the small state but who in fact argued that there is no wholly satisfactory way of defining the size most appropriate to states, believed that some states in Europe were too big to be well governed and others too small to be able to preserve their independence.[25]

Montesquieu's *Esprit des lois* was probably of some import in persuading official Russia, which was eager

Fig. 28. An earlier (pre-Russian) project of partition: the Germanic (Holy Roman) Empire, Poland, and Venice crave to carve up the Turkish crescent (*Croissant*). Source: Albert Vandal, *L'Odyssée d'un ambassadeur: les voyages du Marquis de Nointel (1670-1680).* (Paris: Plon-Nourrit et Cie, 1900).

to form an integral part of prestigious European civilization, of the value of a policy of balance of power and of its corollary, territorial partition and spheres of influence. Such, in any event, was the policy that Russia pursued under Catherine in regard to Poland, and such also was the policy of the "Grand Plan," which she sought to apply to the Ottoman Empire.

The "Grand Plan" called for a division of the Balkans into a Russian-controlled Dacian state in the northeast, an Austrian zone in the west and north center, and a Greek or neo-Byzantine state in the central and eastern Balkans, with its capital at Constantinople. Provision was also made for a zone of the maritime powers, particularly France and Britain, in the Mediterranean. The agreement between Russia and Austria in 1782 to implement a portion of this project met with unexpected failure, but Russia never entirely abandoned the basic vision of a separation of the Balkans and other segments of the vast Ottoman Empire into several distinct spheres of influence and domination.

Known in French historiography as *le système copartageant*, this policy was based on the premise that new territorial acquisitions by the great European powers ought to be equal. A redistribution of territories should therefore be made only on careful consideration of comparative soil fertility, the quality and size of each territory's population, and the political value of its situation. Casuistry in all this there doubtless was, but *le système copartageant* did assure the maintenance of a precarious equilibrium in Europe, and it hindered the assertion of universal monarchy. Not until the French Revolution and the Continental System was there a temporary challenge to the politics of balance of power, and even Napoleon had to pursue a course of spheres of influence for a few years in his relations with Russia.[26]

Population growth, agricultural development, and improvements in military technology enabled Russia to occupy a large part of the steppe, namely the plains at some distance from Austria. But a set of new social, mental, and geographical structures then stymied further Russian westward expansion.

One of these impediments, as we have seen, was the underlying European hostility to the idea of universal monarchy, which one may usefully regard as an Asiatic principle and institution translated to the Mediterranean and then to Europe. But Europe—and this includes the Balkans—has found it hard to accommodate to this principle, for geography and history have combined to make of Europe a land of multifarious liberties, franchises, and autonomies—rural, urban, and territorial.[27]

On reaching the Black Sea and the Danubian principalities, Russia attained at last a region that was in less need of colonization. Further obstacles to Russian expansion were the mountain and the forest; these were of advantage to the Balkan peoples, just as the Russian forests had benefited the Russians. Limits were also posed by the fact that Russia was now in immediate physical contact in Europe with two other empires or large polyethnic states, the Habsburg and the Ottoman, and by the existence of a medieval Western European tradition of colonialism in the eastern Mediterranean and Balkan periphery.[28] When colonizing Genoa and Venice were eclipsed as dominant political entities, other European states—France, England, Holland, Austria, Belgium, Italy, and Germany—asserted their interest in the area.

Equally inimical to universal monarchy were the forces that nurtured Europeanization and nationalism. Long before Russia achieved a common border with the Balkans toward the close of the eighteenth century, the peninsula's inhabitants—Christians and Muslims alike, though in unlike ways and with different goals in mind—had made a habit of resistance to the increasingly malfunctioning Ottoman command system and were therefore consciously or unknowingly moving toward the cultural restoration of the

Balkans to Europe. A further step in this direction, and perhaps the most important step, was the restatement of the principle of autonomy through the creation of new Balkan states and the diffusion of the revolutionary principle of nationality.

Lands of Peace and Lands of War

Before the triumph of nationalism, religious notions defined, and sometimes seemingly governed, relations between states and peoples. Not only the territorially minor faiths but even such major ecumenical religions as Buddhism, Islam, and Christianity have acted in certain periods of their history to deny to members of their culture the right to enter or reside in areas of divergent religious beliefs.[29] Reflecting a similar outlook, maintains Jacques Le Goff, medieval Christendom pursued a policy of "religious racism" and exclusion.[30] To have acted contrarily would have been tantamount to acquiescing to contamination, and equivalent perhaps to a disturbing acknowledgment that truth is essentially relative.

In Sunni Islam, a specific distinction was made between the "land of peace" or orthodox Muslim world and the "land of war." The "land of war" comprised the peoples of the world whose faith orthodox Muslims were obliged to regard as inferior. Whenever practicable, it was the duty of good Muslims to extend the frontiers of the "land of peace" and diminish the dominions of the "land of war."[31] The jihad, or Muslim crusade, was the chief instrument to the achievement of this end.

Conquest was not always feasible, however, and a "land of war" sometimes possessed goods for which there was a demand in the "land of peace." It therefore became customary to grant special privileges to foreign merchants, or at least to the most eminent among them, for it was preferable that foreigners should leave themselves open to defilement than that one's coreligionists should expose themselves to such a fate.

Eminent foreign merchants were recognized in Muscovy as the *gosti* or "guests" of the prince. But "guests" or unknown travelers and wanderers have been regarded traditionally as gods, saints, or demons: powerful doers of good and evil. As such, they have been simultaneously esteemed and feared,[32] and the prince's *gosti* were treated in like fashion. Privileged in normal times, the *gosti* were in fact scapegoats and victims of contempt and reprisal in periods of war between the host country and their own or in a time of social strife in the host country.[33] Attitudes toward diplomatic envoys and missionaries were similar.

The institution of the merchant and foreign guest assumed a somewhat different form in the Ottoman Empire, where an even greater need was felt for foreign traders. To assure their continuing presence, the Ottoman government developed the practice of granting capitulations, or charters of privilege, to one foreign power after another, on the basis of which the merchants and other visiting subjects of these countries obtained what were in effect rights of extraterritoriality.

The first of the capitulations proper was concluded in 1535 by Süleyman the Magnificent's grand vizir, Ibrahim, and Francis I's envoy to Istanbul, a knight of the order of Saint John of Jerusalem, the abbé Jean de la Forest. Among the numerous guarantees extended to French subjects by this agreement, writes a modern scholar, were "freedom of trade, security against extraordinary duties, immunity from Ottoman law, release from imprisonment or slavery, and the right to practise their own religion and to protect the Holy Places of Palestine."[34] Later capitulations were even more comprehensive, and those of 1604 not only augmented the privileges of French merchants, and made their trade more secure, but alluded for the first time to the protection of Christian pilgrims in the Holy Land and priests and churches in all Ottoman territories.[35] Other European powers acquired similar advantages, especially during the seventeenth and eighteenth centuries.

Russia, however, was not assimilated into the system of capitulations until it had demonstrated that it was both a great European power and able to challenge the Ottoman Empire on the seas. Commercial agreements between the two states had existed since the latter part of the fifteenth century, but not until the treaty of Kuchuk Kainarji of July 10/21, 1774, which terminated the Russo-Turkish war of 1768 to 1774, was Russia granted rights of extraterritoriality. The Ottoman government promised by this treaty to give "a constant protection to the Christian religion and its churches." It also guaranteed to Russian subjects the right to trade without hindrance in the Ottoman dominions, whether by land or by sea, to enter any port, including Istanbul, and lay anchor at any shore, to navigate freely even on the Danube, and to have access from the Black Sea to the Aegean and from the Aegean to the Black, a privilege that had been denied to foreign powers since the 1590s.[36] The two countries also agreed to apply "most favored nation" treatment to each other, and Russia was further to benefit from the capitulations that the Turks had accorded to France and Britain, subject only to paying the low customs duties and import and export charges exacted of the most favored nations.

The Turks honored the former treaty partly in the breach, but the Russo-Turkish commercial treaty of June 10/21, 1783, authorized Russian subjects to engage in trade anywhere in the Ottoman Empire, wear the dress of their own country, and remain in Ottoman territories under Russian protection for an unlimited period of time. By permitting Russian traders to sell their merchandise to any Ottoman buyer, it divested Ottoman subjects of monopoly rights to the purchase of certain raw materials. By authorizing Russians to buy rice, coffee, olive oil, and silk anywhere in the Ottoman Empire except Istanbul, and to ship grains of non-Ottoman origin through the Straits, it undermined the rights of monopoly of Istanbul to the products of the Black Sea and reduced its rights of special access to those of the Aegean. The treaty, moreover, lowered Ottoman import and export duties to 3 percent *ad valorem* and freed the Russians from the obligation to pay transit duties and exceptional import and export taxes and excises. Similar rights were granted between 1784 and 1806 to Austria, the United Kingdom, France, and Prussia.[37]

The object of the capitulations from an Ottoman viewpoint was to allow Ottoman subjects to acquire those goods that they wanted, dispose profitably of goods that were wanted in Europe, and in the process shrewdly avoid their own profanation. From an overall Ottoman and Muslim cultural position, a policy of extraterritoriality was thus expedient. In the eighteenth and nineteenth centuries, however, the European powers took advantage of their capitulatory rights to discourage Ottoman manufactures,[38] and in the nineteenth century they reduced the successor Balkan states to similar capitulatory terms in an effort to preserve the Balkans as a reservoir of raw materials.

Russia sought to use the religious clause in the treaty of Kuchuk Kainarji to exalt itself to the rank of custodian not merely of the Orthodox but of all the Christian populations in the Ottoman realm. Partly in the hope of implementing this aim, it began to question the desirability of a policy of partition. In any event, shortly before news of the treaty of Adrianople reached St. Petersburg, a special secret committee on Turkish affairs—made up of members of the Imperial Council—advised Tsar Nicholas that it might be to Russia's advantage to maintain the integrity of a weak Ottoman Empire.[39] Russia was still more firmly opposed to partition during the early 1830s, when it seemed that the benefits might accrue to one of the Great Powers only (France) and that a powerful new state (Egypt) and dynasty (that of Muhammad Ali) might emerge from the Ottoman ruins. Unable to agree on a division of the tottering Ottoman state into separate spheres of influence, the European powers ultimately experimented with transforming it into a joint protectorate.

The ways in which Russia sought to dominate in the Balkans and eastern Mediterranean differed somewhat from those of the other European powers. Religious, ethnic, and geographical factors accounted in part for this distinction. Even more basic in taking Russia along a path all its own in its relations with this region were its technological and economic structures and the way in which these were enmeshed in the complex web of the European, Balkan, and world economies, and in the total cultures of western Europe and the Balkan and Mediterranean peoples.

Current Relations of Production

In western and central Europe, the Russian fur trade began to decline before 1700.[40] In the Ottoman Empire, on the other hand, pelisses continued to be highly valued as symbols of wealth and station,[41] and furs were to be Russia's chief export to this area until well after the middle of the eighteenth century. However, it was not Russians who normally brought this merchandise to Ottoman consumers but rather Constantinopolitan Greeks and Jews, or Greeks and Vlachs from Epirus, Thessaly, and Macedonia. From the southern and eastern Balkans, fur traders journeyed to Galaţi, Jassy (Iaşi), Khotin or Kamenets, Vasilkov, Kiev, and Nezhin, and central European traders often joined them at Khotin. At Nezhin, Russian merchants met the southern and central Europeans and exchanged their expensive furs for the Hungarian sequins or other hard currency in the latter group's possession. Upon re-entering Khotin, the central European traders—now without the great European demand for Russian furs that had existed before 1650 or 1700—often diverted their furs to Greek and Vlach merchants in return for silk belts, embroideries, fabrics, cotton carpets, cotton yarn dyed in red, incense, and other Ottoman articles then in demand in Germany, Poland, and Hungary.[42] In 1776, however, a brief two years after Kuchuk Kainarji, a French consular official noted the arrival at Nauplion by way of Istanbul of two so-called "Russian merchants" carrying "30 bourses de pelleteries," whose seeming object was the purchase of Moreot silks.[43]

The Ottoman demand for Russian furs remained at

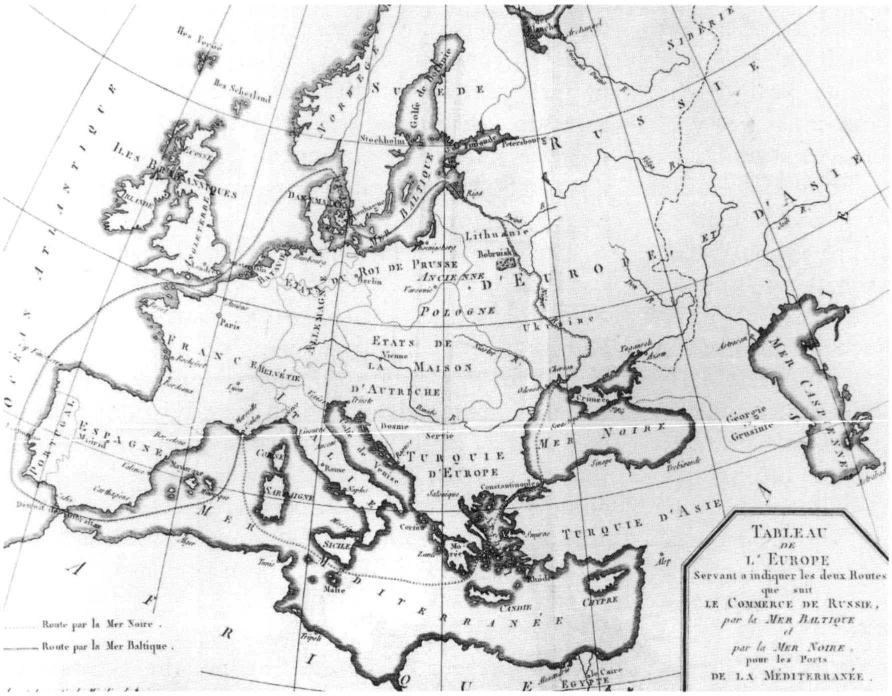

Fig. 29. Mediterranean and Baltic: Russia's two routes of maritime commerce. Source: [Antoine de Saint-Joseph], *Essai historique sur le commerce et la navigation de la Mer-Noire, ou voyage et entreprises pour établir des rapports commerciaux et maritimes entre les ports de la Mer-Noire et ceux de la Méditerranée* (Paris: chez H. Agasse, an XIII/1805).

a high level during most of the second half of the century,[44] but another Russian export, namely grain, was to acquire an ascendancy in the Aegean which even furs had never enjoyed. The two products, or the structures of which they were components, tended to orient Russian policy toward the Greek much more than toward the South Slavic world.

It is true that Peter the Great had been particularly eager to recruit qualified South Slavic and Italian sailors from the Adriatic when he strove to build an Azov fleet. He had also sought out Greek sailors,[45] but the emphasis could hardly have been Greek then, in view of the fact that a revived Greek merchant marine did not even come into being until the middle of the century.[46] On the other hand, he entered into diplomatic relations not only with the nearby Rumanians but with the more distant Southern Slavs, especially with Montenegro; and Ragusan (Dubrovnik) poets vied with each other to compose dithyrambs in his honor.[47]

Under Catherine II, the methods were modified even though the goals may have remained the same. One reason for this change was the appearance in Montenegro of a mysterious charismatic stranger, generally known as Šćepan Mali (Stephen the Little), who succeeded in enforcing his rule on the credulous people of that land. When the story spread that he might be Peter III of Russia, the husband Catherine had sacrificed to an aristocratic conspiracy, Catherine sought to have the pretender removed. Her failure in this venture may have instilled in her a distrust of the Southern Slavs.

Much more basic in molding Russia's policy, however, was the fact that its economic relations with the Southern Slavs were almost nonexistent,[48] whereas trade with the Greeks had a long history behind it. Moreover, as a result of the creation of a Greek merchant marine, and of Russia's occupation, colonization, and agricultural development of the Ukraine, Russo-Greek commercial relations were to reach heights never previously attained.

Partly in response to the economic structure, partly because of a generally growing craving for the world, and partly in imitation of western and central Europe, the élites of St. Petersburg were to make the second half of the eighteenth century a time of "Grecomania." Their philhellenism and cult of antiquity took the form of an expanding interest in classical Greek literature, the adoption of a women's fashion called the *grechanka* or "Grecian," the establishment of a "Greek Cadet Corps," and the christening of many new towns in the annexed territories of the south with Greek names.[49] A further manifestation of this Greek perspective was Catherine's project of a neo-Greek state.

The economic links between Russia's southern territories and the Greeks were steadily strengthened in

Fig. 30. Corfu, early nineteenth century. Source: [François-René], vicomte de Chateaubriand, *Itinéraire de Paris à Jérusalem, suivi des voyages en Amérique, en France, en Italie,* 2 vols. (Paris: P.-H. Krabbe, 1853), vol. I.

the half century between 1770 and 1820. Thus, in 1785, the wine imports from the Greek or Aegean Archipelago to the Russian port of Kherson amounted to 3,926,800 piasters, or 90 percent of Kherson's total imports.[50] Greek wine exports to Russia appear to have antedated the establishment of Russian power and commerce on the Black Sea, but there is every indication that they grew in importance after the Russo-Turkish war of 1768 to 1774 and the treaty of Kuchuk Kainarji. By the time of the Napoleonic wars, the greater part of the wine surplus of the Greek Archipelago, especially of such islands as Samos, Rhodes, Naxos, Santorin, Tinos, and Syros, went to the ports of southern Russia.[51]

Of the 700,000 rubles' worth of merchandise exported from Kherson in 1785, an amount set at 200,000 rubles consisted of grain,[52] a good portion of which may have come from territories under Polish rule.[53] As the steppe was occupied and nomadic habits were partly repressed, more Ukrainian grains were made available for export, and the chief market for Russia's grains was to be the very archipelago which supplied the main import needs of the southern Russian territories. After 1783, in effect, Black-Sea Russia and the Aegean islands were to become economically complementary areas.

Many of the Greek islands, especially the smaller ones, ordinarily were obliged to import two thirds of their annual grain requirements.[54] But during the second half of the eighteenth century, particularly after the Russo-Turkish war of 1768 to 1774, when Greeks and Orthodox Albanians from the Morea and the Greek mainland fled there to escape Muslim Albanian aggression, their population—hence, their cereal needs—grew greatly.[55] This demographic growth could occur for two reasons only. Once Turkey fully and formally recognized Russia's right to send merchant ships through the Dardanelles in 1783,[56] the Russians and Ukrainians were at last in a position to market their grains in the Aegean. Second, the Russians were able to stimulate Aegean demographic growth by furnishing the emerging Greek or Greco-Albanian merchant marine with an abundance of freight, allowing Greek merchant ships to fly the Russian flag, and authorizing their own merchant marine to be manned by Greek crews.[57]

The Russo-Turkish wars of the latter part of the eighteenth and early part of the nineteenth century were partly a consequence of the Russian ambition to export a portion of their grain production beyond the western confines of the Black Sea to regions in which a higher price normally prevailed, and of the desire of many of the Turkish and perhaps some of the other inhabitants of Istanbul to preserve their ancient right to preempt the cereals and other food products of the Black Sea. All Ottoman governments lived in fear of urban disturbances and public remonstrances against high prices and food scarcity. They thus had to strive to weaken or nullify those treaty provisions that empowered Russian merchant ships to pass through the Turkish Straits in either direction. War against Russia therefore could be popular among the little people of Muslim faith in the Ottoman capital, who no more desired boats charged with grains to pass from Istanbul to the Aegean than did their governments. The Turkish wars against Russia could easily assume the guise of resistance to the high cost of living.[58]

Under the threat of French political and economic aggrandizement in the eastern Mediterranean, however, Russia and Turkey signed a convention on August 20, 1798, whereby a Russian fleet of thirteen vessels was admitted through the Bosporus and Dardanelles so that it might join the Turks in a concerted naval action against France. Armed with an encyclical from the Patriarch of Constantinople inviting the Greeks of the Ionian Islands to cooperate with the two new allies in shaking off French revolutionary tyranny, the combined fleets quickly seized the meagerly garrisoned islands of Cerigo, Zante, Cephalonia, Ithaca, and Santa Maura; after a siege of several months they took Corfu. A year later, on March 21, 1800, the Russians and Turks consented to the union of the islands as an autonomous republic which, like the republic of Ragusa, was required to acknowledge Ottoman suzerainty and pay a regular tribute. It was also agreed that Russian troops should remain in occupation of the fortresses and ports of the new republic until the restoration of peace in Europe.

On July 9, 1807, on the heels of the Tilsit meeting between Alexander I of Russia and Napoleon, a secret Franco-Russian convention was signed by which, in violation of the Russo-Turkish accord, Russia (at war with Turkey since 1806) returned the Ionian Islands to Napoleon.[59] In exchange, Alexander obtained Napoleon's acquiescence, in the event that peace could not be mediated between Russia and Turkey, to the statement that France and Russia would "come to an arrangement with each other to detach from the yoke and vexations of the Turks all the provinces of the Ottoman Empire in Europe, the city of Constantinople and the province of Rumelia excepted."[60] A year later, Napoleon reluctantly acceded to Russia's occupation of Moldavia and Wallachia.

Mutual distrust between the two powers did not abate. Early in 1812, in preparation for the increasingly inevitable conflict with Napoleon, Russia reluctantly concluded peace with Turkey, restoring Moldavia and Wallachia to Ottoman suzerainty. But a Corfiot Greek in Tsar Alexander's service, Count John Capo d'Istria (Capodistrias), proposed to the Russian sovereign in 1816 that he order mobilization again in order to persuade Turkey to agree to a confederation of Moldavia, Wallachia, and recently insurgent Serbia.

In Capo d'Istria's scheme, the three Danubian territories were to remain under Ottoman suzerainty. In slightly modified form, Turkey was to retain its right to preempt food products needed for the capital. Capo d'Istria's proposal further specified that each of the three Danubian lands should be governed by a ruler drawn from a German princely family and that the three provinces should be placed under joint Russian and Austrian protection, or perhaps even under the protection of Russia, Austria, Britain, and France.

Alexander had learned, however, that war waged on the Danube against traditionalist Turkey was a vehicle of revolution. His answer was clear: "All that is fine thought, but to make it work would require the firing of cannon, and that I do not want. There has been enough of wars on the Danube; they demoralize armies, as you yourself can bear witness. Peace, moreover, has not yet been consolidated in Europe, and the makers of revolutions would like nothing better than to see me at odds with the Turks."[61]

The antirevolutionary obsession of Russian governments led them on occasion to forsake or minimize Russian economic interests. In the short run, a discordance between political ideology and economic advantage was frequent, and the two approaches were sometimes almost irreconcilable. In the long run economic interests were not neglected.

Aided by notions of Slavic unity and by a sense of mission to liberate the Orthodox world, Russia ultimately turned its attention to the defense of its Black Sea trade. Countries are perhaps drawn to war periodically by contradictory, semirational, almost inexplicable forces, so that in the history of human societies periods of peace and war alternate and peace culminates dialectically in war. Russia too may have been lured again into war by impulses of this kind. But rational explanations are not wanting, and Vernon John Puryear may be correct in his conclusion that "one of the outstanding reasons" for the Russo-Turkish war of 1828 to 1829 was the "Turkish interference with the export trade of Odessa and the other Black Sea ports of Russia."

During the Greek war of independence (1821 to 1829), Turkey adopted a policy of "visiting" or searching Russian merchant vessels and confiscating the wheat and tallow aboard. Turkish officials not only delayed the departure of vessels until they obtained a firman authorizing their passage through the Straits but allowed them to leave only after their captains had ingratiated themselves by distributing bribes or gifts. Such abuses were finally corrected by the treaty of Adrianople (September 14, 1829), which deprived Turkey of the right of preemption to Russian and other Black Sea (Moldavian, Wallachian, and Bulgarian) goods, established complete freedom of trade on the Black Sea and the Danube, and guaranteed to merchant ships a clear right of transit through the Straits.[62]

Russia secured these rights for itself (and others), however, only by resorting to war. The outcome of the conflict was an unprecedented blow to Ottoman forces of tradition. Resulting in the creation of an independent Greek state and of an autonomous Serbia, in the loss of Turkish rights of priority to the products of the Black Sea, and in the issuance by Russia of organic statutes or charters to the Rumanian principalities, the war had the even more radical effect of introducing into the Ottoman Empire the very notion of fashion and fashionableness,[63] and in other ways undermining the Ottoman conception of a society of statuses.[64] No previous war or act of diplomacy had ever quite so emphatically served the cause of Balkan modernization as the Russo-Turkish War of 1828 to 1829 and the treaty of Adrianople. In effect, though not in purpose, they were symbolic acts of the long, splendid, disturbing drama to which Robert R. Palmer has given the name "Western Revolution."

Shortly after its founding in 1794 at the site of the fishermen's village of Hajibey, the port of Odessa took over Kherson's function as the chief Black Sea emporium for the export of grains and other agricultural produce from the estates of the landlords of Podolia, Volynia, and the Ukraine.[65] In fact, Odessa quickly became Russia's principal wheat export center. But on each occasion of war between Russia and Turkey (1806 to 1812, 1828 to 1829) or of civil and national war in Turkey (the Greek war of independence of 1821 to 1829), the wheat exports of Odessa suddenly declined. In 1808, for example, it exported 104,000 chetverts or 217,880 hectoliters (100 chetverts equal 72 British imperial quarters, 594.5 U.S. bushels, or 209.5 hectoliters) of wheat; in 1809 and 1810 its wheat exports were still more negligible, and in 1811 they amounted to 145,000 chetverts (303,775 hectoliters). In 1817, a year of relative calm and peace, they rose to 1,100,000 (2,304,500 hectoliters). After 1821 Odessa's wheat exports fell again, with an annual average of 685,000 chetverts (1,435,075 hectoliters) for the period 1815 to 1826.[66]

Between 1793 and 1830, the export of grains from Russia as a whole—both northern and southern—constituted a similar pattern of ups and downs (Table 4).

Grain exports from Black Sea and Sea of Azov ports at times declined precipitously in consequence of Russia's recurrent difficulties with Turkey between 1783 and 1829. A rising trend in grain (mostly wheat) exports from this region was nevertheless evident. From 68,731 chetverts (143,991 hectoliters) in 1786, Black Sea and Sea of Azov grain exports rose to 162,000 chetverts (339,390 hectoliters) in 1793; 666,093 (1,395,465 hectoliters) in 1824; 928,391 (1,944,979 hectoliters) in 1825; 1,016,160 (2,128,855 hectoliters) in 1826; 1,746,528 (3,658,976 hectoliters) in 1827; fell to 100,697 chetverts (210,960 hectoliters) in 1828; and attained 373,229 chetverts (781,915 hectoliters) in 1829; 2,247,942 (4,709,438 hectoliters) in 1830; 1,185,109 (2,482,803 hectoliters) in 1831; and 1,688,307 (3,537,003 hectoliters) in 1832.

In compensation for the decline in Black Sea exports during the war years 1828 and 1829, there was a sharp rise in 1830, followed by normal peacetime exports in 1831 and 1832. But the Russian harvests of 1833, 1834, and 1835 were very poor, and grain exports from Russia's Black Sea and Sea of Azov ports fell to 619,457 chetverts (1,297,762 hectoliters) in

TABLE 4: AVERAGE ANNUAL EXPORT OF RUSSIAN GRAINS, 1793-1830

Years	(in chetverts)	(in hectoliters
1793-1795	400,000	838,000
1800-1805	2,218,307	4,647,353
1806-1810	595,953	1,248,522
1811-1815	549,620	1,151,454
1800-1813	1,719,820	3,603,023
1816-1820	2,770,869	5,804,971
1815-1824	2,115,000	4,430,925

1833, and 132,396 (277,370 hectoliters) and 712,264 chetverts (1,492,193 hectoliters) in 1834 and 1835. Nature's interference with Russia's export trade thus was sometimes as grave in its effects as an involvement in war with Turkey.

Despite nature and politics, however, a rise in grain exports from Russia's southern areas was bolstered. The yearly average export of Russian grains from Black Sea and Azov ports was 1,096,911 chetverts (2,298,029 hectoliters) for 1826 to 1830; 806,507 (1,689,632 hectoliters) for 1831 to 1835; 2,092,689 (4,384,183 hectoliters) for 1836 to 1840; and 2,100,529 (4,400,608 hectoliters) for 1841 to 1845.

Between 1827 and 1846, a yearly average of 508,992 chetverts (1,066,338 hectoliters) was despatched from Russia's Black Sea and Azov ports to Turkey and Greece. Before 1845, Russia's Black Sea areas were linked primarily with the eastern and central Mediterranean. A third of their cereal exports went to Istanbul, other parts of Turkey, Greece, and the Ionian Islands. Another third was destined for Trieste, Genoa, Livorno, and Marseille.

TABLE 5: AVERAGE ANNUAL EXPORT OF RUSSIAN GRAINS, 1831-1910

Years	(in millions of chetverts)	(in millions of hectoliters)
1831-1835	1.1	2.3
1824-1846	1.6	3.4
1847	5.9	12.4
1844-1853	5.5	11.5
1856-1860	4.0	8.4
1861-1865	8.4	17.6
1866-1870	14.8	31.0
1871-1875	20.4	42.7
1881-1885	31.8	66.6
1891-1895	46.4	97.2
1896-1900	46.6	97.6
1901-1905	60.1	125.9
1906-1910	61.1	128.0

Russia's grain exports achieved another spurt—more important than the one based on its earlier emergence as a Mediterranean power—as a result of the northern European potato blight of the mid-forties and of the repeal in 1846 of the English corn laws. Large quantities of grain were thereafter shipped to Great Britain.

Between 1860 and 1905, in response to Europe's urbanization, shipments grew still more considerably. Continuing to follow the Mediterranean route, they grew in quantity as their destination ceased to be primarily Mediterranean.

If one may give credence to official statistics and estimates, Russia's grain exports expanded as follows between 1831 and 1910 as shown in Table 5.[67]

The transformation of the

TABLE 6: GRAIN EXPORTS FROM GALATIA AND BRĂILA, 1837–1847

Year	Wheat Exports (chetverts)	(hectoliters)	Maize Exports (chetverts)	(hectoliters)
1837	350,000	733,250	213,000	446,235
1838	494,000	1,034,930	157,000	328,915
1839	499,866	1,047,219	248,000	519,560
1840	509,014	1,066,384	354,959	743,639
1845	645,894	1,353,148	372,001	779,342
1846	513,644	1,076,084	623,815	1,306,892
1847	807,440	1,691,587	1,200,013	2,514,027

Fig 31. Trebizond (Trabzon), early eighteenth century. Source: Bibliothèque Nationale (Paris), Cartes et Plans, Ge.FF.5781: [Joseph] Pitton de Tournefort, *Relation d'un voyage du Levant fait par ordre du Roy, contenant l'histoire ancienne et moderne de plusieurs isles de l'Archipel, de Constantinople, des côtes de la mer Noire, de l'Arménie, de la Georgie, des frontières de Perse & de l'Asie Mineure*, 3 vols. (Lyon: chez Anisson et Posuel, 1717), III, 79. Courtesy, Bibliothèque Nationale (Paris).

southern Russian areas into a source of supply for Britain of wheat, maize, and other cereals prompted a sharp British reaction. To reduce its dependence on Russia, Britain strove to increase its cereal imports from the Ottoman principalities of Wallachia and Moldavia. Between 1837 and 1847, the export of wheat and maize from the ports of Galati and Brăila grew as shown in Table 6, much of the produce going to Britain:[68]

The export of all varieties of grains from these ports amounted to 612,500 chetverts (1,283,188 hectoliters) in 1837; 662,500 (1,387,938 hectoliters) in 1838; 838,750 (1,757,181 hectoliters) in 1839; and 930,000 (1,948,350 hectoliters) in 1840.[69] Another estimate sets the exportation of grains from Brăila at 1,419,700 hectoliters in 1850 and 2,959,011 in 1851. Grain exports from Galaţi amounted to 865,516 hectoliters in 1850 and 1,536,328 in 1851. A third of the two ports' cereal trade went to Britain.[70]

From a British standpoint, it was imperative that no great power should obtain control of the grains of the whole northern and western Black Sea littoral. Since the Ukraine and Bessarabia were politically already Russian, the logic of the case called for a British denial to Russia of the right to occupy or control Moldavia, Wallachia, and Bulgaria, in all of which cereal production was to augment constantly during the nineteenth century. According to one estimate, grain cultivation in Bessarabia increased by nine times between 1814 and 1861, while the average per capita product rose from 1.7 chetverts (3.56 hectoliters) between 1812 and 1825 to 3.6 chetverts (7.54 hectoliters) between 1860 and 1868. In other words, Bessarabia's per capita cereal output was doubled. By the 1860's Bessarabians were able to market 35 percent of their cereal crops.[71]

In a New York *Tribune* article of April 27, 1855, Karl Marx emphasized the importance of the grain question in bringing on the Crimean War: "The growing value of the Danubian countries as granaries forbids England to allow their gradual absorption into Russia, and the closing of the navigation of the Danube by the same power. Russian grains form already a too important item in British consumption, and an annexation of the corn-producing frontier countries by Russia could make Great Britain entirely dependent upon her and the United States, while it would establish these two countries as the regulators of the corn-market of the world."[72]

Britain sought at the same time to place an ever greater portion of its manufactures in eastern Mediterranean, Near Eastern, and maritime Balkan markets. Its conquest of Ottoman markets occurred in three stages. Although its share in Ottoman trade declined during the first half of the eighteenth century, it was subsequently slowly restored.[73] By curbing French commerce during the French revolutionary and Napoleonic wars, Britain further improved its position. The third stage was ushered in at Russia's expense after 1840, proceeding from Britain's assertion as the world's foremost industrial power.

In 1825, Britain sold 2.5 percent of its production of cottons to Turkey; in 1855, when its output was much greater, it sent 11 percent to Turkey. Other major British exports to Turkey were refined sugar, hardware, cutlery, other iron and steel products, unwrought tin, woolens, and woolen yarn. By 1850, Turkey was the third most important outlet for British manufactures, after the Hanse towns and the Netherlands;[74] and most of Wallachia's supplies of hardware, cottons, muslins, and imported woolen cloth were of British origin.[75] About a quarter of Turkey's trade was with Britain and almost 15 percent with Russia in 1853. By 1861, 40 percent was with Britain and only 5 percent with Russia.[76]

In the early decades of the nineteenth century, the Russians held a virtual monopoly of trade in foreign manufactures in Trebizond. After 1840, British goods flowed into western Asia from two directions, by way of the Indus and through the Straits; and Russian trade at Trebizond was put on the defensive.[77] The number of British ships passing through the Dardanelles grew from 250 in 1842 to 1,397 in 1848 and 1,741 in 1852.[78]

Many different personal and public logics explain the Crimean War, and in some ways the war was illogical. While noting the lack of logic or the multiplicity of logics, however, one should also observe that the logic of existing economic relations seemed to demand that Britain uphold Turkey against Russia. In responding to this logic, Britain extended its interest from the southern to the eastern maritime zone of the Balkans and became a formidable obstacle to Russian economic expansion.

Britain had ranked first in the Russian import and export market throughout the period 1827 to 1853, but the comparative relations of production were soon to change on the European continent. Even before the Crimean War, conditions had begun to prevail which would eventually make rivalry between Russia and Britain somewhat less relevant, and Russian rivalry with Prussia, and subsequently Germany, more serious. From eighth place among Russia's trade partners in 1827, for example, Prussia jumped by 1853 to second place.[79] And as Russia succeeded in putting increasingly larger amounts of its farm crops on Europe's markets, it became a threat to eastern German agriculture.

After the Franco-Prussian War, the world price of wheat fell, remaining at a low level until World War I. In Russia, the agricultural crisis was particularly acute after 1885. The fall in wheat prices resulted in part from the reduction in transportation costs (from which the highly industrialized regions benefited most), made possible by the rapid diffusion of the steamship and railroad. The price of wheat was further depressed, however, as areas with low labor costs, such as India, or with a capital-intensive agriculture, such as parts of the United States, put more and more grains on the world market.[80] Occupying an intermediate position between the countries with very low labor costs and those with a capital-intensive agriculture, Russia had to export ever greater quantities of wheat in order to realize an equivalent profit. The tripling of Russian land prices between 1863 and 1897 undermined still more the competitive position of Russian producers.[81]

Official Russia reacted to the agricultural crisis by instituting a program of systematic industrial development. To the Russo-German misunderstandings in agriculture was thus added a new misunderstanding in the realm of industry. Bismarck's foreign policy of alliance with Russia was subverted, and power shifted in the new Germany to great functionaries and businessmen who knew statistics and to a new Emperor, William II, who promoted their ambitions. Precisely because the new men were economists and businessmen of acumen, however, commercial relations between Germany and Russia suffered only during a brief transitional period, namely, 1891 to 1894.[82]

Although Russia tripled its grain exports between 1881 and 1901 it was reduced by 1880 to second place as a world exporter of grains.[83] With the expansion of Russia's own urban economy, the amount of wheat directed to export markets declined from almost half the total Russian harvest in the 1880s to a quarter between 1901 and 1905 and 15 to 16 percent in 1912 and 1913. This occurred despite the growth in the value of grain exports from 31 percent of Russia's total export trade between 1861 and 1865 to two fifths or more in the period 1880 to 1904.[84] At the same time, Russian Black Sea exports to Europe grew substantially—from 28 percent of Russia's total exports to Europe, during 1842-1846,[85] to 43.3 percent in 1910.[86] Instead of diminishing, Russia's need for uninterrupted access to the Mediterranean grew.

The Straits were denied to Russia approximately one year out of ten during the nineteenth century, namely, during part of the period 1806 to 1812 and in 1828 and 1829, 1853 to 1855, and 1877. Even during the Italo-Turkish war of 1911 to 1912, when Russia and Turkey were not embroiled in war with each other, Russian exports by way of the Straits declined. In the first six months of 1912, for example, Russian Black Sea exports of cereals and cereal products were 45 percent less than those of the corresponding 1911 period.[87] As the Black Sea gained in commercial importance to Russia, however, Russia needed more assurance than ever that the two narrow channels connecting the Black and Aegean seas would not suddenly be closed to its ships.

Russia's interest in the Balkans, on the other hand, did not derive from the greatness of trade between the two regions. Their trade relations might have grown if Russia had industrialized more rapidly, but because of the industrial and commercial power of western and central Europe it was impossible to establish in the Balkans the kind of trading pattern Russia had with the Far East and central Asia. Between 1842 and 1846, for example, 60 percent of Russia's exports to Asia comprised manufactured articles; its exports to Asiatic Turkey and Persia included metal manufactures, leather, porcelain, and woven goods. During the same years, 96 percent of Russia's exports to Europe consisted of raw materials and semifinished goods.[88]

Russian economic relations with the Balkans were of a third type, that is, relatively negligible after the mid-nineteenth century. The nature of trade between the two areas depended on political decisions and on their respective factor endowments. But Russian and Balkan factor endowments were similar. Where differences existed, it was generally more advantageous for each area unit to export elsewhere. Since the two had very little but raw materials to export to each other and since Russian manufactures were in a weaker competitive posture than those of geographically closer and technologically superior western and central Europe, they traded very little with each other.

The importance of cereals in the export economy of Moldavia and Wallachia has already been noted. Much the same held true in Bulgaria and Serbia, especially after 1860. By the period 1906 to 1912 cereals formed 56 percent of Bulgaria's export trade, and by 1910 they were valued at two-fifths of Serbia's exports.[89]

The senior adviser in the Russian foreign ministry from 1856 to 1887, A. G. Jomini, thus wrote to his superior on October 9, 1878, concerning the Balkan Slavs: "They have nothing to sell to us and nothing to buy from us, nor do we have anything to sell or buy there."[90] Indeed, Russia's share in the trade of the Balkan countries continued to remain low even after its program of industrialization was well under way.

TABLE 7: RUSSIA'S SHARE IN THE TOTAL TRADE OF THREE BALKAN STATES, 1909-1912

Country	Percent of Imports from Russia	Percent of Exports to Russia
Rumania	2.7	1.0
Bulgaria	3.9	0.2
Serbia	2.4	0.0

Between 1909 and 1912, the percentage share of Russia in the import and export trade of three of the Balkan states thus broke down as shown in Table 7.[91]

Over the longer period 1884 to 1911, Serbian imports from Russia varied from a low of 0.5 percent of its total imports in 1907 to a high of 4.8 percent in 1895, with a general tendency to level off at 2 percent. Serbian imports from Russia grew significantly after 1904, but imports from other countries grew proportionately, and there was therefore no perceptible increase in the scale of imports from Russia. Exports to Russia averaged well under 1 percent of Serbia's total export trade throughout the period 1899 to 1909.[92] Poor roads and distances were a key factor in limiting trade between the two countries.[93]

As for capital investments, Russia's role in the Balkans was again negligible except for loans made for what were primarily political purposes. Private investments in the Balkans were not particularly encouraged by the Russian government. Investment capital thus flowed into the Balkans mainly from western and central Europe, while Russian capital investments, like Russian manufactures, were destined primarily for the home market or for various parts of Asia.[94]

Trade Routes and War Routes

Russia traded principally with Europe and with the Black Sea and Aegean areas. Its trade with the latter, moreover, was proportionately greater in the two decades before 1840 than in the subsequent half century. Finally, in an effort to bypass the narrow sea lane of the Straits, which it could not control, Russia began to show a greater interest in the Balkans proper. Russia was consequently drawn to the Balkans for essentially political reasons.

From Odessa, Taganrog, and other Russian Black Sea ports extended a system of sea routes which converged at the Bosporus to become one route, controlled on both sides by enemy artillery and fortifications until a second strait—the Dardanelles—was passed. Russia's interest in the Balkans was at least partly one of finding other routes. Had it been able to do this, it might have been able to stimulate its commerce with the Balkans. But even if Russia had discovered another route, it could not have used it to place its chief export product—grain—on the European and Mediterranean markets simply because the land routes were so much dearer than the sea routes.

Russia had built a Black Sea navy in the reign of Catherine II, but the Russian navy's inferiority to the British and French navies remained always in evidence, even in the eastern Mediterranean, where Britain could resort to "gunboat diplomacy," especially in relations with Greece. On learning of the Greek military coup d'état of September 15, 1843, as a consequence of which King Othon had to grant the Greeks a *syntagma* or "constitution," the French and British quickly despatched several warships and other boats to Piraeus. But as late as October 10, the Bavarian minister to Athens, Karl von Gasser, was able to inform his government: "Russia is not represented by a single bark."[95]

After its occupation of Bessarabia at the beginning of the century, Russia had acquired control of the Sulina channel of the Danube delta. The efficient quarantine regulations it instituted on the Sulina in 1829 kept the plague out of Moldavia and Wallachia in 1835. But the other powers, especially Austria and Britain, claimed that Russia's quarantine regulations were designed to hinder non-Russian and promote Russian trade. Why else should the normal quarantine period at the Sulina channel be twenty-eight days as against merely six at Odessa? Moreover, despite the Austro-Russian commercial treaty of 1840 binding the Russian government to improve navigation facilities on the Sulina, Russia neglected to deepen the channel.

Commenting on his trip from Galaţi to Istanbul on the Austrian steamship *Metternich* (Lloyd Line) during the mid-1840s, the Russian diplomat Nicholas K. Giers, then on assignment in Moldavia, frankly admitted in his unfinished memoirs (written while he was minister to Stockholm, 1873 to 1875):[96]

> The estuary of the Danube along which we sailed divides into three arms, the Kilia, the Sulina, and the St. George. All of them were then in our possession. We directed our course along the Sulina arm, the only navigable one at that time, but with great difficulty because of the shallow water. Like the estuary of the Nile, which forms a delta, the estuary of the Danube has sand bars, so navigation over it was often impossible. It was Russia's responsibility to clean the estuary, but we did this for the sake of appearances only, because it was not to our advantage to make this route easier for foreign trade with the Black Sea region to the detriment of Odessa, whose development was rapidly proceeding at that time. I recall that at the beginning of my service in the Asiatic Department [which, among other things, was concerned with Ottoman and Balkan affairs] complaints from foreign powers with respect to this became so insistent that in order to pacify them the Ministry of Foreign Affairs decided to send to Sulina Active State Counselor Rodofinikin (the son of the famous K. K. Rodofinikin who directed our Eastern policy for many years) to investigate the question on the spot. This pacified the foreign governments, but not for long, because they soon were convinced that the Danubian commission headed by Rodofinikin would achieve nothing. The question was important particularly to Austria. It is not surprising, therefore, that following the unfortunate Crimean campaign Austria succeeded in setting up in 1856 a European commission which is also active today in the estuaries of the Danube. The work of this commission, which costs tens of millions, was crowned with success, and navigation in this region no longer presents difficulties.

Because of the obstacles to navigation before the Crimean War, lighters had to carry grains and other merchandise from the Sulina to the open sea, where the goods were reloaded on ocean freighters. Since such transshipment was unnecessary for boats calling at Odessa, freight rates from Odessa were lower than those from the Danubian ports. Being generally inferior to the wheat of Odessa, the wheat of the Rumanian principalities had to be sold more cheaply. But the high freight rates were sometimes a deterrent to sales.[97]

At the conclusion of the Crimean War, the treaty of Paris (1856) provided for the creation of a riverain commission, which was made up of one representative each from Württemberg, Bavaria, Austria, Turkey, Serbia, Wallachia, and Moldavia, and was charged with the removal of impediments to navigation on the Danube. The treaty likewise called into being the European commission mentioned by Giers, which was made up of one delegate each from Great Britain, Austria, France, Russia, Sardinia, and Turkey, and whose function it was to superintend the proper initiation of the previous provision. While supposed to transfer its powers to the riverain commission after two years, it refused to surrender control. The lower Danube thus remained under its authority until World War I, to the detriment sometimes of the riparian states.[98]

The treaty of Paris further required the dismantling of the Russian Black Sea fleet, and by depriving Russia of Bessarabia it disqualified it as a riparian power and member of the riverain commission. Having lost the partial control of the mouth of the

Danube it had exercised earlier, Russia began to show an interest in alternative routes.

In 1850 and 1851, the Serbian government had sought international approval for an Adriatic route which would extend across Serbia to Ottoman Novi Pazar, Peć (Ipek), Djakovica, Prizren, and Alessio (Lesh), along the valleys of the Ibar, White Drin, and Drin. Fearful that the road might facilitate and encourage Serbian aggrandizement, Turkey opposed the project. Austria pursued a similar course in order to prevent Serbian economic emancipation and the emergence of a possible rival to Trieste. Prior to the Crimean War, even Russia had been hostile to the project, in evident fear that Moldavia and Wallachia might make use of the new route and in that way narrow Bessarabia's commercial role.[99]

Russia's opposition to a transversal road (or railway) linking Serbia and Wallachia to the southern Adriatic may have been based on the belief that it would eventually acquire the Straits. The Crimean War momentarily dashed such expectations.

Official Russia nevertheless objected to the joining of the Ottoman and European railways even in the 1860s. Apprehensive of its ability to prevent this, however, Russian diplomacy was ready by 1869 to assent to the connection of the Ottoman and Austro-Hungarian railways by way of Bosnia, where the difficulties of the terrain made construction possible only at a great cost in time and money. For military and political reasons alike, Russia continued to oppose the junction of Balkan and Austro-Hungarian railways by way of Serbia. In any event, the Russian ambassador to Istanbul, General Nicholas Pavlovich Ignatiev, appears to have taken action in 1873 to bar a solution of the Ottoman railway question in Serbia's favor.[100] Toward 1875, however, a portion of the Russian press started to agitate in favor of a railway line to extend southward from the Danube to Bar (Antivari), Ulcinj (Dulcigno), or San Giovanni di Medua (Shëngjin) on the Adriatic, and continue northward by way of the Rumanian railway system to Odessa.[101]

After the war of 1877 to 1878, the Russian government threw its support to a line that was supposed to run from Ruse (Rusçuk) or Svishtov (Sistova) to the Maritsa valley, thus corresponding to the line of advance of the Russian army during the 1877 campaign. The chief advantage of this route was its convenience for the movement of Russian troops toward the Straits in case of war with Turkey or Britain. But the treaty of Berlin put Bulgaria under obligation to construct an international line from the Serbian frontier to Sofia and thence to the Turkish frontier. Bulgaria could not afford to build two lines simultaneously, and since the proposed Russian line was of slight economic value, whereas the Sofia-Niš-Belgrade line could serve to bring Bulgarian goods to central European markets, it opted for the second solution.[102]

In 1886, a Russian railroad contractor and financier, Samuel Poliakov, tried to persuade the Russian government to aid his company and affiliates to form a syndicate in the Netherlands to buy up existing shares in Balkan railroads, including the Ruse-Razgrad-Shumen-Varna line, which had been built with British capital and opened to traffic at the end of 1866.[103] Early in 1887, however, Britain, Italy, and Austria-Hungary signed an agreement to maintain the status quo in the Mediterranean, Adriatic, and Aegean seas. The Russian government's Mediterranean policy was thereby further circumscribed, and Russia lost interest in the promotion of schemes such as Poliakov's.[104]

Economic historian David S. Landes defines "imperialist exploitation" as the "employment of labor at wages lower than would obtain in a free bargaining situation" or as "the appropriation of goods at prices lower than would obtain in a free market. Imperialist exploitation, in other words, implies nonmarket constraint."[105] The Great Powers forced the Balkan states to build railroads, improve the Danube, and create the kind of transportation system that at least initially was of primary advantage to the dominant countries. The underdeveloped Balkan nations were thus constrained to pay for part of the continued economic expansion of the economically most highly developed European countries.

Of all the European powers, Russia shared least in the program of aid to the *developed* countries that had been imposed on the underdeveloped Balkan nations by the Great Powers and their bourgeoisies. Although Russia's limited economic power (rather than selflessness) accounts for this peculiarity, it is certain that "imperialist exploitation" by Russia was of less significance than that by any other European power.

Russian industrialization, moreover, entailed the importation of an ever-greater quantity of tools and other industrial commodities for the development of an industrial economy. As a result, Russian trade was diverted increasingly to Germany. By 1900, Germany had replaced Britain as Russia's chief trading partner, and Germany's position continued to improve between 1900 and 1913. Imports to Russia from Germany grew from an average of 35.8 percent of Russia's total import trade between 1901 and 1905 to

TABLE 8: GERMANY'S TRADE WITH TURKEY, 1882-1913

Year	Exports (in marks)	Imports (in Marks)
1882	5.9	1.2
1888	11.7	2.3
1890	34.1	9.6
1893	40.9	16.5
1895	39.0	22.0
1900	34.4	30.5 (or 30.2)
1904	75.3	43.4
1905	71.1	51.5
1906	68.6	55.1
1910	104.9	67.4 (or 67.5)
1911	112.8	77.6
1913	98.4	74.0

52.7 percent in 1913, while Russian exports to Germany increased from 23.5 to 31.7 percent of Russia's total export trade.[106]

At the same time, German commercial expansion hurt Russia's position in the Near East. After 1895, flour and beet sugar were the only Russian products able to compete on the Istanbul market with German goods.[107] German exports to Turkey, and imports therefrom, grew on the other hand in the manner shown in Table 8.

From fifteenth on the list of exporters to Turkey in 1886, Germany jumped by 1910 to the rank of second or third. Germany, Italy, and Austria-Hungary were also elbowing France out of the Turkish market, and they were in the process of overtaking Britain.[108]

German capital, moreover, was being invested in Rumania and Bulgaria, and Russia was concerned lest Germany and Austria-Hungary—both by that time important capital investors in the Balkans and Near East—combine forces and exercise still greater control over the economic and political life of the Balkans and Asia Minor.[109]

A major factor in the growth of Germany's share in Ottoman commerce may have been the direct and relatively rapid flow of goods from Germany, Austria, and Hungary to Istanbul, which was made possible by the joining of the European and Ottoman railway systems in the summer of 1888. The German aim of a northwest-southeast trans-Balkan railway was realized, whereas the Russian goal of a north-south railroad in the eastern Balkans or of a northeast-southwest Balkan railroad was frustrated.

As late as 1887, no German capital was invested in Ottoman railways. Germany quickly took advantage of the new Balkan railway system, however, to become the dominant power in Turkey. By 1892, the Deutsche Bank and its collaborators controlled the railways of Turkey from the Austro-Hungarian border to Istanbul and began to sponsor a project that was soon known as the Berlin-to-Bagdad railway scheme.[110]

Turkey meanwhile had become indebted to European investors, and in 1881 the Great Powers had set up an Ottoman public debt administration, with an executive body known as the Council, comprising one representative each from the United Kingdom, France, Germany, Austria-Hungary, Italy, and Turkey. The Council exercised control over the assessment and collection of revenues earmarked for Turkey's creditors.

With its finances and indirectly its entire economy under *five-power control*, the Ottoman Empire was one of the two regions of the world—China was the other—on which was successfully imposed the principle of the "Open Door." In Egypt, the principle of *dual control* had been operative since 1876, when the profligate khedive Ismail, unable to meet his growing debts to European creditors, had transferred Egyptian finances to the control of French and British agents. If, however, there was a dual financial control, there was but one military control. The latter had been established in 1882, when, without French assistance because of strong opposition to colonialism in the Chamber of Deputies, Britain had suppressed an Egyptian revolt fanned by xenophobia and led by militant nationalists.[111]

At the close of the nineteenth and the opening of the twentieth century, the danger of a world conflagration was greatest perhaps in the areas under multiple-power control—the countries of the "Open Door"—and along their peripheries, where one of the powers normally exercised exceptional privileges, namely in such countries as Egypt, Bosnia-Hercegovina, Indo-China, Serbia, and Manchuria. In Serbia, Bosnia-Hercegovina, and the Ottoman Empire, however, Russian financial control was even more negligible than Russian commerce.

But following defeat by Japan in 1904 and 1905,

Russia shifted its attention to obtaining French and British consent to Russian annexation of the Straits.[112] Increasingly worried over what would happen to its Mediterranean line of communications if the Ottoman Empire suddenly collapsed and another power replaced it at the Bosporus,[113] Russia clung to a policy of spheres of influence. As Germany became a greater threat to their trade, Britain and France grew less reluctant to yield to Russia's ambition to rule the Straits. They agreed to this, however, only in 1915, during the turmoil of the Great War.

Before official Russia and Russian commercial and agrarian interests could realize their aspirations, the Russian Revolution fatefully intervened. Condemning the tsarist policy of spheres of influence, the new Soviet government formally renounced Russian rights to the Straits.

Noneconomic Dimensions

Russian domination in the Balkans was primarily ideological. Even in this respect, however, Russia was less successful than many other European countries. Moreover, the appeal of Russian ideas and ideals, whether in the realm of religion, of literature, or of politics, was not equally alluring to all parts of the Balkans.

In Greece, the early links with Russia had been both religious and economic. Following its war of independence, however, Greece created an autocephalous or national church, which failed for a time to obtain the recognition and approval of the patriarchate of Constantinople; the patriarchate, on the other hand, was the recipient of Russian support. The economic links between Russia and Greece similarly grew proportionately weaker after 1830.

Bulgarian connections with Russia were primarily of a geographical and mythical character. The geographical relationship is self-evident. The mythopoeic link took the form of belief in the return of a legendary savior called *diado* or "ancestor" Ivan and may have had a factual basis in the deeds of Ivan III (1462 to 1505),[114] who liberated Muscovy from its dependence on the Tatars, laid claim to all the lands of former Kievan Rus, married a Byzantine princess, and assumed the Southern Slavic title of Tsar, or Caesar.

Legends about the might of Moscow and its ruler spread during his reign to all Russian lands, and the myth of *diado* Ivan may have been fashioned in Bulgaria in the latter part of the fifteenth century, when expectations of a savior and of the millennium were widely current in the Ottoman-dominated Balkans. In the millennial dreams of the Slavic and Orthodox world, the year 1492—known to them as 7000—was regarded as the end of the cosmic "week" of seven cosmic "days" each a thousand ordinary years long, and therefore as the occasion for the day of judgment and the abolition of historical time.[115]

As historical time continued to oppress the Balkan peoples, however, legends foretelling the coming of a savior gathered force. The legend of *diado* Ivan may have benefited from this general inclination, particularly since Ivan (Jove or Jupiter) was also one of the magical names of the South Slavic peasants of Hungary for the mythical savior who, they believed, would liberate them.[116]

The Muscovite state of the fifteenth and sixteenth centuries, however, was more concerned with promoting regular trade relations with the Ottoman Empire and securing Ottoman protection against the intrigues of the khanate of Crimea than with protecting the Balkan Christians or liberating the Southern Slavs. Not until the reign of Fedor I Ivanovich at the end of the sixteenth century did a vague Russian ideology of delivering Moldavia, Wallachia, Bosnia, Serbia, and Hungary from bondage start to take shape.[117]

This liberation ideology had a basis in community of religion and/or similarity of language and ethnic origin, and Russia propagated it in the eighteenth century by furnishing the Pannonian Serbs with teachers and with grammars and other printed books.[118] Russian influence also spread among the Serbs of Hungary through the flow of a small number of Serbian students—at least sixty-five in the eighteenth century—to Russian theological, civil, and military schools.[119]

Except for the odysseys of Orthodox monks, however, such links were rare with the Southern Slavs south of the Danube and Sava until 1840, when a program of scholarships for Bulgarian students was instituted at the Odessa seminary.[120] The program of Russian scholarships was accelerated soon thereafter, and about five hundred Bulgarian students were awarded such grants between 1856 and 1876. The Slavic Benevolent Society of Moscow, which was founded in 1858, was particularly active in enabling Bulgarian students to go to Russia.[121]

A similar influence was felt in the principality of Serbia at about the same time, although Russian influence in education became important there only after the revolution of 1848. In 1839, the Serbian government had established a program of stipends which made it possible for a few Serbian students to obtain a higher education abroad at the expense of the state, and in that year all ten recipients of state stipends were sent to Austria and Saxony.[122] A few students were later sent to the University of Paris, but for a time there were no state scholarships for study in Russia.

In 1847, the Russian agent Colonel Danilevskii tried to persuade the Serbian government to recall its students from the German states and France and redirect them to Russia. Although Danilevskii does not appear to have had much immediate success, Russian influence rose in Serbia after Russia's intervention in 1849 against the Hungarian revolution. In January 1850, the French consul in Belgrade advised his government of the Serbian senate's refusal to name state scholars to western Europe but of its authorization of six state grants for study in Russia.[123] Perhaps under the influence of the Russian consulate, an article appeared a few days later in the official Serbian newspaper castigating those Serbian functionaries who had chosen to study in western Europe and denouncing their "French ideas" as contrary alike to human nature and divine law.[124] The Russian consul general in Belgrade, General Dmitrii Sergeevich Levshin, sought to dominate the Serbian government by overseeing the nomination of public officials and intervening sometimes in other affairs. The tiny group of young Serbians who had been educated in France and held a few administrative posts tended to give their support to the Serbian minister of the interior, Ilija Garašanin, who had come to be identified as an opponent of the Russian "party."[125]

As in the rest of Europe, however, the forces of reaction were then strong. Early in 1852, under Levshin's influence, the Serbian government appointed an émigré Serb and graduate of the schools of Odessa and Kiev, Aleksa Vukomanović, to the chair of national history, language, and literature at the Lyceum (the future University) of Belgrade. One of Vukomanović's Odessa professors, the émigré Serb Simon Platonović, was summoned the following year to reorganize the Lyceum and assume the function of chief inspector of schools. But the sharp reaction of Serbian teachers against his attempts to regulate all aspects of their lives, from the way to lecture to the way to shave, persuaded the government in 1855 to dismiss him.[126]

If influence can be measured in terms of the flow of Serbian students to Russian schools, however, it continued to grow in importance. In 1863, when nineteen Serbian students were holders of state scholarships in various European schools, six of the nineteen held appointments in St. Petersburg and Kiev.[127] As of 1865, moreover, the number of scholarships extended to Serbia by the Russian government and various Panslav organizations increased substantially. In 1866, among the recipients of Serbian state stipends made available through the offices of the Russian ministry of foreign affairs was the future Serbian socialist leader Svetozar Marković. The increase in scholarships for study in Russia seems to have been in part the fruit of efforts exerted by the anti-Ottoman and anti-Habsburg Panslavist Nicholas Pavlovich Ignatiev, who between 1868 and 1877 served as Russian envoy and ambassador to Istanbul.

Between 1868 and 1888, the St. Petersburg Slavic Committee enabled one hundred and four men and sixteen women students to study in Russia; of this number, fifty-eight men and six women, or 53 percent, were from Serbia.[128] The chief sponsor of Bulgarian students, on the other hand, was the Moscow Committee. Serbian students were thus drawn to Russian schools where western European influences were strong, whereas Bulgarian students were drawn to schools with a more purely Russian orientation. Moreover, more Bulgarians than Serbians, perhaps four times as many, were recipients of Russian-sponsored stipends. On a per capita basis, however, the proportion in favor of Bulgaria was less great. What made the Russian impact stronger in Bulgaria than in Serbia was the scarcity of western European outlets for Bulgarian students until Bulgaria was made an autonomous principality in 1878.

Russia's endeavors between 1840 and 1880 to accomplish in belief and ideology what it could not achieve in the material and economic spheres were subverted by a variety of forces. Until 1848, and even until 1860, a program of Slavism might have won the support of many Balkan Slavs, but the Russian government failed to demonstrate such an interest until after the Crimean War. When it was finally ready to take advantage of the ideology of Slavism, there were only two peoples—the Bulgarians and the Montenegrins—who were still attentive to the call. In Serbia and Vojvodina, on the other hand, liberals and radicals denounced the hegemonistic aims of Russian Panslavism.[129] After 1860, regional nationalisms replaced Slavism as a force of attraction to the Slavs of Serbia and Austria-Hungary. Slavism, moreover, could never win the support of the non-Slavic peoples of the Balkans, notably the Greeks, Rumanians, Albanians, Jews, Arumanians, Gipsies, and Turks.

Another ideology to which the Russian government appealed was Orthodoxy. Orthodoxy had been weakened, however, by the formation in Greece and Serbia of autocephalous churches, which were only spiritually and nominally under the direction of the patriarchate of Constantinople. Russia later encouraged the creation of a Bulgarian exarchate, but Greeks, Serbs, Rumanians, and the patriarchate of Constantinople regarded the exarchate as an agent of Bulgarian nationalism in religious garb. Among the non-Bulgarian Slavs of the Balkans, moreover, Orthodoxy had been enfeebled by the diffusion of secularism, and it could not appeal to Southern Slavs of Roman Catholic and Muslim faith.[130]

There was consequently a time gap or cultural lag between the value systems of the Russian Panslavists and Russian government and the ideologies of the Balkan élites. The ideologies of the new Balkan élites were nationalism, secularism, modernism, liberalism, radicalism, and socialism, all suspect to the Russian government. Russian Panslavists and volunteers who went to Serbia in 1875 and 1876 to fight in the war against Turkey discovered to their dismay that Serbia was, in comparison to Russia, almost a European country, with a social structure and habits of mind quite different from those prevalent in Russia.[131]

A further complication in the relations between Russia and the Balkan Slavs was the Russian government's expectation of greater loyalty from the Southern Slavic countries than from its own subjects. As the Russian envoy, Colonel Prince Vasilii Andreevich Dolgorukii, seems to have said in 1838, "Serbia's comportment toward Russia should be like that of a Turkish woman toward her husband. Not only should she be faithful, but she should neither show her face nor talk to any other man."[132] Suspecting their Russian advisers of a similar attitude toward Bulgaria, sensitive Bulgarian nationalists forced the Russians to leave their country in the 1880s, almost oblivious to Russia's crucial contribution to the achievement of Bulgarian autonomy and constitutional government.

The Russian government, moreover, pursued in general a policy of maintaining the Ottoman and Habsburg empires at least partially intact as a barrier against the "empire" of revolution. Russian agents sometimes misinterpreted, reinterpreted, and exceeded their government's aims, thus misleading both the Balkan peoples and other countries as to official Russia's real intentions. Official Russia might occasionally entertain the notion of giving succor to a rising of the Balkan Christians in defense of Christianity; it could not tolerate national and social insurrection. Even the Panslav ideal could succeed in appealing momentarily to official Russian circles only after Russia's defeat in the Crimean War, which Russia waged in part as a religious crusade.[133] But if there was one idea around which Balkan liberals and radicals could rally, it was the belief in the need to destroy the Ottoman and Habsburg empires.

Cultural Mission of the Small Fry

What an illusion, however, to assume that only great powers strive to dominate and establish an economic, political, or ideological imperium! Did not Russia and Rumania both lay claim to the province of Bessarabia? Further south, as early as 1832, soon after the institution of a nominally independent Greek state, Russia and Greece similarly found themselves at odds, divided by rival claims to Constantinople and the Byzantine heritage. Against the various Russian visions of the future emerged the "Great Idea" of the Greeks, namely, a revived Byzantium under Greek hegemony.[134]

As early as 1843 or 1844, at the suggestion of Polish leaders who were envious of Russian power and sought to bring the Southern Slavs under their own influence, Serbian leaders began to embrace the notion of expansion to the Adriatic as a means of freeing the Serbs from their economic dependence on Austria.[135] By the end of the century, thinking in terms of an outlet to the sea was more or less general among Serbian commercial, professional, military, and bureaucratic elements. In 1912, as noted in a previous chapter, the famous Serbian geographer Jovan Cvijić vigorously defended Serbia's claim to Albanian-inhabited territories and to communications rights across northern Albania to the southern Adriatic as an "anti-ethnographical necessity."[136] In a despatch of November 30, 1912, the British minister to Belgrade complained to his government that the Serbians were "quite off their heads" in their "visions of blue seas and Servian ships in the offing bringing home the wealth of the Indies."[137]

Among the Bulgarians, the policy of an "anti-ethnographical necessity" took the form of claims to the whole of the ethnically mixed region of Macedonia and to eastern Serbia and of a search for access to the Aegean. After 1878, their aspirations were codified in the form of demands that the "Great Bulgaria" provided for by the Russian-sponsored treaty of San Stefano be made a reality.

Under the influence of bourgeois values, even peasant leaders began to advocate a policy of "anti-ethnographical necessity." In a book published in 1904 under a title that one may aptly translate as *Modern Colonization and the Slavs*, the Croatian Peasant party leader Stjepan Radić evinced a Slavophile and Dostoevskian mood in his assertion of the destiny of the Slavs to become the "cultural nucleus and psychic mirror of the whole of humanity." Radić further contended that "we Danubian Slavs are far more able than the Germans to revitalize the Danubian region and colonize and awaken Asia Minor to a new life. The Germans nevertheless trample over us and the Rumanians and Magyars, not to mention the peoples of Asia Minor, as if we were in the swaddling clothes of civilization and only on the first rung of national consciousness."

One of the reasons for Russia's failure to expel the Turks from the Balkans, he claimed, was its reliance on religion (Orthodoxy) and on the unprogressive Orthodox Slavic peoples. If, instead, Russia had put its trust in the progressive Czechs, Croatians, and Hungarians, that is, the Danubian peoples, the results might have been quite different.

Radić looked forward to the total destruction of Ottoman power. But espousing the view that the region between the Danube and the Bosporus prospered only when regular and frequent commercial intercourse existed from one end to the other and when it was organized as a single political entity, he envisaged the need to establish another political unit to take its place, this time under the leadership of the Danubian Slavs. On the premise that such a state could not long endure unless it controlled both shores of the Bosporus, he proposed that Asia Minor be converted into a colonial area under the domination of the Danubian Slavs. By their ties of religion, he thought, the Muslim Slavs of Bosnia-Hercegovina were suited to play an especially important role in promoting Danubian commerce with the Near East.[138]

Against the policy of "anti-ethnographical necessity" were raised the voices of Balkan socialists, chief among them Serbia's Dimitrije Tucović. At the First Balkan Social Democratic Congress in Belgrade, February 7-9, 1910, Tucović and other Balkan socialists harshly condemned the narrowly nationalist and hegemonistic programs of the Balkan bourgeoisies. Simultaneously, they chastised the great powers for their intervention in Balkan affairs. In the eyes of Balkan socialists, the Balkan and Yugoslav questions could be understood properly only in the framework of the larger problem of relations between dominant and dominated peoples or between colonizing and colonial countries. By pursuing a policy of self-determination, they intended to abolish the colonial status of the Balkan peoples.[139]

Balkan bourgeois nationalists, peasant leaders, and socialists had at least one goal in common: to limit the authority of the Great Powers and extend that of their own ideal states and social systems. Aspiring to become "eagles," "bears," and "lions," the small fry of the Balkans sought to augment their own ability to dominate by winning adherents to their own conceptions of self-determination and necessity. This orientation was anti-Russian only occasionally. In practice, it worked sometimes to Russia's advantage. In either case, however, the main aim was to promote not the goals of official Russia but rather those of one or more individual Balkan nations, of the Balkans as a whole, or of some large or small Balkan social group.

In this study of the evolving and yet almost stable make-up of Russo-Balkan relations over several centuries, attention has been drawn to some general as well as to particular aspects of domination and imperialism. The object of focusing on both the goals and the limits of Russian dominance in the Balkans has been to show how the political, economic, and other forms of dominance were a direct function in part of particular spatial and cultural relationships, and how the temper and degree of dominance tended to acquire a long-term character. Thus, from the rise of Russian might to World War I and the 1917 Revolution, a broad variety of structures—geographical, economic, psychological, ideological, international, and specifically national and social—conspired to make Russia's ability to dominate in the Balkans less emphatic than that of the other European states. The study of Russian imperialism in the special local environment of the Balkans has put into relief the enduring features of Russo-Balkan relations. In a more indirect way, it may have cast some light on the general importance of the long view in history.

Notes

*I am grateful to Barbara and Charles Jelavich, Daniel C. Matuszewski, and Herbert H. Rowen for their valuable comments on an earlier draft of this essay.

1 N. V. Gogol, *Sobranie sochinenii*, Vol. V. *Mertvye dushi: Poema* (Moscow: Gosudarstvennoe izdatelstvo khudozhestvennoi literatury, 1953), pp. 229–30, 258. My own translation.

2 Fernand Braudel, *Civilisation matérielle et capitalisme (XVe–XVIIIe siècle)*, I (Paris: Armand Colin, 1967), p. 314.

3 N. A. Smirnov, *Rossiia i Turtsiia v XVI–XVII vv* (Moscow, 1946), II, 18.

4 [J. C. Hobhouse] Lord Broughton, *A Journey through Albania, and Other Provinces of Turkey in Europe and Asia, to Constantinople, during the Years 1809 and 1810* (2nd ed.; London: Printed for J. Cawthorne, 1813), pp. 977–78.

5 Paul Rycaut, *The History of the Turkish Empire from the Year 1623 to the Year 1677* (London: Printed by J. M. for John Starkey, 1680), pp. 6–7. For further comments on the villages of Yeni Köy (or Yeniköy), Büyük Dere (or Büyükdere), and Isteniye, see Robert Mantran, *Istanbul dans la seconde moitié du XVIIe siècle*, Bibliothèque Archéologique et Historique de l'Institut Français d'Archéologie d'Istanbul, XII (Paris: Adrien Maisonneuve, 1962), pp. 83–85. Wealthy or otherwise privileged Stambouliots had established summer residences in such villages, but these settlements also performed other functions. Yeni Köy, for example, was the place of residence of many captains and owners of merchant ships. Büyük Dere provided shelter for vessels when a storm threatened from the north. Isteniye was a shipbuilding village, whose craftsmen were especially skilled in the construction and repair of caiques.

6 B. H. Sumner, "Peter the Great," *History*, XXXII (March 1947), pp. 42–49.

7 Joseph A. Schumpeter, "The Sociology of Imperialism," *Imperialism, Social Classes: Two Essays by Joseph Schumpeter*, intro. Bert Hoselitz, trans. Heinz Norden (New York: Meridian Books, 1955), pp. 6, 62–65.

8 François Perroux, "Esquisse d'une théorie de l'économie dominante," *Economie Appliquée*, I, 2–3 (April–Sept. 1948), 243–300. See also Raymond Aron, "Nations et empires," *Dimensions de la conscience historique* (Paris: Plon, 1961), p. 209. Aron's article first appeared in *Encyclopédie Française*, XI (1957), 11-04-1 to 11-06-8.

9 A. A. Novoselskii, *Borba moskovskogo gosudarstva s tatarami v pervoi polovine XVII veka* (Moscow: Akademiia Nauk SSSR—Institut Istorii, 1948), pp. 293–307; B. H. Sumner, *Peter the Great and the Ottoman Empire* (Oxford: Basil Blackwell, 1949), p. 16.

10 Fred Cottrell, *Energy and Society: The Relation between Energy, Social Change, and Economic Development* (New York: McGraw-Hill, 1955), pp. 19–20; Braudel, *Civilisation matérielle*, I, 116.

11 *Ibid.*, I, 18–42; Voltaire, "Histoire de l'Empire de Russie sous Pierre le Grand," *Oeuvres historiques*, ed. René Pomeau (Paris: Gallimard, 1957), pp. 354–55, 377–78; Jerome Blum, *Lord and Peasant in Russia from the Ninth to the Nineteenth Century* (New York: Atheneum, 1965), pp. 121–22; Traian Stoianovich, *A Study in Balkan Civilization* (New York: Alfred A. Knopf, 1967), pp.162–64.

12 W. E. D. Allen, *The Ukraine* (Cambridge: Cambridge University Press, 1941), pp. 66–67; Peter I. Lyashchenko, *History of the National Economy of Russia to the 1917 Revolution*, trans. L. M. Herman (New York: Macmillan, 1949), pp. 344–45; Irena Gieysztorowa, "Guerre et régression en Masovie aux XVIe et XVIIe siècles," *Annales: Economies, Sociétés, Civilisations*, XIII, 4 (Oct.–Dec. 1958), pp. 651–68.

13 Boris Nolde, *La Formation de l'Empire russe: Etudes, notes et documents*, 2 vols. (Paris: Institut d'Etudes Slaves, 1952–1953), II, 140–44, 147–52, 193–95, 229–58; N. D. Polons'ka-Vasylenko, "The Settlement of the Southern Ukraine (1750–1775)," *The Annals of the Ukrainian Academy of Arts and Sciences in the United States*, IV–V (Summer–Fall 1955), pp. 272–75; V. M. Kabuzan, *Narodonaselenie Rossii v XVIII-pervoi polovine XX v.* (Moscow: Akademiia Nauk SSSR, 1963), p. 164; William H. McNeill, *Europe's Steppe Frontier, 1500–1800* (Chicago: University of Chicago Press, 1964), pp. 191–202.

14 Edward Louis Keenan, Jr., "Muscovy and Kazan: Some Introductory Remarks on the Patterns of Steppe Diplomacy," *Slavic Review*, XXVI, 4 (December 1967), p. 557.

15. McNeill, *Europe's Steppe Frontier*, p. 186.

16 Richard Hellie, ed. and trans., *Readings for Introduction to Russian Civilization: Muscovite Society* (Chicago: Syllabus Division of the College of the University of Chicago, 1967), p. 26.

17 James H. Billington, *The Icon and the Axe: An Interpretive History of Russian Culture* (New York: Alfred A. Knopf, 1966), p. 40; Bertrand Gille, *Histoire économique et sociale de la Russie du Moyen âge au XXe siècle* (Paris: Payot, 1949), pp. 67–69; Carlo M. Cipolla, *Guns, Sails, and Empires: Technological Innovation and the Early Phases of European Expansion, 1400–1700* (New York: Pantheon Books, 1965), pp. 59–60, 144–45.

18 Gille, *Histoire économique*, pp. 88–90, 96–101; Roger Portal, *L'Oural au XVIIIe siècle: Etude d'histoire économique et sociale* (Paris: Institut d'Etudes Slaves, 1950); Portal, *Les Slaves: Peuples et nations* (Paris: Armand Colin, 1965), pp. 156–59; Arcadius Kahan, "Continuity in Economic Activity and Policy during the Post-Petrine Period in Russia," *Journal of Economic History*, XXV, 1 (March 1965), pp. 72–77.

19 Stoianovich, "The Conquering Balkan Orthodox Merchant," *Journal of Economic History*, XX (June 1960), pp. 254–59; Stoianovich, *A Study in Balkan Civilization*, p. 87; Cipolla, *Guns, Sails, and Empires*, pp. 92–99.

20 [Pierre Chevalier], *A Discourse of the Original, Countrey, Manners, Government and Religion of the Cossacks, with Another of the Precopian Tartars*, [trans. Edward Brown] (London, 1672), preface by Edward Brown, cited by Lubomyr Vynar, "The Question of Anglo-Ukrainian Relations in the Middle of the Seventeenth Century," *The Annals of the Ukrainian Academy of Arts and Sciences in the United States*, VI, 3, 4 (21, 22) (1958), 1411–1418. Comparisons between the sea and steppe have been made repeatedly. One of the most interesting, drawn in 1918, identified "the main conditioning feature" of the nomadic societies of the Eurasian steppe as their "openness to traffic—the general absence of obstacles and the existence of easy routes in every direction—that tends to keep peoples who commit themselves to it in a permanent state of vagrancy; and this vagrancy, once set up, helps in turn to keep the country open by discouraging settlement and cultivation, which are greater obstacles to nomadism than any physical barriers.

"The command of this open steppe country is in some respects more like sea power than power on land. Like sea power, it is ultimately indivisible. The whole breadth of the steppe, from north to south, is needed for the nomad's summer and winter pasturage, and as his flocks and families increase, he is bound to come into conflict with his neighbours east and west, for in steppe herdsmanship there is practically no possibility of intensive exploitation. Such conflicts arise periodically, and the weaker tribe is either pushed off the steppe altogether or decimated and incorporated by the conqueror. And the conqueror of the steppe, like the master of the sea, can operate at will on any of its coasts, for movement across the steppe involves merely the expenditure of time and not the surmounting of obstacles."

The foregoing article also makes a careful distinction between the Cossacks—"borderers between steppe and forest"—and the nomads: "The unit of the nomadic tribe is the *kibitka* or movable felt hut, the Cossack unit is the *stanitsa* or palisaded village; and a series of these fortified posts constitutes a Cossack 'host.' The *stanitsas* are generally echeloned along the banks of a river, for the Cossacks have been rivermen since the days when they issued from the Russian forests; and the rivers running out across the steppe from the forests to the Black Sea, at right angles to the path of nomad invasion, are natural lines of defence." See the unsigned article, "Russia, Germany, and Asia," *Round Table: A Quarterly Review of the Politics of the British Empire*, VIII (June 1918), pp. 528, 539, 540.

21 Cipolla, *Guns, Sails, and Empires*, pp. 100–103, 145, 160–62; Fernand Braudel, *La Méditerranée et le monde méditerranéen à l'époque de Philippe II*, 2d rev. and enlarged ed., 2 vols. (Paris: Armand Colin, 1966), II, 282–84, 392–98; Stoianovich, "L'Economie balkanique aux XVIIe et XVIIIe siècles," unpublished doctoral dissertation, University of Paris, 1952, pp. 139–51.

22 Karl Marx, "The Background of the Dispute (1853–1854)," in *The Russian Menace to Europe by Karl Marx and Friedrich Engels: A Collection of Articles, Speeches, Letters, and News Dispatches*, selected and ed. Paul W. Blackstock and Bert F. Hoselitz (Glencoe, Ill.: The Free Press, 1952), p. 141, article first published in New York *Tribune*, June 14, 1853.

23 Montesquieu, *L'Esprit des lois*, 2 vols. (Paris: Garnier frères, 1922), I, Bk. 9, chap. 6, and Bk. 10, chap. 9.

24 Jacob Friedrich von Bielfeld, *Institutions politiques*, 2 vols. (The Hague: P. Gosse, 1760), II, chap. 4, sec. 20, p. 89.

25 C. E. Vaughan, *The Political Writings of Jean Jacques Rousseau (Edited from the Original Manuscripts and Authentic Editions)*, 2 vols. (Cambridge, 1915), I, 100, 297, 321.

26 Albert Sorel, *L'Europe et la Révolution française*, Vol. I. *Les Moeurs politiques et les traditions* (Paris: Plon, [1885]), pp. 30–33; L[eften] S. Stavrianos, *The Balkans since 1453* (New York: Holt, Rinehart and Winston, 1958), p. 193. For a systematic study of the theory and practice of balance of power, 1600–1800, see Edward Vose Gulick, *Europe's Classical Balance of Power: A Case History of the Theory and Practice of One of the Great Concepts of European Statecraft* (Ithaca, N. Y.: Cornell University Press, 1955; published as a paperback in 1967 by W. W. Norton, New York).

27 On liberty and collective liberties in European history, see S. Baille, F. Braudel, and R. Philippe, *Le Monde actuel: histoire et civilisations* (Paris: Librairie Classique Eugène Belin, 1963), pp. 333–41.

28 Charles Verlinden, "Les Origines coloniales de la civilisation atlantique: antécédents et types de structure," *Cahiers d'histoire mondiale, Journal of World History, Cuadernos de Historia Mundial*, I, 2 (October 1953), pp. 381, 384.

29 Arnold van Gennep, *The Rites of Passage*, trans. Monika B. Vizedom and Gabrielle L. Caffee (London: Routledge and Kegan Paul, 1960), pp. 15–16.

30 Jacques Le Goff, *La Civilisation de l'Occident médiéval* (Paris: Arthaud, 1964), pp. 195–96.

31 Albert Howe Lybyer, *The Government of the Ottoman Empire in the Time of Suleiman the Magnificent*, Harvard Historical Studies, XVIII (Cambridge, Mass.: Harvard University, 1913), p. 29.

32 Veselin Čajkanović, "Gostoprimstvo i teofanija," *Studije iz religije i folklora* (Belgrade: Srpska Akademija Nauka, 1924), pp. 1–24, 169–71; Norman Cohn, *The Pursuit of the Millennium* (London: Secker and Warburg, 1957), p. 164.

33 P. B. Struve, *Sotsialnaia i ekonomicheskaia istoriia Rossii s drevneishikh vremen do nashego, v sviazi s razvitiem russkoi kultury i rostom rossiiskoi gosudarstvennosti* (Paris: n. p., 1952), pp. 89–90.

34 Clarence Dana Rouillard, *The Turk in French History, Thought, and Literature (1520–1660)*, Etudes de Littérature Etrangère et Comparée, 13 (Paris: Boivin, foreword dated 1938 [pub. 1940?]), pp. 112–13.

35 *Ibid.*, p. 140.

36 Nicéphore Moschopoulos, *La Terre Sainte: Essai sur l'histoire politique et diplomatique des lieux saints de la Chrétienté* (Athens: n. p., 1956), p. 203; Stoianovich, "The Conquering Balkan Orthodox Merchant," p. 240.

37 *Ibid.*, p. 288; Gabriel Noradounghian, ed., *Recueil d'actes internationaux de l'Empire ottoman*, 4 Vols. (Paris, 1897–1903) 324–52; George Young, *Corps de droit ottoman*, 7 Vols. (Oxford: Clarendon Press, 1905–1906), III, 68; [Antoine-Ignace] Anthoine, baron de Saint-Joseph, *Essai historique sur le commerce et la navigation de la Mer Noire* (2d rev. ed.; Paris: Veuve Agasse, 1820), pp. 156–57.

38 Stoianovich, "The Conquering Balkan Orthodox Merchant," pp. 254–60. For an ampler discussion of the unfavorable effects of the "capitulatory" regime on Ottoman manufactures and the Ottoman economy in general, see Osman Nebioglu, *Die Auswirkungen der Kapitulationen auf die türkische Wirtschaft*, Probleme der Wirtschaft-Schriften des Instituts für Weltwirtschaft an der Universität Kiel, 68 (Jena: Gustav Fischer, 1941).

39 Robert J. Kerner, "Russia's New Policy in the Near East after the Peace of Adrianople; Including the Text of the Protocol of 16 September 1829," *Cambridge Historical Journal*, V, 3 (1937), pp. 280–90.

40 Sumner, *A Short History of Russia* (rev. ed.: New York: Harcourt, Brace and World, 1949), pp. 24–35.

41 G[uillaume] A[ntoine] Olivier, *Voyage dans l'Empire othoman, l'Egypte et la Perse, fait par ordre du gouvernement, pendant les six premières années de la République*, I (Paris: chez H. Agasse, year IX), pp. 233–34.

42 Archives Nationales (Paris), Fonds des Archives Etrangères (hereafter cited as AN, AE), B^{III} 239, memoir on Ottoman trade with Russia, *circa* 1751–1753.

43 AN, AE, B^{I} 905, letter from Amoreux, July 23, 1776.

44 Nicolas G. Svoronos, *Le Commerce de Salonique au XVIIIe siècle* (Paris: Presses Universitaires de France, 1956), pp. 209, 239.

45 Sumner, *Peter the Great and the Ottoman Empire*, pp. 17–25.

46 Stoianovich, "The Conquering Balkan Orthodox Merchant," pp. 273–76.

47 N. S. Derzhavin, "Russkii absoliutizm i iuzhnoeslavianstvo," *Izvestiia Leningradskogo Gosudarstvennogo Universiteta*, I, (1928), 66.

48 Sergei Konstantinovich Bogoiavlenskii, "Sviazi mezhdu russkimi i serbami v XVII–XVIII vv.," in *Slavianskii Sbornik* ([Moscow:] Gosudarstvennoe izdatelstvo polticheskoi literatury, 1947), pp. 260–61. For the activities and role of Šćepan Mali, see Michael Boro Petrovich, "Catherine II and a False Peter III in Montenegro," *American Slavic and East European*

Review, XIV (1955), pp. 169–94, and my own essay in the present volume on "Les Structures millénaristes sud-slaves aux XVIIe et XVIIIe siècles."

49 Derzhavin, "Russkii absoliutizm," pp. 79–81.

50 AN, Fonds de la Marine (hereafter, MAR), B^{7} 453, memoir by de la Colinière on the trade of Kherson in 1785.

51 AN, AE, B^{III} 242, memoir by Fourcade on the commerce of Smyrna, *circa* 1810.

52 AN, MAR, B^{7} 453, memoir by de la Colinière on the trade of Kherson.

53 Jan Reychman, "Le Commerce polonais en Mer Noire au XVIIIe siècle par le port de Kherson," *Cahiers du monde russe et soviétique*, VII (1966), p. 243.

54 AN, AE, B^{III} 242, "Etat des consuls et des agents français à Smyrne et dans les diverses îles de l'Archipel grec," joined to the memoir by Fourcade on the commerce of Smyrna, *circa* 1810.

55 Stoianovich, "L'Economie balkanique," pp. 45–50; Stoianovich, "The Conquering Balkan Orthodox Merchant," pp. 273–74.

56. Young, *Corps de droit ottoman*, III, 65–68; G. I. Brătianu, "Les Observations de M. de Peyssonnel en 1777 sur l'exécution du traité de Koutchouk-Kaïnardji," *Revue historique du Sud-Est européen*, VI (1929), pp. 347–48.

57 Stoianovich, "The Conquering Balkan Orthodox Merchant," pp. 288–89.

58 AN, AE, B^{I} 446, letter from St. Priest, January 10, 1783.

59 E. Rodocanachi, *Bonaparte et les îles Ioniennes: Un Episode des conquêtes de la République et du Premier Empire (1797–1816)* (Paris: Félix Alcan, 1899), pp. 116–69; S. T. Lascaris, *Capodistrias avant la révolution grecque* (Lausanne: Imprimerie Centrale, 1918), pp. 9–12; Edouard Driault, *Napoléon et l'Europe: Tilsit, France et Russie sous le Premier Empire; la question de Pologne (1806–1809)* (Paris: Félix Alcan, 1917), pp. 267–68.

60 Cited by Stavrianos, *The Balkans since 1453*, p. 208.

61 Count John Capodistrias (to His Majesty the Emperor), "Aperçu de ma carrière, depuis 1798 jusqu'à 1822," *Sbornik Imperatorskogo Russkago Istoricheskago Obshchestva*, III (1868), pp. pp. 209–12. My translation of the French.

62 Vernon J. Puryear, "Odessa: Its Rise and International Importance, 1815–50," *Pacific Historical Review*, III (1934), pp. 193–94.

63 On the introduction of fashion in the Balkans and the Ottoman Empire, see Stoianovich, "Material Foundations of Preindustrial Civilization in the Balkans," *Journal of Social History*, IV, 3 (Spring 1971), pp. 246–48.

64 On the Ottoman system of social statuses, see Stoianovich, *A Study in Balkan Civilization*, pp. 131–33; Stanford J. Shaw, "The Ottoman View of the Balkans," in Charles and Barbara Jelavich, eds., *The Balkans in Transition: Essays on the Development of Balkan Life and Politics since the Eighteenth Century* (Berkeley and Los Angeles: University of California Press, 1963), pp. 58–61.

65 Reychman, "Le Commerce polonais en Mer Noire," p. 248; Stoianovich, "The Conquering Balkan Orthodox Merchant," p. 289.

66 Puryear, "Odessa," p. 197.

67 *Ibid.*, pp. 195–97; Grigorii Nebolsin, *Statisticheskoe obozrenie vneshnei torgovli Rossii* (St. Petersburg: Department of Foreign Trade, 1850), I, 2–4, 11–12, 53, 121; II, 457–58; Lyashchenko, *History of the National Economy of Russia*, pp. 367, 520; Margaret Miller, *The Economic Development of Russia, 1905–1914* (2nd ed.; London: Frank Cass, 1967), p. 73; Gille, *Histoire économique*, p. 209. For an overall view of Russia's Mediterranean grain trade, see Patricia Herlihy, "Russian Grain and Mediterranean Markets, 1744–1861," doctoral dissertation, University of Pennsylvania, 1963.

68 Nebolsin, *Statisticheskoe obozrenie*, I, 151.

69 Puryear, *International Economics and Diplomacy in the Near East: A Study of British Commercial Policy in the Levant, 1834–1853* (Stanford, Calif.: Stanford University Press, 1935), p. 136.

70 Thibault-Lefebvre, "Le Commerce de la Valachie," *Journal des Economistes: Revue de la science économique et de la statistique*, 2nd ser., 3d year, Vol. IX (1856), 398–418.

71 S. Grosul, "Istoricheskoe znachenie prisoedineniia Bessarabii k Rossii dlia sudeb moldavskogo naroda," *Voprosy istorii*, No. 7 (July 1962), p. 53.

72 Blackstock and Hoselitz, eds., *The Russian Menace*, p. 187.

73 Dietrich Gerhard, *England und der Aufstieg Russlands: Zur Frage des Zusammenhanges der europäischen Staaten und ihres Ausgreifens in die aussereuropäische Welt in Politik und Wirtschaft des 18. Jahrhunderts* (Munich and Berlin: R. Oldenbourg, 1933), p. 98.

74 Frank Edgar Bailey, *British Policy and the Turkish Reform Movement: A Study in Anglo-Turkish Relations, 1826–1853* (Cambridge, Mass.: Harvard University Press, 1942), pp. 83–86.

75 Thibault-Lefebvre, "Le Commerce de la Valachie," pp. 398–418.

76 Arno Mehlan, "Mittel- und Westeuropa und die Balkanjahresmärkte zur Türkenzeit," *Südostdeutsche Forschungen*, III (1938), 105.

77 Marx, "The Background of the Dispute," pp. 130–31, article first published in New York *Tribune*, April 12, 1853.

78 Puryear, "Odessa," pp. 206–7.

79 *Ibid.*, p. 214.

80 Charles Morazé, *Histoire des faits économiques et sociaux*, "Les Cours de droit" (Paris: Université de Paris—Institut d'Etudes Politiques, 1950–1951), fasc. III, pp. 294–303; L. Tikhomirov, *La Russie politique et sociale* (Paris: E. Giraud, 1886), pp. 231–32; Lyashchenko, *History of the National Economy of Russia*, p. 520; William Woodruff, *Impact of Western Man: A Study of Europe's Role in the World Economy, 1750–1960* (New York: St. Martin's Press, 1967), pp. 268–69.

81 P. A. Khromov, *Ekonomicheskoe razvitie Rossii* (Moscow: Izdatelstvo Nauka, 1967), pp. 332, 355.

82 Morazé, *Histoire des faits économiques*, pp. 294–303; Richard E. Pipes, "Domestic Politics and Foreign Affairs," in Ivo J. Lederer, ed., *Russian Foreign Policy: Essays in Historical Perspective* (New Haven: Yale University Press, 1962), p. 152.

83 Morazè, *Les Bourgeois conquérants: XIXe siècle* (Paris: Armand Colin, 1957), p. 361.

84 Lyashchenko, *History of the National Economy of Russia*, pp. 518–19; Hugh Seton-Watson, *The Russian Empire, 1801–1917* (Oxford: Clarendon Press, 1967), pp. 530, 660.

85 Nebolsin, *Statisticheskoe obozrenie*, II, 452–53.

86 Ia. Zakher, "Konstantinopol i Prolivy," *Krasnyi Arkhiv*, VI (1924), p.58.

87 *Ibid.*, p. 49.

88 Nebolsin, *Statisticheskoe obozrenie*, II, 454, 466.

89 Eugène Zaleski, *Les Courants commerciaux de l'Europe danubienne au cours de la première moitié du XXe siècle* (Paris: R. Pichon et R. Durand-Auzias, 1952), pp. 44–45, for the Bulgarian figure.

90 C. and B. Jelavich, "Jomini and the Revival of the *Dreikaiserbund*, 1879–1880," *Slavonic and East European Review*, XXXV, 85 (June 1957), p. 529.

91 Zaleski, "Les Courants commerciaux," p. 48.

92 Danica Miljković, "Prilozi rasvetljanju privrednih odnosa Srbije i Rusije u XIX veku," in Srpska Akademija Nauka, *Gradja (Documents)*, XII, Istoriski Institut, 9, *Mešovita gradja (Miscellanea)* (Belgrade, 1956), p. 87.

93 *Ibid.*, p. 9.

94 For a bibliography, see Ivo J. Lederer, "Russia and the Balkans," in Lederer, ed., *Russian Foreign Policy*, pp. 425–26. See also Barbara Jelavich, *Russia and the Greek Revolution of 1843* (Munich: R. Oldenbourg, 1966), pp. 19, 21–22; Mirko Lamer, "Die Wandlungen der ausländischen Kapitalanlagen auf dem Balkan," *Weltwirtschaftliches Archiv*, XLVIII, 3 (November 1938), pp. 470–522.

95 Barbara Jelavich, *Russia and the Greek Revolution*, pp. 95–97.

96 C. and B. Jelavich, eds., *The Education of a Russian Statesman: The Memoirs of Nicholas Karlovich Giers* (Berkeley and Los Angeles: University of California Press, 1962), pp. 220–21. *The Memoirs* conclude with the above reflections.

97 Puryear, *International Economics*, pp. 132–36, 207–9.

98 Edward Krehbiel, "The European Commission of the Danube: An Experiment in International Administration," *Political Science Quarterly*, XXXIII, 1 (March 1918), pp. 43–47; Noradounghian, ed., *Recueil d'actes internationaux*, III (1902), pp. 76, 319–20, 335.

99 Archives du Ministère des Affaires Etrangères (Paris), Correspondance Commerciale (subsequently cited as Af. Etr., CC), Belgrade, Vol. II, letters from Théodore Goepp, Oct. 18 and 26, 1850; letters from Limpérani, Dec. 1, 1850, and March 9, 1851.

100 Count Chedomille Mijatovich (Čedomilj Mijatović), *The Memoirs of a Balkan Diplomatist* (London: Cassell, 1917), pp. 18–22.

101 Arthur J. May, "Trans-Balkan Railway Schemes," *Journal of Modern History*, XXIV, 4 (December 1952), pp. 352–67; Wayne S. Vucinich, *Serbia between East and West: The Events of 1903–1908* (Stanford, Calif.: Stanford University Press, 1954), p. 106.

102 Charles Jelavich, *Tsarist Russia and Balkan Nationalism: Russian Influence in the Internal Affairs of Bulgaria and Serbia, 1879–1886* (Berkeley and Los Angeles: University of California Press, 1958), p. 69.

103 J. H. Jensen and Gerhard Rosegger, "British Railway Building along the Lower Danube, 1856–1869," *Slavonic and East European Review*, XLVI, 106 (January 1968), pp. 118–22.

104 Melvin C. Wren, "Pobedonostsev and Russian Influence in the Balkans, 1881–1888," *Journal of Modern History*, XIX, 2 (June 1947), pp. 130–41.

105 David S. Landes, "The Nature of Economic Imperialism," *Journal of Economic History*, XXI, 4 (December 1961), p. 499.

106 Gille, *Histoire économique*, p. 209. German exports to Russia rose from 194.8 million marks in 1894 to 315.5 million in 1904 and 880.0 million in

1913, while German imports from Russia rose during the same years from 543.9 to 818.7 and 1,426.6 million marks. See W. F. Bruck, *Social and Economic History of Germany from William II to Hitler, 1888–1938: A Comparative Study* (Cardiff: University Press Board; Oxford University Press, 1938), p. 118.

107 Lyashchenko, *History of the National Economy of Russia*, p. 724.

108 Edward Mead Earle, *Turkey, the Great Powers, and the Bagdad Railway: A Study in Imperialism* (New York: Macmillan, 1924), pp. 36, 101–7; A. D. Novichev, *Ocherki ekonomiki Turtsii do Mirovoi Voiny* (Moscow, Leningrad: Akademiia Nauk SSSR, 1937), pp. 180–81; B. M. Tupolev, *Ekspansiia germanskogo imperializma v iugo-vostochnoi Evrope v kontse XIX—nachale XX v.* (Moscow: Izdatelstvo "Nauka," 1970), pp. 219–56, on German capital investments and trade in Turkey; p. 250, in particular, on foreign trade statistics. Official statistics underestimate Germany's trade with Turkey, however, in view of the fact that much of it passed through Austria-Hungary. The United States State Department quotes a slightly edited account of the London *Times* of October 28, 1898 ("German Enterprise in the East," by the *Times*' Berlin correspondent), on the growth of German exports to the Levant after the entry into the Ottoman economy, in 1888, of the *Deutsche Bank*. The report provides an excellent account of the German economic penetration of the Ottoman Empire. For details, see United States State Department, *Consular Reports*, LIX (January 1899), pp. 149–51, 220.

109 Zakher, "Konstantinopol i Prolivy," pp. 48–76.

110 Earle, *Turkey*, *passim*; Sydney Nettleton Fisher, *The Middle East: A History* (New York: Alfred A. Knopf, 1959), pp. 333–36.

111 *Ibid.*, pp. 327–29; William Yale, *The Near East: A Modern History* (new ed. rev. and enlarged; Ann Arbor: University of Michigan Press, 1968), pp. 92–96.

112 Lederer, "Russia and the Balkans," pp. 439–43.

113 G. H. Bolsover, "Aspects of Russian Foreign Policy," in Richard Pares and A. J. P. Taylor, eds., *Essays Presented to Sir Lewis Namier* (London: Macmillan; New York: St. Martin's Press, 1956), p. 341; Barbara Jelavich, *A Century of Russian Foreign Policy, 1814–1914* (Philadelphia and New York: J. B. Lippincott, 1964), pp. 272–73.

114 Derzhavin, "Russkii absoliutizm," p. 51.

115 Ivan Dujčev [Duichev], "La Conquête turque et la prise de Constantinople dans la littérature slave contemporaine," *Byzantinoslavica*, XIV (1953), p.46.

116 Eudoxiŭde Hurmuzaki, *Documente privitóre la istoria Românilor*, II, pt. 3 (Bucharest, 1892), pp. 614, 617–18, 623–24. On millennialism among the South Slavs, see my "Les Structures millénaristes sud-slaves aux XVIIe et XVIIIe siècles," included in the present volume.

117 Derzhavin, "Russkii absoliutizm," p. 51.

118 Bogoiavlenskii, "Sviazi mezhdu russkimi i serbami," pp. 252–61.

119 Mita Kostić, "Serbische Studenten an den Universitäten Halle, Leipzig und Göttingen im 18. Jahrhundert," *Südostdeutsche Forschungen*, III (1938), p. 352.

120 Joseph Rothschild, *The Communist Party of Bulgaria: Origins and Development, 1883–1936* (New York: Columbia University Press, 1959), p. 10.

121 Stavrianos, *Balkan Federation: A History of the Movement Toward Balkan Unity in Modern Times*, Smith College Studies in History (Northampton, Mass.), XXVII (October 1941–July 1942) (Menasha, Wis.: printed by George Banta, 1944), p. 119. For a history of Russia's Slavic societies, see S. A. Nikitin, *Slavianskie komitety v Rossii v 1858–1876 godakh* (Moscow: Moskovskii Universitet, 1960).

122 Jevrem Grujić, *Zapisi*, I (Belgrade: Budućnost, 1922), p.54.

123 Af. Etr., CC, Belgrade, Vol. I, fol. 415, letter from Limpérani, *élève consul* in charge of the management of France's consulate in Belgrade, November 18, 1847.

124 *Ibid.*, Vol. II, letter from Goepp, *gérant* of the French consulate in Belgrade, January 16, 1850.

125 *Ibid.*, letter from Goepp, February 20, 1850.

126 Olga Mučalica, "Osnivanje katedre narodne istorije i književnosti i njen prvi profesor u Liceju," *Arhivski Almanah*, No. 1 (Belgrade 1958), pp. 177–90.

127 Grujić, *Zapisi*, I, 54.

128 Woodford D. McClellan, *Svetozar Marković and the Origins of Balkan Socialism* (Princeton, N. J.: Princeton University Press, 1964), pp. 42–43, 47–48; Sumner, "Russia and Panslavism in the Eighteen-Seventies," *Transactions of the Royal Historical Society*, 4th ser., XVIII (London 1935), pp. 44–46.

129 Stoianovich, "The Pattern of Serbian Intellectual Evolution, 1830–1880," *Comparative Studies in Society and History*, I, 3 (March 1959), pp. 259–60.

130 Peter F. Sugar, "The Southern Slav Image of Russia in the Nineteenth Century," *Journal of Central*

European Affairs, XXI, 1 (April 1961), pp. 45–52.

131 David McKenzie, *The Serbs and Russian Pan-Slavism, 1875–1878* (Ithaca, N. Y.: Cornell University Press, 1967), pp. 145–46.

132 Stevan K. Pavlowitch, *Anglo-Russian Rivalry in Serbia, 1837–1839: The Mission of Colonel Hodges* (Paris, The Hague: Mouton, 1961), p. 63, n. 1. My translation from the French.

133 Nicholas V. Riasanovsky, *Nicholas I and Official Nationality in Russia, 1825–1855* (Berkeley and Los Angeles: University of California Press, 1967; paperback edition), pp. 262–65.

134 Barbara Jelavich, *Russia and the Greek Revolution*, pp. 17–18; Stavrianos, *The Balkans since 1453*, pp. 467–68; George G. Arnakis, "The Role of Religion in the Development of Nationalism," in C. and B. Jelavich, eds., *The Balkans in Transition*, p. 134.

135 Stoianovich, "The Pattern of Serbian Intellectual Evolution," p. 247.

136 Jovan Cvijić, "Izlazak Srbije na Jadransko More," *Govori i članci*, 2 vols. (Belgrade: Napredak, 1921), II, 9–25. Cvijić first published this article in a 1912 issue of the *Glasnik Srpskog Geografskog Društva* as an expanded version of an article for *Petermanns Mitteilungen* (December 1912).

137 George Peabody Gooch and Harold Temperley, eds., with the assistance of Lillian M. Penson, *British Documents on the Origins of the War, 1898–1914*, IX, 2 (London: His Majesty's Stationery Office, 1934), p. 234, No. 313.

138 Stjepan Radić, *Moderna kolonizacija i Slaveni*, Poučna Knjižnica "Matice Hrvatske," XXX (Zagreb: Matica Hrvatska, 1904), pp. 220–21, 255–58.

139 Dimitrije Tucović, *Srbija i Arbanija: Jedan prilog kritici zavojevačke politike srpske buržoazije* (Belgrade: Save Radenkovića i braća, 1914); Dimitrije Djordjević, *Révolutions nationales des peuples balkaniques, 1804–1914* (Belgrade: Institut d'Histoire, 1965), p. 226.

6

Prospective: Third and Fourth Levels of History

The goal of a total history—a historical discourse that explains both the dynamism of change and the seeming immobilities—may require an initial elaboration of several different levels or measures of history. According to C. E. Labrousse and Pierre Chaunu, these levels include history with an economic dimension, history with a social dimension, and history from the perspective of the cognitive and affective human functions.[1] All three levels are present in the first two volumes of *Between East and West.* The emphasis falls there, however, on the economic. In the third and fourth volumes, I have moved from an economic to a social and cultural emphasis. I also lay greater stress on the role of ideas, feelings, and shifting power relationships. The fourth or present volume is in large measure a study of cultural and ethnic representations.

Needless to say, the subject of representations—art, folklore, literature, science, religion, and affective experience—requires much further exploration and interpretation. My own contribution has only the limited aim of trying to define cultures—in the present instance, the Balkan and neighboring eastern Mediterranean cultures—by a few key material, social, and ideal signs, and to perceive cultural forms and representations both as structured structures and as structuring and restructuring structures; as instruments of resistance no less than of domination.[2] I may have accomplished this goal partially in my favorite articles, "Material Foundations of Preindustrial Civilization" and "Le Maïs dans les Balkans."

In the final analysis, none of the three levels of historical inquiry culminates in a total history unless it addresses the question of power, defined in John Locke's sense as the ability to move or to resist movement. I trust that scholars will not forsake the economic and social approaches. The most needed explorations, however, may lie at the third level of mind and emotion and at the fourth level of power—not just the power of the momentarily most powerful but the power of all individuals and groups capable of movement and resistance.

Applying local or particular eschatological or mythological beliefs and shamanistic or magical rites (long-lasting traditions or structures) to the goal of abolishing a social order of presumed wickedness, wretchedness, oppression, and asymmetry, in order to restore an imaginary archaic order (but as a perfected *imaginaire*, lying of necessity outside the realm of history) of goodness, well-being, ethno-religious autonomy, and social justice, millennialist movements constitute a particularly appropriate prism for observing the confrontation between two or more human groups and their symbolic representations.[3] In "Structures millénaristes sud-slaves," I have described and analyzed one of the many human complexes of multisecular millenarian tradition that have shaped and directed millennialist actions: South Slavic millennialism. The article, however, does not seem to have fired the imagination of other Balkan and Mediterranean specialists. I therefore welcome the publication of Hue-Tam Ho Tai's *Millenarianism and Peasant Politics in Vietnam* (Cambridge, Mass.: Harvard University Press, 1983), which Michael Adas describes as "a thorough exploration of an entire millenarian *tradition* extending over a century, . . . its multifaceted impact on peasant responses to a difficult frontier environment [Mekong Delta], natural catastrophes, and elite oppression, its alternating phases of relative quiescence, prophetic and proselytizing activity, and occasional outbursts of protest," its manifestations as "confrontational" and as "avoidance protest."[4] Perhaps Ho Tai's example, following Eric J. Hobsbawm's suggestive treatment of millenarian movements in late nineteenth-century Italy (including the rebellious and visionary proclivities of its Albanian communities) and elsewhere,[5] will goad on some Balkanist or eastern Mediterranean specialist to explore some hitherto unknown vision of a land of Cockaigne—hopefully, even an entire millenarian tradition in its long-term setting.

Without attempting at present to explore any other full millenarian tradition—I examine a partial Jewish millenarian tradition in the essay on "The Conquering Balkan Orthodox Merchant"—one may turn to a series of vivid reports of several spectacular events at the close of the sixteenth and opening of the seventeenth century. By reference to these documents and events, one may note, in addition to the South Slavic tradition, two other millenarian traditions—Greek (or Greek, Vlach, and Albanian) and Turkic (notably in

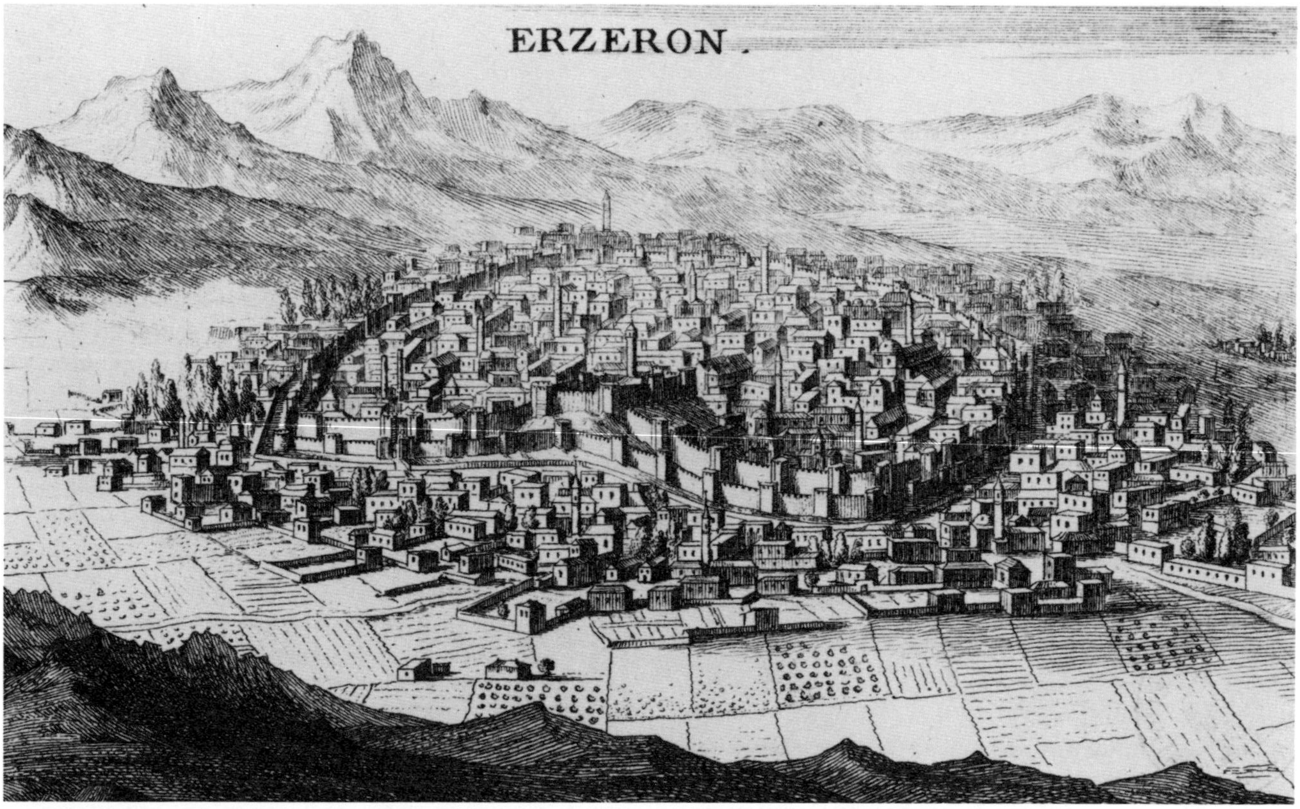

Fig. 32. Erzurum, capital of Armenia, early eighteenth century. Source: Bibliothèque Nationale (Paris), Cartes et Plans, Ge.FF.5781: Pitton de Tournefort, *Relation d'un voyage du Levant*, III, 108. Courtesy, Bibliothèque Nationale (Paris).

Istanbul and in Anatolia)—albeit in partial form, and an Armenian proclivity (until further research proves the contrary) for avoidance protest or the protest of flight.

The German naturalist Leonhart Rauwolff journeyed to the Ottoman Empire in 1573 for a stay of several years. Upon his return, he briefly described the eschatological fears of the Ottoman Turks:[6]

> They have also (as some of them have told me) a peculiar Book, which they keep very close to themselves, wherein is briefly Written, what shall happen to them every Year, whether it be good or bad: This beginneth in the same Year, with their Prophet Mahomet, and continueth for 1000 Year, when this is at an End, they have nothing more of that Nature worth any thing.
>
> And being they go no further, some will deduce or conclude from thence, that their Reign will soon have an end, when those years are passed....
>
> Being then that their Term of Years is near expired, for when I lived in these Places in the year 1575, they writ 982 [A.H.] of this same Term, so that there was not quite 18 [lunar] Years more to come....

Anticipating this prophecy, Turkish predictions dating back at least to 1545 [perhaps of autochthonous origin but with a possible basis in the legend that grew out of the fall, in the fourteenth century, of the *globus* crucifix in the left hand of the equestrian statue of Justinian the Great] held that twelve years (of uncertain length) after the Ottoman capture of the Red Apple (*Kizil Elma*), symbol of world dominion without identifying a specific deed, "the sword of the Infidel shall come forth and put the Turk to flight."[7] Thus, when plague, albeit not a new experience, assaulted the Ottoman Empire in 1590 and 1591, many Turks were convinced of an imminent change for better or worse, for 1592 would inaugurate the second Muslim millennium. Some Turks were ready to believe that the end of Ottoman rule was at hand. Others, like the Ottoman administrator and historian Mustafa Ali, author of an apocalyptic *Mirror of the Worlds* (1587), were distressed by the fact that the world had been turned upside down, victim of avarice and impiety.[8] Thus, in year 1000 of the Hejira, jacqueries spread across the rural districts of Diyarbakir, Erzurum, and Tabriz, and disorders occurred in the Bagdad area.[9]

Fig. 33. Mehmed III. Source: Cantemir, *The History of the Growth and Decay of the Othman Empire*, Part I. Courtesy, Rare Book and Special Collections Division, Library of Congress, Washington D.C.

A Fugger (eminent German financial and business house) newsletter, dated Venice, April 14, 1592, reported a rumor then current:[10]

that in a certain province of Babylon there has been born to a woman of evil repute a child whose father is unknown. The child is reported to be covered with cat's hair and to be a dreadful sight. It began to talk eight days after its birth and to walk after a month. It is said to have intimated that it is the Son of God. At its birth the sun grew dark at midday and on the previous night a mighty flame of fire appeared above its house. Many mountains opened, and in one of these there was seen a column with Hebrew script reading: 'This is the hour of my birth!' On the next day there fell from Heaven a goodly quantity of manna and precious stones; at other places, howsoever, snakes and other horrible creatures. When the child was questioned as to the meaning of this, it made answer: that the precious stones stand for the supreme delight of those who will keep his commandments, the snakes for the martyrdom and castigation of the disobedient. Adoration of this infant has already begun because it has performed great miracles, awakening the dead and making the blind to see and the lame to walk. The populace is being encouraged by a bare-footed friar [dervish?], who alleges that this is the true Son of God.... It is said that the Rabbis have come to the conclusion that this is the Child of Perdition, the Antichrist.

In this same year of the millennium the astrologers of Shah Abbas of Persia (r. 1586–1628) informed him that a great danger threatened the sovereign. To elude that peril Shah Abbas heeded the recommendations of the observers of the heavenly bodies to abdicate his throne for three days, confiding the power of government to an unnamed non-Muslim, presumably a Christian. At the end of the three days the substitute shah was put to death, immolated to gratify the prophecy of the astrologers.[11]

In the Ottoman Empire's eastern territories, inhabited by Turkmen, Arabs, and Kurds, millennialist action may have diminished during the next three or four years, as large numbers of soldiers were sent to the Empire's northwestern frontiers, where it had been at war with Austria (at first unofficially) since 1592. During those years, the rural districts around Belgrade were probably the chief hearth of millennialist action, mobilized in 1594 by the rebellion of the tributary principalities of Transylvania, Wallachia, and Moldavia.

Following an indecisive victory in the Hungarian plain of Keresztes on October 23-26, 1596, the Ottoman troops withdrew to winter quarters in Buda and Belgrade. The withdrawal was accompanied by the mass desertion of many Anatolian soldiers, who were eager to return home.[12] Distrustful of the Balkan apostates to Islam and hostile to the *devşirme* system that rewarded so many converts with high posts,[13] their desertions may have been a partial response to news of the break in the temporary millennialist lull in Western Asia by the appearance in Caramania since March of that year of a man who claimed to be a descendant of the last Seljuks and proclaimed his destiny to institute a regime of social justice.[14]

Another Fugger newsletter, dated Rome, September 14, 1596, weeks before the battle of Keresztes, confirms the continued prevalence of a millennialist state of mind among Christians and Muslims alike: "A flysheet will shortly be printed here announcing that the Ottoman Empire and Mahomed III, the ruling Turkish Emperor, will soon come to an end, and that Constantinople will fall into the hands of the Christians. This is to happen in 1597 or a little later in accordance with the forecasts of all Prophets and of Holy Writ, as well as of the Turks."[15]

By the beginning of 1598 (perhaps earlier) a rumor circulated among the Turks of the coming of a "Sultan Mustafa," one more Mustafa in the long list of pretender Mustafas, promisers of social justice and cultural revitalization.[16] Then, too, appeared on the scene the most redoutable of the pretenders and prophets, a certain Abdalhalim, surnamed Kara Yasici (Yasigi, Yasidzhi).

Known to European observers of the time as *Scrivano*, *l'Ecrivain*, or *l'Ecrivain Noir*, Kara Yasici—in English, the Black Scrivener—was a military commander from Cappadocia, presumably from the district of Urfa. Perhaps mistakenly, he is sometimes identified as a former beylerbey. Describing himself as the scion of an old family of shahs, he also claimed legitimacy on the basis of revelation. A divine voice, he told his followers, had said to him: "To thee belong justice and government."[17]

Thousands of armed men flocked to his side, many of them presumably deserters from the European campaigns or men eager to avoid military service in Europe, where the seizure of booty had become a more perilous, hence less attractive, operation than in the past. At one time he may have had 20,000 men under his personal command. Together with the dozen subordinate commanders who accepted his leadership, he may have been able to muster 50,000 armed men or more. His territorial control extended from the Urfa (ancient Edessa) district westward toward Konya, then under the command of Pasha Hussein.

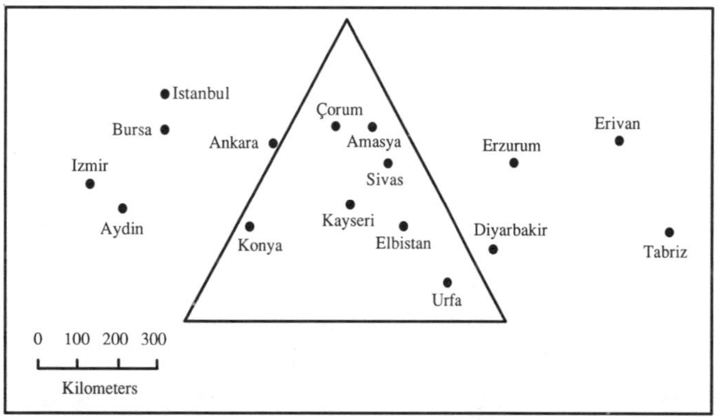

Fig. 34. The Ideal Triangle of the Black Scrivener.

Minting his own coins, calling himself Sultan Hussein Padishah, and issuing an order that his own name instead of that of the reigning monarch Mehmed III be said in public prayers, Pasha Hussein reached an alliance with Kara Yasici. But Kara Yasici was hardly averse to surrendering Hussein to a loyal Ottoman commander. In return for that service, the Black Scrivener obtained a reprieve and was put in command of the sanjak of Amasya.

The three areas that were successively the focus of the Black Scrivener's strength or/and ambition formed an idealized triangle, as shown in fig. 34.

From Amasya, apparently without authorization, the Black Scrivener despatched his troops into the mountainous district of Sivas. Soon thereafter he was named commander of the sanjak of Çorum. Threatening the Ankara-Bursa line of communications during 1600, he also gave battle to the troops of the central government at Kayseri. For that indiscretion he had to answer to the beylerbey of Bagdad, Hasan Pasha, son of the onetime Grand Vizir Mehmed Sokollu (consequently, a representative of the Balkan Islamization of recent date and of the *devşirme* men). In the summer of 1601, Hasan Pasha inflicted a crushing defeat on the Scrivener's forces in the valley of Elbistan.[18]

With the remnants of his soldiery the Black Scrivener thereupon sought refuge in the mountains above the Black Sea. In December 1601, however, soon after the manifestation of discord among the insurgents, Kara Yasici died under unknown circumstances. Three of his erstwhile subordinates had his body ceremoniously cut into forty-five pieces. "As Typhon did with the body of Osiris," writes Hammer von Purgstall, they buried each bodily part far from the others, "so that it would be impossible for the Ottomans to profane the sacred remains of their chief."[19]

There was no end, however, to the rebellions. For about two years, until the Porte named him governor of distant Bosnia early in 1604, the leading rebel was the Scrivener's brother, *Deli* Hasan—Hasan the Furious (or Berserker). Between 1603 and 1607, at least four rebel commanders won general public attention. One of these, Halil the Long, spread terror along the eastern shores of the Dardanelles and in the Aegean districts of Aydin and Saruhan.[20] The most prominent among them was Mehmed Kalenderoğlu,

Fig. 35. A Winged *Deli* (Berserker) horseman, late sixteenth century: hero and rebel. Source: Nicolas de Nicolay, *Discovrs et histoire veritable des navigations, peregrinations et voyages, faicts en la Tvrqvie* (Anvers: chez Arnould Coninx, 1586). Courtesy, Rare Book and Special Collections Division, Library of Congress, Washington D.C.: DR423.N6.1586.

Fig. 36. Demetrius (Dimitrie) Cantemir, Prince Historian, Voivode of Moldavia. Source: Cantemir, *The History of the Growth and Decay of the Othman Empire*, Part I. Courtesy, Rare Book and Special Collections Division, Library of Congress, Washington D.C.

whom the prince historian Cantemir of Moldavia has described as "a famous robber, whose exploits are still celebrated [in the early part of the eighteenth century] in songs call'd *Sharky*."[21] Mehmed Kalenderoğlu was a member of the mystical brotherhood of the Kalender, which in 1607 put to fire the city of Bursa.[22]

Often led by a commander who claimed to be a prophet or both a prophet and a descendant of the Seljuk rulers, inspired sometimes by some dervish or mystical Turkoman *baba* or wandering bard and miracle worker (shaman),[23] the rebellions were not anti-Christian. At the same time, they did manifest an ethnic or ethno-religious character. We have already noted, for example, the hostility of the rebels toward the recent Balkan converts to Islam. Upon closer analysis, that enmity was the reaction of an aristocracy that had lost much of its power and feared losing more through the increasingly favored position in the Ottoman administrative structure of the *devşirme* converts and their descendants, to whom lucrative tax farms (*iltizam*) were being made available in Asia Minor.[24]

Sensitive to this internal colonial conquest (but external from the point of view of the Anatolian aristocracy), the native Turkish aristocracy regarded itself even before the middle of the sixteenth century as the victim of élite displacement.[25] The élite displacement then continued to be structured more fully. The conjunctures of war with Austria between 1592 and 1606 and with Persia as of 1603—thus ultimately a two-front war—required the despatch of hundreds of thousands of troops to the Empire's far-flung frontiers, providing thereby a propitious occasion for resistance and rebellion. As a result, relatively infrequent and con-

Fig. 37. A member of the mystical order of the Kalender, seventeenth century. Source: Paul Rycaut, *The Present State of the Ottoman Empire, Containing the Maxims of the Turkish Politie, the Most Material Points of the Mahometan Religion, Their Sects and Heresies, Their Military Discipline* (London: printed for John Starkey and Henry Brome, 1668; reprinted in 1972 by Gregg International Publishers Limited, Westmead, Farnborough, Hants, England). Courtesy, Gregg International Publishers.

tainable during the sixteenth century, Anatolian rebelliousness acquired a massive character between 1596 and 1607.

The goal of these rebellions was the transformation of the Ottoman system of redistribution, which had been in place since the 1420s. For three years, in effect, the Black Scrivener and his cohorts succeeded in depriving the central government of part of its tax revenues. Upon capture of the citadel of Urfa, for example, in order to compensate his retainers, he ordered a double levy of the *cizye*, or protection head-tax that was payable by male non-Muslim adults.[26] Customs duties on goods conveyed east or west along the Western Asian trade routes similarly accrued to the rebels. Aiming to establish a revised system of redistribution—one favorable to themselves rather than to the *devşirme* men—the "djelali pashas" or rebel aristocrats diverted levies of grains and livestock into their own hands, often abusively. Simultaneously, they lowered the tax dues of their supporters and made booty available to their retainers.

In their role as a diaspora mobilized by the *devşirme* men to serve as mediators, Jews were sometimes convenient victims of rebel aggression.[27] Constituted not only as a mobilized diaspora but also as a peasantry responsible for a substantial portion of the food production of eastern Anatolia, Armenians were yet more suitable targets. The vartabed Arakel of Tabriz, for example, relates that one of the rebel commanders, Osman Pasha, set up winter quarters for his band of a thousand armed men in the village of Carphi (or Carbi) in the mountains northeast of the Armenian holy city of Echmiadzin (in onetime Soviet Armenia). From his village headquarters he sent off his men to collect provisions in the neighboring settlements. In an effort to persuade the villagers to reveal the whereabouts of their hidden "treasures" and stores of wheat and barley, according to Arakel's account, the plundering soldiery beat many of them without pity, hanged some of them by the feet, arms, or genitalia, and passed an arrow through the nostrils of others.[28]

The zone of pillage spread between 1603 and 1607 from Bursa to Erivan and from the Aegean to the Black Sea. Some farmers fled to the hills or sought shelter in the forts. By so shirking their rural tasks, however, they incited the application of even harsher measures of redistribution against those peasants who clung to their homes.

Many Armenians responded to such action by resorting to long-distance flight or protest emigration, resettling in Caffa, Poland, Moldavia, Wallachia, and Rumelia, or fleeing eastward to Tabriz and Ardebil. Moreover, upon his invasion of the eastern Ottoman frontiers in 1604, Shah Abbas implemented a policy of depopulating a deep border area that lay between Tabriz and Erivan, turning it into a human desert. To accomplish that task, he transplanted thousands of Armenian families—perhaps 27,000, of whom 13,000 are said to have survived the transfer—to the silk-producing Caspian provinces of Gilan and Mazenderan. He resettled other Armenians as merchants in his administered silk trade (of which he was the supreme *Verleger*) in New Zulfa, a suburb founded by the Armenians across the river from Isfahan (Ispahan).[29]

The resettlement was followed by a devastating

Fig. 38. Armenian priests in sacerdotal dress. Source: Bibliothèque Nationale (Paris), Cartes et Plans, Ge.FF.5781: Pitton de Tournefort, *Relation d'un voyage du Levant,* III, 275. Courtesy, Bibliothèque Nationale (Paris).

locust invasion and by a famine that lasted from the fall of 1605 to the harvest of 1609 but was particularly deadly from the summer of 1606 until the fall of 1608. After consuming their livestock, peasants resorted to eating horse flesh, cats and dogs, and the flesh of other "impure animals." Under the impact of the crisis, fears of cannibalism abounded. Numerous tales circulated of parents eating their children, and one rumor told of a band of women who enticed stray men into their abode and, after killing them, cooked and ate their flesh. A fear of wolves grew with the other fears, following reports of the frequent penetration of wolves into villages as well as isolated hamlets to prey sometimes upon unwary children.[30]

The combined opportunity for emigration or flight and the great severity of the famine and social crisis created an obstacle to peasant rebellion. A further impediment thereto was the character of the *celâlî* insurrections themselves as movements of powerful groups that were afraid of being deprived of their power. The leaders of these armed rebel groups presumably possessed extensive lineage and prophetic connections with lower-status Turkish farmers and herders and city dwellers.

Millennialist movements, astutely observes Mark Hagopian, [31]

> almost exclusively occur in societies in which the basic form of social structure is the extended family or clan [and its dependent servants, retainers, and client clans]. The clan is organized around a patriarch or matriarch [Turkish society was patriarchal] and embraces cousins to the second or third degree of removal [a yet wider degree of removal prevailed among the Turks and Slavs]. The clan also serves as an economic unit and to some extent as a political unit. In a clan-dominated society, class and sometimes status differences are considerably muted as the clan cuts across or, more precisely, cuts vertically through various social strata.... In fact, the very intimacy of intraclan relations [including the infusion of customs with a religious significance] serves as a model for the nascent messianic community.

To situate the *celâlî* rebellions, Armenian protest by flight, and the Western Asian crisis of subsistence in

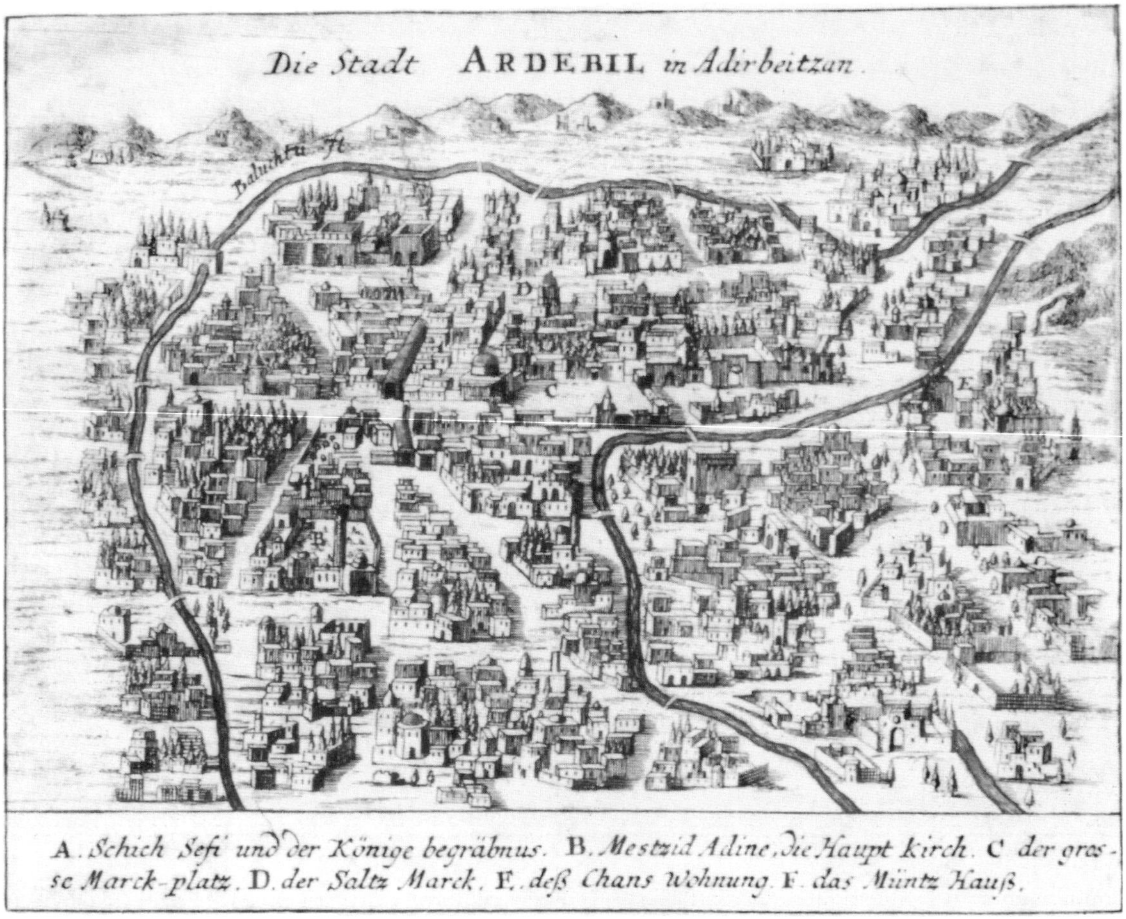

Fig. 39. City of Ardebil in Persian Azerbaijan, eighteenth century. Source: Bibliothèque Nationale (Paris), Cartes et Plans, Gr. Fol. GE.DD.894 (101): "Verschiedene Prospecte der Vornemsten Städten in Persien." The letters identify the following places and buildings: A. Royal Burial Grounds, B. Mosque and Principal Church, C. Great Market Place, D. Salt Market, E. Residence of the Khan, and F. Minting House. Courtesy, Bibliothèque Nationale (Paris).

proper perspective, however, one should also take account of the factor of periodic climatic change, notably, the aggravation in portions of the northern hemisphere, between 1550 and the early decades of the eighteenth century, of the climate of the "little ice age." That change was marked in western Europe by the advance of the Alpine glaciers, the generalization of a colder and wetter climate, and a usual contraction in the period of plant growth. Peaks of climatic worsening were attained between 1594–1602 and during the 1640s and 1690s.[32]

The change in question may have been the product of a shift of the Atlantic cyclonic depression or corridor of low atmospheric pressure from north of the Volga watershed but south of the polar zone to an area passing across the Volga watershed, itself the result of the reinforcement of solar activity. Modifications in the intensity of solar activity appear to cause changes in the location of the cyclonic depression corridor. When solar activity is very strong, the cyclonic depression passes over Scotland, Scandinavia, and the White and Kara seas. In that situation, much precipitation occurs over the Eurasian steppe, the Sea of Aral, and Lake Balkhash. At the same time, the Volga, which provides four-fifths of the water supply of the Caspian, loses precipitation, causing the level of the sea to sink. When solar activity is moderate, the cyclonic depression traverses France, Germany, central Russia, and Siberia. As a result, the Volga headwaters and the other rivers of the Russian forest zone become the focus of precipitation, transforming the region between the Volga and Oka into a marshland. Concurrently, the climate of the southern Asian steppe becomes more arid. When solar activity is feeble, the corridor of the cyclonic depression extends across the Mediterranean, the Black Sea, the northern Caucasus, and Kazakhstan, turning the north-lying Eurasian steppe into a desert and promoting the extension of steppe conditions northward into the forest zone but providing humidity for the Central Asian steppe. As precipitation declines, the rivers of what we know as the forest zone grow shallow, being reduced to narrow marshes. The winters of the area become more rude, its summers drier. As the Volga waters diminish, the level of the Caspian Sea drops. During the same phase of weak solar activity and of the shift of the low-pressure corridor to the Mediterranean, the tundra lakes of the White and Kara seas regions dry up as the permanent glaciation recedes and the lake waters seep into the formerly frozen earth.

Deflected northward from the Mediterranean toward the forest corridor at the end of the thirteenth century, the new territorial basis of the cyclonic depression was dramatically reaffirmed after 1550. The increased precipitation in the forest zone allowed the southward extension of the taiga and the transformation of the Oka region into a broad marshland. In 1601, torrential rains prevented the ripening of crops in central Russia, and this "green" year was followed by several springs during which the seed sown by peasants froze in the ground. The price of bread shot upward. People ate hay and even human excrement. Rumors spread of the sale by vendors of pies of human flesh and, as among the Armenians, of parents who ate their children and even of children who ate their parents.[33] Complicated by domestic and international politics, the Russian "Time of Troubles," like the movements of the "djelali pashas" and the flights of the Armenians to supposedly better lands may have had a partial basis in worsening meteorological conditions.

The same complex of climatic change caused the Caspian Sea to rise by one meter between 1558 and 1587, and the rise was still continuing in the 1620s. Simultaneously, the southern Asian steppe became more arid, accounting perhaps for the previously mentioned ravages by swarms of locusts in Western Asia. Real enough in all the regions affected thereby—a vast area extending eastward from Spain across Europe and the Balkans to Russia, Turkey, Persia, and Kazakhstan—the climatic change was much more acute in the eastern continental regions.[34]

The nature of the interaction between millennialism, confrontation protest, protest of flight, élite displacement, lineage affiliations, tax structure, war, famine, and climate needs much further investigation—not only during other periods but also during the 1590s and the subsequent decade. For practical and theoretical reasons alike, however, I shall now turn to a brief consideration of millennialism among the Greeks.

A prophetic tradition existed among the Greeks no less than among the Turks. The prophecy that a fair-haired people (*xanthon genos*) would vanquish the Turks and free the Greeks—based on an inscription on the tomb of the Emperor Constantine that was interpreted, it is said, by George Scholarius (the future patriarch Gennadius) and subsequently reinterpreted—gained many adherents during the second half of the sixteenth century. It also circulated widely during the reign of Mustafa I (1617-1618 and 1622-1623), and as the two-hundredth anniversary of the fall of Constantinople approached prophecies again

Fig. 40. Isfahan (Ispahan) and New Zulfa, seventeenth century. Source: Bibliothèque Nationale (Paris), Cartes et Plans, Ge.DD. 1268-1269: *Tooneel der Vermaarste Koop-Steden en Handel-Plaatsen van de Geheele Wereld*, 2 parts in one volume (Amsterdam: Joannes [Jan] Jansonius, 1682), part 2, pl. 242. Courtesy, Bibliothèque Nationale (Paris). The letter "R" identifies the Armenian suburb of New Zulfa.

A N
L. Cœnobium Capucinor.
M. Carwansera.
N. Diuersorium Legatorum.
O. Hortus Regius tzarbagh.
P. Schich Schabna.
Q. Senderut fl
R. Izulfa.
S. Tabrisabath
vel Abasabath.
T. Rabath.

Fig. 41. Bridge linking Ispahan to the Armenian suburb of New Zulfa. Source: Bibliothèque Nationale (Paris), Cartes et Plans, Ge.FF.5576: *Les Six Voyages de Monsieur J[ean] B[aptiste] Tavernier, Ecuyer, Baron d'Aubonne, enTurquie, en Perse et aux Indes, pendant l'espace de quarante ans*, nouvelle édition reveüe et corrigée par un des amis de l'auteur, compagnon de ses voyages, & augmentée de cartes & d'estampes curieuses, tome II (Rouen: chez Jean-Baptiste Machuel le Père, 1724). Courtesy, Bibliothèque Nationale (Paris).

abounded of the fall of the Ottoman Empire. Such predictions were popular, too, during the 1660s (the high time of Jewish millennialism) and 1760s and 1770s, being revived whenever a favorable conjuncture (normally war) prevailed. Of "late years," wrote John Cam Hobhouse in the era of Napoleon, belief in the prophecy's "speedy accomplishment has become very prevalent in Turkey; so that when we were there [in 1809 and 1810] a copy of the [so-called] Gennadian inscription was handed down by the Greeks with much mysterious importance, and an air of complete faith."[35] It was generally believed during the eighteenth century that the fair-haired people were the Russians, especially after a version of the Leonine oracles (often attributed to Emperor Leo but probably originating with Leo the Mathematician of Salonika) reached Russia—probably by way of South Slav clerics—in which the term *russii zhe rod* (fair-haired people) gave way by 1512 to the words *russkii rod* (Russian people).[36]

Another common prophecy, attributed again to Leo the Wise held that two eagles—interpreted as the two-headed eagle, once the pride of Byzantium but later the emblem of Russia—would devour the snake (the Turks). As reinterpreted and embellished, this second prophecy foretold that the Turks would be ousted from Constantinople after an occupation of three hundred twenty years. It was therefore particularly attractive to the Greeks during the Russo-Turkish war of 1768-1774. It had the support, moreover, of an Indian tradition that associated the eagle with kingship and of a Persian and Egyptian tradition of interpretation of dreams according to which whoever kills a dragon (thus a serpent) will deprive an existing ruler of his authority and succeed him to the kingship.

A third prophecy of liberation, said to have been written in 1279 by a certain Agathangelos of Sicily, was based in fact on the mid-eighteenth-century forgeries of the Edirne (Adrianopolitan) priest Theoklitos Polyeidis (or Polyeides). Polyeidis presumably wrote the prediction attributed to Agathangelos while serving at the Greek Orthodox church in Tokay (Hungary) or at the church of the Greek Orthodox merchants in Leipzig.

The chief vectors of such prophecies were not simple peasants but priests, bishops, and merchants.[37] If one sets their behavior in the context of the thought of Vilfredo Pareto,[38] one may infer that they sought to diffuse certain *derivations* or ideologies (prophecies) in order to manage more effectively the *residues* or deep-seated sentiments of their constituencies, with whom they may have held in common other residues or earlier forms of the same residues.

Fig. 42. Protest and Rebellion Continue: A Zebek, Member of a Group of Anatolian Rebel Mountaineers Organized on a Clan/Patronage Basis, Early Nineteenth Century. Source: George Thomas Keppel, Earl of Albemarle, *Narrative of a Journey Across the Balcan*, 2 vols. (London: Colburn & Bentley, 1831), Vol. I, frontispiece. Courtesy, Special Collections and Archives, Rutgers University Libraries: X.DR425.A32.

I consequently welcome Carlo Ginzburg's thesis of the circularity of influences between high (élite) and low (popular) cultures, as well as between one high culture and another. Ginzburg's categories closely resemble Pareto's derivations and residues. I am not wholly convinced of the appropriateness of Ginzburg's terminology. One may deduce from his argument, however, that high culture possesses a relatively ordered form, fostering intelligibility and tending to find expression in the highly compulsive mode of the written word. Popular culture, to which he applies the term "mentality," is characterized by its attachment to oral tradition, its "insistence on the inert, obscure, unconscious elements," its possession of a "residue of unintelligibility."[39]

In other words, popular culture is largely a culture of residues—a culture of rite and myth. Elite culture is largely a culture of derivations. Some derivations may be of popular origin, and élites are not devoid of residues. In general, however, ordinary people receive their derivations from élites. Elites, on the other hand, are often driven and, in large measure, bound by the residues of their popular cultures.

Made up in part of unconscious elements, residues may be highly similar among diverse ethnic groups. To the extent that they are dissimilar, that dissimilarity is probably the result of a penetration of the residues by dissimilar derivations and combinations of derivations. In my study of millennialism among the South Slavs, I have come close to identifying the residues. In the present essay, I have dealt more exclusively with the derivations. Ultimately, however, if one aspires to a third and fourth level of history, one must accede to the residues to see how they impinge on the derivations, and vice versa. Such may have been the object of W. E. D. Allen in proposing that a "coherent study" be undertaken of the "age-old radical mystical tradition" of the mountain peoples of Anatolia, the Balkans, and the Central European Alps.[40]

One may obtain partial access to that "age-old radical mystical tradition" by identifying some of the derivations applied to that tradition. To explore this subject, let us examine certain specific residues and derivations: the role in the Balkans of the Roman Catholic Church during a period of principal concern for the present essay.

By the time of Clement VIII (1592-1605), the Roman Catholic Church had learned to some extent to adapt its message (derivations) to popular manners and sensibilities (residues). To win over the Balkan, eastern European, and Levantine worlds to Catholicism after its loss of much of northern Europe to Protestantism, Rome assigned jurisdiction over the territories intended for conversion to three teams of religious orders.

Covering eastern Europe and the northern half of the Balkans southward to Ragusa (Dubrovnik) and the left bank of the Neretva lay the sphere of operations of the powerful new Jesuit order. Possessing a firm base in Habsburg Spain and Austria and in the *antemurale Christianitatis* of Poland, and enjoying the support of princes and high dignitaries, the Jesuits sought to convert Serbs, Bulgars, Rumanians, Ukrainians, Russians, Crim Tatars, Circassians, and Mingrelians. They also attempted to draw the notables of some of these ethnic groups into an alliance against Ottoman rule.

South of the zone of main Jesuit responsibility proselytized the Franciscans, mainly among the visionary shepherd and mining populations of Hercegovina, Rascia, and Rhodope Bulgaria (the first was an area of popular and Bogomil, the last a land of Paulician, heresy). During the second half of the seventeenth century, a portion of the population of the same area was subjected by forcible conversion to a similarly visionary form of Islam. Another portion chose avoidance protest, fleeing northward to settle in lands of so-called promise under Habsburg authority.

The Aegean and eastern Mediterranean were the joint sphere of the Jesuits and Capuchins.[41] Organized in the 1520s as a rigorous offshoot of the Franciscans, writes Fernand Braudel, the Capuchins would function as the "poor man's Jesuits."[42] Firmly based in Italy and France, they propagated a mystical faith, appealing alike to shepherds and to the urban poor. Imbued with millennialist proclivities, they were also adepts at diplomacy and political intrigue.[43]

The provincial Orthodox clergy of the western Balkan and Aegean provinces was readily drawn to Muslim and Jesuit propensities for astrology, sister discipline of astronomy. They were charmed, too, by the thaumaturgy of the Franciscans and Capuchins. The manners and habits of these two orders came to resemble so closely the manners and habits of the local populations during the seventeenth century that travelers from western Europe were convinced that the Franciscan and Capuchin monks in the Ottoman Empire were on the verge of becoming "Turks."[44] In other words, they had modified their derivations to conform to the local residues.

I shall cite in this regard but one extraordinary document, a Greek manuscript discovered and translated into French more than a hundred fifty years ago by the French consul and traveler, F.C.H.L. Pouqueville.

Almost indispensable but little known, informative both on the Epirot jacquerie of 1611 and on the general character of millenarianism in the western Greek (and Vlach and Albanian) lands, the document is entitled "Revolt of Dionysios, Commonly Known as the *Skylosophe*, and the Expulsion of the Christians from the Citadel [of Janina or Ioannina]":'Αποσασία Διονυσίου τοῦ κοινῶς λεγομένου Σκυλοσόφου, καὶ ὄξωσις των Χρισιανῶν ἀπὸ τὸ κάσρον [sic].

In 1611, relates the unknown author of the document, there appeared in Epirus a certain Dionysios, former Bishop of Trikkala, who had been deprived of his episcopal seat for practicing the arts of astrology and hydromancy. Dionysios then sojourned for a time in Italy. Leaving Italy, he proceeded to the Epirot monastery of Saint Demetrius, where he had been ordained and which lay between the villages of Kerasovo and Rantoviete. Going thence to friends in Janina, he entered into a plot with a certain Tagan—the name may be Turkish, Albanian, or Vlach, it is not Greek—and several other persons, to whom he revealed a prophecy: his destiny to be the "liberator" (in Greek, ἐλευθερωτής) not only of Janina but of all places in the Empire as far as Constantinople. Upon his entry into the Ottoman capital, he affirmed, "the Sultan would rise to receive him." The purpose of the conspiracy was thus not to overthrow the Sultan.

From Janina, Dionysios returned to the convent of Saint Demetrius, whence he toured the countryside with a wooden vessel of wine on his shoulders. Pouring out drinks to the local shepherds and cultivators, he spread a message of rebellion among them. Causing disorders as they scurried from village to village under the influence of drink, his band of rebels—there is no indication of its size—fell upon the hamlets of Tourcogranitza (literally, Turkish March or Frontier, or Turkish Mark of the Oak or Oaks, from the Slavic) and Zaravousa, which lay two hours distant (by foot) from the monastery. There they slaughtered the local Turks and burned their homes.

On the night of September 10, the band of the "wicked Dionysios" moved upon Janina, where it set fire to the house of Pasha Asouman and the imperial treasure (tax office?). Several men were burned alive, but Asouman and his wife escaped by jumping (naked, it is said) from a window and vanishing into the darkness. The rural upstarts then continued their rampage, chanting all the while: "*Kyrie eleison*. Down with the little *haraç* and *anazoulli*": Κύριε ἐλέησον, και χαράτζι χαρατζόπουλον, και ἀναζουλλι ἀναζουλόπουλον.

The material objects of their ire were two tax innovations of recent date, a violation of tradition.

Recovering from their surprise and arming themselves from head to foot, the Turks mounted their steeds, easily dispersing the presumably poorly armed (we have no description of their arms) Christian rebels after killing some of their comrades. On the following day, a Sunday, they massacred the local peasants as the latter entered the city to participate at the customary market. After appeasement by presents of money gathered from the Christian community by the more moderate Christian leaders, the Turks agreed not to slaughter the Christian residents of the citadel.

Dionysios himself fled to the monastery of Saint John the Baptist (at whose site, in the eighteenth century, stood the Muslim monastery of Aslan Pasha). Locating him, some Jews seized him and had him brought in chains for judgment in Janina. Without giving him the benefit of a proper trial, the judges condemned him to be skinned alive. The victim's skin was then stuffed with straw, and the dummy with human skin was paraded from city to city until it reached Istanbul (Constantinople), where, according to the document, the Sultan rose up in delight at the spectacle, thus fulfilling the monk astrologer's prophecy. A magnificent example of the use of theater as an instrument of domination.

The other rebel captives were turned over to the Jews of Janina. Tying up the prisoners with iron hooks, the Jews subjected them to unnamed cruel tortures, even roasting some of them alive over a slow fire.

After the jacquerie the Turks destroyed the monastery of Saint Demetrius, leaving intact only the church. Dispersing the monks, they confiscated their treasures and deprived the convent of its lands. The latter had included eighteen tenancy domains (as in pre-Ottoman times, a monastic tenancy domain was known as a *metokhia*), each with its own church, spread across many villages. In further response to the rebellion, the Sultan issued an imperial rescript (*hatt-i şerif*) ordering the Christian inhabitants to vacate the citadel and depriving them of other privileges accorded upon the surrender of the city to the Turks without battle in 1430.[45]

Center-periphery relations between Istanbul and Janina were thus altered. The real beneficiary of that change was not the central government, however, but the local Muslim notables.[46]

Charged with millennialist characteristics, the Epirot or Janina district rebellion of 1611—in an area presumably inhabited by Orthodox Vlachs and Albanians as well as Greeks—was also, and perhaps even primarily, an antifiscal rebellion. Moreover, it was not a protest against all taxes. It was rather a rebellion against new taxes, hence, against an increase in the cost of living.

Dionysios the *Skylosophe* or Sage of the Canaille had proclaimed himself a "liberator." His own aim may have been to restore taxes to the old level in much of the Empire. The aim of his followers, however, was probably considerably more local.

The jacquerie may have had urban as well as rural foundations, for some of the inhabitants of Janina appear to have joined the movement. No suggestion exists, however, that either Dionysios or his followers entertained any notion of national liberation.

The cry *Kyrie eleison* was an old Greek cry of public prayer. It was a war cry. Used to invoke both God's mercy and God's wrath, it was uttered often in the company of an oath or curse. It had also been the cry of the devotees of the black-earth goddess Demeter—arcane namesake of Saint Demetrius—when the northern barbarians of antiquity had occupied her famous site at Eleusis.[47]

At one level, the turbulent movement of peasants from one village to another under the influence of drink was nothing more than what it seemed to be. At another level, one may imagine a semantic connection between the monk astrologer hydromancer—expert in water and wine magic—and his namesake Dionysos (Sabazios), god of ecstasy and wine, the symbolic beverage of rejuvenation, revival, and eternal life.[48] From that point of view, the movement of the peasant rebels assumes the character of a ceremonial procession, and the burning of the houses of the Turks may be perceived as an act of purification. The concluding theater of the Establishment—if, indeed, the events described above did occur—would then represent a reaction to the theater of the people, serving as a hegemonic spectacle shown in order to expunge the nefarious effects of the people's theater.

Popular rebellion did not have much chance of success in the Balkans, however, so long as Ottoman center-periphery relations were organized in such a manner as to allow Christian groups at the Empire's European peripheries to exercise some power at a low local level—namely, at a county and captaincy level—while continuing to be subject to an effective imperial administration. In the sixteenth century, in fact, the Christian *armatole* (*armatolos*) institution played at the local level a role analogous to that of the *devşirme* at the imperial level. For one of the purposes of both institutions was to assure the circulation of élites, albeit at different levels of territorial organization.

The function of the *armatole*—the term employed in the Greek-speaking lands (from Latin *armatus*, with the Vlach suffix *-ul*)—gave the holder certain fiscal immunities as well as ample opportunities to engage in the redistribution of wealth. Many Christian peasant families consequently aspired to have at least one of their members designated as an *armatole* charged with local security functions—fortress defense, route watch, and defense of mountain passes—in a territory known as an *armatolik* or captaincy.

In the course of the seventeenth and eighteenth centuries, as the authority of the *ayan* or provincial notability grew, that of the central government and of the *armatoles* diminished. Exercising their newly won powers to deprive factious *armatoles* of their functions, the *ayan* goaded many armatoles into becoming klephts or bandits until some other (er even the same) *ayan* authority rewarded them by restoring their former functions. The *armatole*/klepht thus became an ambiguous man—by turns, defender and interpreter of authority and a social rebel.[49]

During the second half of the seventeenth century, another group of Orthodox Greeks acquired some of the functions of the *devşirme* as that institution itself became an anachronism. These Greeks were men of wealth who became dragomans and secretaries in the Ottoman administration, the so-called Phanariots. But few groups of people could have been more unlike in manner and demeanor than the *armatoles* and the Phanariots.

The Phanariots dressed in the French manner, equipped their mounts with English saddles, bedecked their women with gowns made in Paris, and spoke a puristic Greek (*katharevousa*). Possessing a fluent knowledge of French, they found charisma in the states of Europe, including eighteenth-century Russia, and in the philosophies of the Enlightenment. Tending to regard themselves as the ultimate heirs of Ottoman hegemony, they espoused a space orientation of neo-Byzantine imperial destiny.

The *armatole* captains, on the other hand, each with a contingent of armed servants and retainers, his braves or *pallikaria*, had a local orientation. Living in houses resembling fortresses, they practiced a ruinous hospitality and allowed almost no public sphere to their wives, who had to call them "lord."

Edmond About has described their general style of life in the immediate post-liberation era:[50]

When they visit each other, they imitate the silent reserve of the Turks, speak little, smoke much, and drink cup upon cup of coffee. They greet each other by bringing the hand to the chest; they say yes by lowering the head, and no by throwing it backward. Their language bristles with Turkish words, which make it quite difficult to understand. Some of them even know Turkish; most of them can speak several words of Italian; none of them knows French, and they glory in this ignorance.

Greek Orthodox in religion but often of Albanian ethnicity, the pallicares retained many archaic customs. Prototypically archaic were their funereal rites, in which, as in other life-cycle rites of passage, their women played a quintessential role. Pouqueville paints a beautiful portrait of their mourning practices in the time of Napoleon:[51]

As soon as an Albanian [pallicare] expires his last breath, the male kin and kith assembled in the house let out frightful howls and strike their legs. The women tear their hair and roll on the floor, as they fill the air with piercing shrieks. After this first moment of delirium, they wash the cadaver and clothe it with its richest [lifetime] garments and equip it with [the living person's former] arms. They place the body on a mat and entrust it to a guard of women. The men then withdraw to continue their laments. Almost exhausted momentarily at the sight of the one from whom they will soon be separated, the women recover their sorrow as the man's spouse intones a funereal eulogy in praise of the deceased. As, in measured psalmody, she recites his birth, condition, age, fairness of appearance, seemliness, and deeds, a choir of women mourners intervenes after each period of psalmody to provide the event with mode, cadence, and measure. The forcefulness of the thoughts, the exactness of the rime, the eminently tragic tone inspire the aggrieved woman and electrify her companions, who violently beat their breasts and splatter their faces with blood drawn with their fingernails.

When the grieving spouse succumbs to exhaustion, like the priestess wearied by the weight of the god she carries in her womb, the beloved daughter or closest female kin of the dead man relieves her, taking as the theme of her lucubration one of the dead man's qualities to form a eulogy in rime. Other women successively follow her example. Mixed with mournful wailing, their hymns [known to the Greeks as *moiroloia*] last until the moment of the funeral rites that are celebrated in conformity with the religious practice of the mountain Scythians.

Corresponding among the Balkan Slavs to the *armatole* institution of the Greeks was the *martolos* (with the same etymology as *armatole*) and *voynuk*. But the Slavs lacked a group like the Phanariots. Moreover, the authority of *martolos* fortress contingents and *voynuk* villages had declined. In some districts, these institutions had even disappeared. Instead, among the Serbs, local autonomy was expressed during the eighteenth century mainly as lineage, parish, communal (*opština*), and small-county (*knežina*) autonomy.

In the late 1780s and early 1790s, however, while Turkey was at war with Austria and in the years immediately following, several important changes occurred. During the war, for example, several thousand Serbians from the pashalik or sanjak of Smederevo/Belgrade enrolled in an Austrian Free Corps. In the Free Corps they obtained an opportunity to learn discipline, command, and the tactics of war. Immediately following the war, the Ottoman government officially acknowledged Serbian small-county autonomies and welcomed Serbian military action against the rebel governor of Vidin.

Soon thereafter, however, the *ayan* notables and janissaries of Vidin, Belgrade, and Bosnia deprived the Serbians of their gains, favoring their own form of circulation of élites—namely, a circulation of élites with a provincial and great-county (*nahiye*) basis—over the solution of the Serbian fighters and little-county chiefs. The triumph first of the little county and then of the great county and province set the stage for the protest and resistance of what historians have traditionally called the First Serbian Insurrection (1804-1814).[52]

Among the Greeks, Albanians, and Vlachs, Ali Pasha, governor of Janina (1788-1822), insisted upon a close relationship between provincial authority and the *armatoliks* or dependent lower levels of territorial administration. Never reluctant to use force, he may have succeeded less fully, however, without the advantage of the growth of Greek commerce and shipping during the French revolutionary and Napoleonic wars.

In 1813, a commercial contraction ensued. Eight years later, there was still no sign of a recovery. The price of bread had doubled between 1800 and 1819, whereas the wages of artisans had grown by no more than 25 percent.

The fall in the general standard of living goaded the male population to seek a supplementary means of livelihood as sailors and bandits.[53] But the best times for banditry are often the times of commercial expansion, when there are more goods to be seized and when, because of the availability of alternative opportunities, there may be—but this is a more doubtful proposition—fewer persons who are disposed to seize them. The situation among the Greeks was thus ripe for a general protest.

Among Serbians and Greeks alike, the dysfunction of the old territorial paradigm of imperial command and redistribution (what I have referred to from time to time as command economy) was the necessary prelude to the ultimate elaboration of a new territorial paradigm. That new paradigm of the territorial state, with derivations of the nation-state at its beck and call, was in the process of creation after 1750 in that very part of the world which, for the Balkans, was to become increasingly the chief source of outside inspiration and chief object of emulation: western Europe.

The new territorial paradigm could not have been implemented, however, without the assertion of another largely exogenous factor—the presence, in lands sometimes adjacent to but outside the territories of dysfunction, of persons who were eager to apply the derivations of the new territorial paradigm to the territories of the dysfunction. It required the existence of marginal persons, "masterless men" in search of a new identity—specialists in the discourse of territory, language, and nation,[54] and persons who could initiate the transformation of a norm-oriented protest and resistance (with goals of abolishing new taxes, lowering rents or seigniorial dues, and/or guaranteeing local autonomies) into a value-oriented paradigmatic movement.[55] In an empire, or great-territorial state, change of this kind is easier at certain well-situated peripheries—especially if the proponents of the new discourse are present nearby—than at the core. For imperial power is concentrated at the core, whereas, in the event of defeat, peripheries offer the hope of sanctuary or escape to neighboring territories.[56]

I have argued in this concluding essay that a total history requires two more dimensions. In addition to economic and social history, it calls for a third dimension of values, symbols, representations, beliefs, attitudes, and psychology, and an integrating fourth dimension with a focus on power and territory. I have tried to provide such an emphasis by means of the present essay. I do this, too, by some of the positions I take in "Factors in the Decline of Ottoman Society," in "The Social Foundations of Balkan Politics," in "Les Structures millénaristes sud-slaves," and in "The Pattern of Serbian Intellectual Evolution," and by the general thrust of my arguments in "The 'Rationalization' of a Small Space-Economy," in "L'Espace maritime segmentaire de l'Empire Ottoman," and in "Russian Domination in the Balkans."

The integrative fourth dimension will be incomplete, however, unless there is a continued attempt to relate material culture and values and representations and define more precisely the connections between production, redistribution, exchange, and consumption. I dare hope, indeed, that consumption—consumption as an act of subsistence, as an act of sadism, as a rite and as an act of culture, and as an instance of fashion—will become a primary object of research both because of its integrative function in linking structures and everyday life and because it has been such a grossly neglected historical factor. Finally, there is a proper and necessary place in historical discourse for all marginal groups, and most of all for the numerically most important—in many respects, hardly marginal at all—and until recently one of the most slighted (but more by professional historians than by the documents or sources) of such groups: women. In such an undertaking, the risk of *émiettement* and "eventmentalization"—of a fragmented history of bits and pieces, that is, of overvaluing the parts at the expense of the whole—is ever great. A continuous vigil is thus imperative, an unswerving commitment to the desirable—if impossible—goal of total history, even as we strive to understand—indeed, because we strive to understand—each and all its parts.

Notes

1 Traian Stoianovich, *French Historical Method: The 'Annales' Paradigm* (Ithaca, N.Y.: Cornell University Press, 1976), pp. 202–3.

2 Pierre Bourdieu, "Sur le pouvoir symbolique," *Annales: Economies, Sociétés, Civilisations*, XXXII, 3 (May–June 1977), pp. 405–11.

3 For a further definition of millenarianism, see Michael Adas, *Prophets of Rebellion: Millenarian Protest Movements Against the European Colonial Order* (Chapel Hill: University of North Carolina Press, 1979), pp. 115–16.

4 Adas, "Peasant Movements and Millenarianism," *Peasant Studies*, XI, 1 (Fall 1983), pp. 53–62.

5. Eric J.Hobsbawm, *Social Bandits and Primitive Rebels: Studies in Archaic Forms of Social Movement in the Nineteenth and Twentieth Centuries* (Glencoe, Ill.: The Free Press, 1959), pp. 67–71, 95–102; Hobsbawm, *Bandits*, rev. ed. (New York: Pantheon Books, 1981; originally published by Weidenfeld and Nicolson Ltd., London), for connections between banditry and millennialist movements.

6.John Ray, ed., *A Collection of Curious Travels & Voyages in Two Tomes*, 2 vols. (London: printed for S. Smith, 1693), vol. I, by Dr. Leonhart Rauwolff, *Itinerary into the Eastern Countries*, translated from the High Dutch by Nicholas Staphorst, pp. 311–12.

7 Frederick William Hasluck, *Christianity and Islam under the Sultans*, edited by Margaret M. Hasluck, 2 vols. (Oxford: Clarendon Press, 1929), II, 721–23, 736–39. For the Byzantine legend, see Spyros Vryonis, "The Byzantine Legacy in Folk Life and Tradition in the Balkans," in Lowell Lucas, ed., *The Byzantine Legacy in Eastern Europe* (Boulder[Colorado]. East European Monographs, distributed by Columbia University Press, New York, 1988), pp.116–17 (107–45).

8 *Hasluck, Christianity and Islam,* pp. 721–22. J. de Hammer [Josef, Freiherr von Hammer-Purgstall], *Histoire de l'Empire ottoman, depuis son origine jusqu'à nos jours*, translated from the German by J.-J. Hellert, 18 vols. (Paris: Bellizard Barthès, Dufour & Lowell, 1835–43), VII (1837),: 244; Marshall G. S. Hodgson, "A Note on the Millennium in Islam," *Millennial Dreams in Action: Essays in Comparative Study*, ed. Sylvia L. Thrupp, "Comparative Studies in Society and History," Supplement II (The Hague: Mouton, 1962), pp. 218–19.

9 A. S. Tveritinova, *Vosstanie Kara Yasidzhi–Deli Khasana v Turtsii* (Moscow, Leningrad: Akademiia Nauk SSSR, 1946), p. 49.

10 George T. Matthews, ed., *News and Rumor in Renaissance Europe* (New York: Capricorn Books, copyright 1959 by G. P. Putnam's Sons), pp. 202–3.

11 Sir John Malcolm (former Minister plenipotentiary of the government of India to the court of Persia), *Histoire de la Perse, depuis les tems les plus anciens jusqu'à l' époque actuelle* [1814], translated from the English by Pierre-Vincent Benoist, continued from 1814 to 1821 by Louis-Mathieu Langlès, 4 vols. (Paris: chez Pillet aîné, 1821); Sir James George Frazer, *The New Golden Bough*, a shortened version of Frazer's *Golden Bough*, edited by Theodor H. Gaster (New York: Criterion Books, 1959), p. 295.

12 Hammer, *Histoire de l'Empire ottoman*, VII, 370–73; Alphonse Marie Louis de Lamartine, *Histoire de la Turquie*, 8 vols. (Paris: Librairie du Constitutionnel, 1854–55), V, 241–42; Fernand Braudel, *La Méditerranée et le monde méditerranéen à l'époque de Philippe II*, second revised and enlarged edition, 2 vols. (Paris: Armand Colin, 1966), II, 483–84.

13 Stanford J. Shaw, "The Ottoman View of the Balkans," *The Balkans in Transition: Essays on the Development of Balkan Life and Politics since the Eighteenth Century*, edited by Charles and Barbara Jelavich (Berkeley and Los Angeles: University of California Press, 1963), p. 70 (56–80).

14 Tveritinova, *Vosstanie Kara Yasidzhi*, pp. 49, 59–60.

15 Victor von Klarwill, ed., *The Fugger News-Letters, Second Series, Being a Further Selection from the Fugger Papers Specially Referring to Queen Elizabeth and*

Matters Relating to England During the Years 1568–1605, translated by L. S. R. Byrne (London: John Lane, 1926), p. 282.

16 Braudel, *La Méditerranée,* II, 485, n. 1.

17 Tveritinova, *Vosstanie Kara Yasidzhi,* pp. 53–54, 65.

18 *Ibid.,* pp. 4, 8, 49, 52–76; [Mustafa] Naima, *Annals of the Turkish Empire from 1591 to 1659 of the Christian Era,* translated from the Turkish by Charles Fraser (London: Printed for the Oriental Translation Fund of Great Britain and Ireland; sold by J. Murray, 1832), pp. 144, 156–57, 199–202; N. Jorga [Nicolae Iorga], *Geschichte des Osmanischen Reiches, nach der Quellen dargestellt,* 5 vols. (Gotha: Friedrich Andreas Perthes, 1908–1913), III (1910), 424–25; Braudel, *La Méditerranée,* II, 485.

19 Hammer, *Histoire de l'Empire ottoman,* VIII (1837), p. 15.

20 *Ibid.,* VIII, 71–72; Naima, *Annals,* pp.211, 262–63, 338, 355–60; Tveritinova, *Vosstanie Kara Yasidzhi,* pp. 60, 75–79.

21 Demetrius Cantemir (Voivode of Moldavia), *The History of the Growth and Decay of the Othman Empire,* in two parts, translated from the Latin by N. Tindal, Vicar of Great Waltham in Essex (London: J. J., and P. Knapton, 1734–35), part I, 239, n. 4.

22 Tveritinova, *Vosstanie Kara Yasidzhi,* pp. 60, 75–79.

23 On such traditions among the Turks even before their conversion to Islam and during the Middle Ages, see Osman Turan, "The Ideal of World Domination among the Medieval Turks," *Studia Islamica,* III (1955), pp. 77–90; John Kingsley Birge, *The Bektashi Order of Dervishes* (London: Luzac & Co.; Hartford, Conn.: Hartford Seminary Press, 1937), pp. 31–33, 69.

24 Shaw, "The Ottoman View of the Balkans," pp. 56–80.

25 On elite displacement, see Adas, *Prophets of Rebellion,* pp. 45–46, 61–62.

26 Arakel [Arakhel, Arhakel], vartabed of Tabriz, "Livre d'histoires," *Collection d'historiens arméniens,* ed. Marie-Félicité Brosset, 2 vols. (St. Pétersbourg: Académie Impériale des Sciences, 1874–1876), I, 310 (267–608).

27 Jorga, *Geschichte des osmanischen Reiches,* III, 424–25.

28 Arakel, "Livre d'histoires," p. 307.

29 *Ibid.,* p. 312; Jean-Baptiste Tavernier, *Les Six voyages de Jean-Baptiste Tavernier, écuyer baron d'Aubonne, en Turquie, en Perse et aux Indes, faits pendant l'espace de quarante ans,* 3 vols. (The Hague: chez Henri Scheurleer, 1718), I. *Le Voiage de la Turquie, et les différentes routes qu'on peut prendre pour aller en Perse,* pp. 43–44; R. W. Ferrier, "The Armenians and the East India Company in Persia in the Seventeenth and Early Eighteenth Centuries," *Economic History Review,* second ser., XXVI, 1 (February 1973), pp. 39 (38–62).

30 Arakel, "Livre d'histoires," pp. 307–14.

31 Mark N. Hagopian, *The Phenomenon of Revolution* (New York: Dodd, Mead & Company, 1974), p. 25.

32 Emmanuel Le Roy Ladurie, *Histoire du climat depuis l'an mil* (Paris: Flammarion, 1967); Le Roy Ladurie, "Pour une histoire de l'environnement: La Part du milieu," *Annales: Economies, Sociétés, Civilisations,* XXV, 5 (September–October 1970), 1459–70; Stoianovich, *French Historical Method,* pp. 80–84.

33 Roland Mousnier, *Peasant Uprisings in Seventeenth-Century France, Russia, and China,* translated from the French by Brian Pearce (New York: Harper & Row, 1970), pp. 180–81; eyewitness account of the German merchant Konrad Bussow, resident of Moscow from 1584 to 1613, in Basil Dmytryshyn, ed., *Medieval Russia: A Source Book, 900–1700* (New York: Holt, Rinehart and Winston, 1967), pp. 224–26; Peter I. Lyashchenko, *History of the National Economy of Russia to the 1917 Revolution,* translated by L. M. Herman (New York: Macmillan Company, 1949), pp. 197–98; James H. Billington, *The Icon and the Axe: An Interpretive History of Russian Culture* (New York: Alfred A. Knopf, 1966), pp. 118–19; Nicholas V. Riasanovsky, *A History of Russia* (3d ed.; New York: Oxford University Press, 1977), p. 178.

34 L. N. Gumilev, "Les Fluctuations du niveau de la mer Caspienne," translated by N. Godneff, in *Cahiers du monde russe et soviétique,* VI (1965), 331–66.

35 J. C. Hobhouse [John Cam Hobhouse Broughton], *A Journey through Albania, and Other Provinces of Turkey in Europe and Asia, to Constantinople, during the Years 1809 and 1810* (London: J. Cawthorn, 1813), pp. 976–78; Hasluck, *Christianity and Islam,* II, 471–72.

36 Cyril Mango, "The Legend of Leo the Wise," *Byzantium and Its Image: History and Culture of the Byzantine Empire and Its Heritage* (London: Variorum

Reprints, 1984), article XVI, pp. 77–93 (59–93), with accompanying illustrations of the symbolic oracles; Mango, "Byzantinism and Romantic Hellenism," *ibid*., article I, pp. 34–37 (29–43).

37 Richard Clogg, "The Greek Mercantile Bourgeoisie: 'Progressive' or 'Reactionary'?" in *Balkan Society in the Age of Greek Independence*, ed. Clogg (Totowa, N.J.: Barnes & Noble Books, 1981), pp. 87–90 (85–110). For the meaning of dreams in the Indian, Persian, and Egyptian traditions, see Apomazar [Djafar ibn Mohammed (Abou Mashar), al Balkhi], *Des Significations et événemens des songes, selon la doctrine des Indiens, Perses et Egyptiens, pris de la bibliothèque de Sambucus, pvis tovrné dv grec en latin, par Jean Leunclaius [Johann Löwenklau, dit Leunclavius], et mis de nouueau en françoys* [par Denys-du-Val] (Paris: chez Denys du-Val, 1581), pp. 295, 298.

38 Hagopian, *The Phenomenon of Revolution*, pp. 52–57.

39 Carlo Ginzburg, *The Cheese and the Worms: The Cosmos of a Sixteenth-Century Miller*, translated by John and Anne Tedeschi (Baltimore: Johns Hopkins University Press, 1980), pp.xii, xix, xxiii, xxvi, 125–26.

40 William Edward David Allen, *Problems of Turkish Power in the Sixteenth Century* (London: Central Asian Research Centre, 1963), p. 46, n. 30.

41 Ivan Duichev [Dujčev], *Chiprovets i vŭzstanieto prez 1688 godina* (Sofia: Bŭlgarsko Istorichesko Druzhestvo, 1938), pp. 5–24; Jovan Radonić, *Rimska kurija i južnoslovenske zemlje od XVI do XIX veka* (Belgrade: Srpska Akademija Nauka, 1950); Oscar Halecki, *Borderlands of Western Civilization: A History of East Central Europe* (New York: Ronald Press, 1952), pp. 179–84; Francis Dvornik, *The Slavs in European History and Civilization* (New Brunswick, N.J.: Rutgers University Press, 1962), pp. 425–27.

42 Braudel, *La Méditerranée*, II, 102.

43 Georges Duby and Robert Mandrou, *Histoire de la civilisation française*, 2 vols. (Paris: Armand Colin, 1958), II, 20–21; Cicely Veronica Wedgwood, *The Thirty Years War* (London: Jonathan Cape Ltd., 1938), pp. 20–25.

44 Braudel, *La Méditerranée*, II, 133.

45 François-Charles-Hugues-Laurent Pouqueville, *Voyage dans la Grèce*, 5 vols. (Paris: Firmin Didot, 1820–21), V, 282–91.

46 On center-periphery relations, see S. N. Eisenstadt, *Revolution and the Transformation of Societies: A Comparative Study of Civilizations* (New York: The Free Press, 1978), pp. 87, 276–77.

47 Pouqueville, *Voyage dans la Grèce*, IV, 118.

48 Mircea Eliade, *Traité d'histoire des religions* (Paris: Payot, 1949), p. 248.

49 Spyros J. Asdrachas, "Quelques aspects du banditisme social en Grèce au XVIIIe siècle," *Etudes balkaniques* (Sofia), VIII, 4 (1972), pp. 97–112; Dennis N. Skiotis, "Mountain Warriors and the Greek Revolution," in *War, Technology, and Society in the Middle East*, edited by V. J. Parry and M. E. Yapp (London: Oxford University Press, 1975), pp. 308–29.

50 Edmond About, *La Grèce contemporaine* (Paris: Librairie de L. Hachette et Cie, 1854), pp. 42–43.

51 Pouqueville, *Voyage dans la Grèce*, II, 583–85. Pouqueville adds in a footnote: "The Muslim and Christian Shqiptars [Albanians] observe the practice of washing the bodies of the dead. They wail and shriek to express their grief or [their desire] to restore the dead man to life. For this service they also hire women formerly known as *praeficae*, who provide mode and cadence to the mourning. Cries and weeping resume on the third day among Christians in memory of Christ's resurrection; on the ninth day, in honor of Christ's apparition; and on the fortieth, in commemoration of the Ascension. Muslim Albanians say that the mourning of the third day is for the loss of the dead man's distinguishing physical traits, that of the ninth for the incipient dissolution of the body, and that of the fortieth for the destruction of the heart itself." For further analysis of the role of Greek women in the death rituals and mourning rites of the Greeks, see Constantina Nadia Seremetakis, "The Eye of the Other: Watching Death in Rural Greece," *Journal of Modern Hellenism*, No. 1 (April 1984), pp. 63–77; and her "Women and Death: Cultural Power and Ritual Process in Inner Mani," *Canadian Woman Studies, Les Cahiers de la Femme*, VIII, 2 (Summer 1987), pp. 108–10. For the in many ways similar death rituals of the Turks, see [Jean] de Thévenot, *Relation d'un voyage fait au Levant, dans laquelle il est cvrieusement traité des Estats sujets au Grand Seigneur, des moeurs, religions, forces, gouvernemens, politiques, langues, & coustumes des habitans de ce grand Empire* (à Roven, et se vend à Paris: chez Lovis Billaine, 1665), pp. 108–10.

52 Stoianovich, "The Segmentary State and *La Grande Nation*," in *Geographic Perspectives in History*, edited by Eugene D. Genovese and Leonard Hochberg ([Oxford, Eng.:] Basil Blackwell, [1989]), pp. 256–80.

53. Pouqueville, *Voyage dans la Grèce*, III, 443–44.

54 Michael Walzer, *The Revolution of the Saints: A Study in the Origins of Radical Politics* (Cambridge, Mass.: Harvard University Press, 1965); Isaac Kramnick, "Reflections on Revolution: Definition and Explanation in Recent Scholarship," *History and Theory*, XI, 1 (1972), 26–63; Theda Skocpol, "France, Russia, China: A Structural Analysis of Social Revolution," *Comparative Studies in Society and History*, XVIII, 2 (April 1976), 175–210.

55 Michael Freeman, "Review Article: Theories of Revolution," *British Journal of Political Science*, II (1972), pp. 341 (339–59).

56 Thomas H. Greene, *Comparative Revolutionary Movements* (Englewood Cliffs, N.J.: Prentice-Hall, 1974), p. 95.

Bibliography

MANUSCRIPT AND CARTOGRAPHIC SOURCES

Archives du Ministère des Affaires Etrangères (Paris)

Correspondance Commerciale
- Belgrade, I (1838–1847)
- Belgrade, II (1848–1862)
- Belgrade, III (1863–1864)
- Belgrade, IV (1865–1871)
- Belgrade, VI (1881–1885)
- Belgrade, VII (1885–1889)

Archives Diplomatiques

- N.S. Serbie, XXI (1909)
- N.S. Serbie, XXVI (1909–1914)

Archives Nationales (Paris)

Fonds Affaires Etrangères
- B^I^. Correspondance consulaire
- B^I^ 376. Letters and ambassadorial reports from Constantinople (Istanbul), 1668 and subsequent years of the seventeenth century
- B^I^ 446. Letters and ambassadorial reports from Constantinople, 1780s
- B^I^ 469–473. Consular letters and reports from Coron, 1752–1791
- B^I^ 904–906. Consular letters and reports from Morea, notably from Naples de Romanie (Nafplion), 1686–1784
- B^I^ 950. Consular letters and reports from Ragusa (Dubrovnik), 1780s
- B^III^. Consulats (Mémoires)
- B^III^ 234. Memoirs on the commerce of the Levant, 1620–1684, but especially 1660–1684
- B^III^ 239. Memoirs on the commerce of the Levant, including Ottoman trade with Russia, 1750s
- B^III^ 241 and 242. Memoirs on the commerce and economy of the Levant, Turkey and the Balkans, latter part of the eighteenth century to 1815
- B^III^ 244. Memoirs and decisions concerning the commerce of the Levant, seventeenth century

Fonds Marine
- B^4. Service général et campagnes et croisières
- B^4 54. Policing the Mediterranean against piracy, 1770s
- B^4 120. Policing the Mediterranean against piracy, 1770s
- B^4 272. Policing the Mediterranean against piracy, 1786–1790
- B^4 277. Naval strength in the Russo-Turkish war, 1788
- B^7. Orders and despatches to the consulates and letters and other documents received
- B^7 119. Naval strength, commerce, and navigation, 1724
- B^7 205. Commerce and navigation, including a document dated 1671 on the Ottoman navy
- B^7 277. Naval strength, commerce, and navigation, eighteenth century, including 1780s
- B^7 281. Naval strength, commerce, and navigation, eighteenth century, including an estimate of Ottoman naval strength *ca.* 1730
- B^7 453. Memoirs on Russia's new Black Sea ports, 1780s
- B^7 462. Commerce and navigation, undated documents, especially mid-eighteenth century
- B^7 481, Naval and maritime strength of other states (Russia, Turkey, Austria), 1688–1788

Bibliothèque Nationale (Paris):

Cartes et Plans
- Ge.C.7648 (1) and (2). 1. Le Royaume de Hongrie diuisé en Haute, et Basse Hongrie, auec l'Esclavonie, subdiuisées en leur comtés; 2. Partie du Royaume de Hongrie vers le Midi et l'Occident. Par le père(Vincenzo) Coronelli. (Paris: chez I. B. Nolin,1687).
- Ge.C.10074. "La Mer Méditerranée divisée en Mer de Levant et de Ponant, subdivisées en leurs principales parties ou mers," tableau dressé par Sanson, géographe ordinaire du Roi (Paris: chez H. Jaillot, 1685).
- Ge.D.13256. La Morée et les Isles de Zante, Cefalonie, Ste. Maure, Cerigo, &c., engraving by Liébaux.(Paris: chez N. de Fer, 1686).

Ge.DD.324. See under Books, Articles, and Published Primary Sources: Gottfried, Johann Ludwig.

Ge.DD.1268–1269. *Tooneel der Vermaarste Koop-Steden en Handel-Plaatsen van de Geheele Wereld*, 2 parts in one volume. Amsterdam: Joannes [Jan] Jansonius, 1682.

Ge.DD.1500 (42). Portrait of Karadjordje, chief of the Serbian war of independence, 1804–1813, taken from the *Atlas* (Vol. I, cahier 3, p. 307) of Conrad Malte-Malte Brun (Konrad Malthe-Bruun), presumably part of *Annales des voyages, de la géographie et de l'histoire*, 24 vols. (Paris, 1808–1815), which I was unable to see.

Ge.DD.1504. See under Books, Articles, and Published Primary Sources: Coronelli, Vincenzo.

Ge.DD.1678–1679. See under Books, Articles, and Published Primary Sources: Coronelli, Vincenzo.

Ge.F.carte 7156. Carte du Vilayet de Bosnie indiquant les directions principales du mouvement actuel (vers1850) du commerce.

Ge.FF.4695. See under Books, Articles, and Published Primary Sources: Bellin, Jacques-Nicolas.

Ge.FF.4736. See under Books, Articles, and Published Primary Sources: Rosaccio, Gioseppe.

Ge.FF.5576. See under Books, Articles, and Published Primary Sources: Tavernier, Jean-Baptiste.

Ge.FF.5781. See under Books, Articles, and Published Primary Sources: Tournefort, Joseph Pitton de.

Gr.Fol.Ge.DD.894 (101). Verschiedene Prospecte der Vornemsten Städten in Persien.

Rés.Ge.DD.509. Città, Fortezze, Isole, e Porti Principali dell' Europa, in Pianta, et in Eleuatione, Descritte, e Publicate ad Uso dell' Accademia Cosmografica degli Argonauti dal Padre (Maestro Vincenzo) Coronelli, Lettore, e Cosmografo della Serenissima Republica di Venezia, 1689. Pl. 100: Nafplion (Naples de Romanie) under Venetian Occupation, 1689.

Département des Manuscrits

Fonds Français 7176: Estat des places que les princes mahométans possèdent sur les côtes de la Méditerranée, vers 1687.

Fonds Français 14682: Recueil très exact des ports et rades d'une partie des illes [*sic*] de Larchipelle[*sic*], par le Chevalier de Constantin, officier de Marine, l'an 1685 [adressé à Colbert].

Nouvelles Acquisitions Françaises 9134: Jean-Michel de Venture de Paradis on North Africa

BOOKS, ARTICLES, AND PUBLISHED PRIMARY SOURCES

Abu Ma'shar (or Abou Mashar). *See* Apomazar.

About, Edmond. *La Grèce contemporaine*. Paris: Librairie deL. Hachette et Cie, 1854.

Académie Serbe des Sciences et des Arts. *Les Grandes puissances et la Serbie à la veille de la Première guerre mondiale: Recueil des travaux présentés aux Assises scientifiques internationales de l'Académie Serbe des Sciences et des Arts qui ont eu lieu du 13–15 septembre1974 à Belgrade*, Assises scientifiques, Vol. IV, Classe des Sciences historiques, No. 1, ed. Vasa Čubrilović. Belgrade, 1976.

Adas, Michael. "Peasant Movements and Millenarianism,"*Peasant Studies, XI, 1 (Fall 1983), 53–62.*

——. *Prophets of Rebellion: Millenarian Protest Movements against the European Colonial Order*. Chapel Hill: University of North Carolina Press, 1979.

Albemarle, George Thomas Keppel, Earl of. *See* Keppel, George Thomas, Earl of Albemarle.

Aleksić-Pejković. *Odnosi Srbije sa Francuskom i Engleskom1903–1914*. Belgrade: Istorijski Institut, 1965.

Allen, William Edward David. *Problems of Turkish Power in the Sixteenth Century*. London: Central Asian Research Centre 1963.

——. *The Ukraine*. Cambridge, Eng.: Cambridge University Press, 1941.

Ancel, Jacques. *Géographie des frontières*. Paris: Gallimard, 1938.

Anderson, R. C. *Naval Wars in the Levant, 1550–1853*. Princeton, N. J.: Princeton University Press, 1952.

Anonymous (unsigned article). "Russia, Germany, and Asia," *Round Table: A Quarterly Review of the Politics of the British Empire*, VIII (June 1918), 526–64.

Anthoine (baron) de Saint-Joseph, Antoine-Ignace. *Essai historique sur le commerce et la navigation de la Mer Noire, ou voyage et entreprises pour établir des rapports commerciaux et maritimes entre les ports de la Mer-Noire et ceux de la Méditerranée*. Paris: H. Agasse, an XIII/1805; 2nd rev. ed. Paris: Veuve Agasse, 1820.

Apomazar (Djafar ibn Mohammed [Abou Mashar, Abu Ma'shar], al-Balkhi). *Des Significations et evenemens des songes, selon la doctrine des Indiens, Perses, & Egyptiens, pris de la bibliotheque de Sambucus, pvis tovrné dv grec en latin, par Iean Leunclaius [Johann Löwenklau, dit Leunclavius], et mis de nouueau en françoys par Denys-du-Val*. Paris: chez Denys-du-Val, 1581.

Arakel [Arakhel, Arhakel], vartabed of Tabriz, "Livre d'histoires," *Collection d'historiens arméniens*, ed. Marie- Félicité Brosset, 2 vols. Saint-Pétersbourg: Académie Impériale des Sciences, 1874–1876, Vol. I, pp. 267–608.

Arnakis, George G. "The Role of Religion in the Development of Nationalism," in Charles and Barbara Jelavich, eds. *The Balkans in Transition: Essays on the Development of Balkan Life and Politics since the Eighteenth Century*. Berkeley and Los Angeles: University of California Press, 1963, pp. 115–44.

Arnaoutovitch, Dragomir. *Histoire des chemins de fer yougoslaves 1825–1937*. Paris: Dunod, 1937.

Aron, Raymond. "Nations et empires," *Dimensions de laconscience historique*. Paris: Plon, 1961, pp. 171–259. The article first appeared in *Encyclopédie Francaise*, XI (1957), 11–04–1 to 11–06–8.

Arouet, François-Marie. *See* Voltaire, François-Marie Arouet de.

Asdrachas, Spyros J. "Quelques aspects du banditisme social en Grèce au XVIIIe siècle," *Etudes balkaniques* (Sofia),VIII, 4 (1972), 97–112.

Atanasijević, Ksenija. *Penseurs yougoslaves*. Belgrade: Bureau Central de Presse, 1937.

Aymard, Maurice. *Venise, Raguse et le commerce du blé pendant la seconde moitié du XVIe siècle*, Ecole Pratique des Hautes Etudes—VIe Section, "Ports, routes, trafics," 20. Paris: S.E.V.P.E.N., 1966.

Bailey, Frank Edgar. *British Policy and the Turkish Reform Movement: A Study in Anglo-Turkish Relations, 1826–1853*. Cambridge, Mass.: Harvard University Press, 1942.

Baille, Suzanne, Braudel, Fernand and Philippe, Robert. *Le Monde actuel: Histoire et civilisations*. Paris: Librairie Classique Eugène Belin, 1963.

Bastide, Roger. "Messianisme et développement économique et social," *Cahiers internationaux de sociologie*, XXI [n.s., année 8] (1961), 3–14.

Bellin, Jacques Nicolas. *Le Petit atlas maritime: Recueil de cartes et des plans des quatre parties du monde, III.Contenant 1) l'Asie, 2) l'Afrique*. n. p., 1764. Bibliothèque Nationale, Cartes et Plans, Ge.FF. 4695.

Benda, Julien. *La Trahison des clercs*. Paris: Bernard Grasset, 1928.

Bielfeld, Jacob Friedrich von. *Institutions politiques*, 2 vols. The Hague: P. Gosse, 1760.

Billington, James H. *The Icon and the Axe: An Interpretive History of Russian Culture*. New York: Alfred A. Knopf, 1966.

Birge, John Kingsley. *The Bektashi Order of Dervishes*. London: Luzac & Co.; Hartford, Conn.: Hartford Seminary Press, 1937.

Blackstock, Paul W. *See* Marx, Karl.

Blair, Ann. *See* Valensi, Lucette.

Blum, Jerome. *Lord and Peasant in Russia from the Ninth to Nineteenth Century*. New York: Atheneum, 1965.

Bogoiavlenskii, Sergei Konstantinovich. "Sviazi mezhdu russkimi i serbami v XVII–XVIII vv.," in *Slavianskii Sbornik*. Moscow: Gosudarstvennoe izdatel'stvo politicheskoi literatury, 1947.

Bogucharskii, V. (pseud. for Iakovlev, Vasilii Iakovlevich). *Aktivnoe narodnichestvo semidesiatykh godov*. Moscow: M. and S. Sabashnikov, 1912.

Bolsover, G. H. "Aspects of Russian Foreign Policy, 1815–1914," in Richard Pares and A. J. P. Taylor, eds. *Essays Presented to Sir Lewis Namier*. London: Macmillan; New York: St. Martin's Press, 1956.

Bosworth, Clifford Edmund. *See* Schacht, Joseph.

Bourdieu, Pierre. "Sur le pouvoir symbolique," *Annales: Economies. Sociétés, Civilisations*, XXXII, 3 (May–June 1977), 405–11.

Brătianu, George Ioan. "Les Observations de M. de Peyssonnel en 1777 sur l'exécution du traité de Koutchouk-Kaïnardji," *Revue historique du Sud-Est européen*, VI (1929).

Braudel, Fernand. *Civilisation matérielle et capitalisme (XVe-XVIIIe siècle)*, Vol. I (the only one). Paris: Armand Colin, 1967.

——. *Civilisation matérielle, économie et capitalisme*, 3 vols. Paris: Armand Colin, 1979.

——. "Les Empires au XVIe siècle," lecture, Collège de France, 2 February 1951.

——. *La Méditerranée et le monde méditerranéen à l'époque de Philippe II*. Paris: Armand Colin, 1949.

——. *La Méditerranée et le monde méditerranéen à l'époque de Philippe II*, 2 vols., 2nd rev. and enl. ed. Paris: Armand Colin, 1966. *See also* Baille, Suzanne.

Broughton, John Cam Hobhouse, Baron. *See* Hobhouse Broughton, John Cam.

Bruck, Werner Friedrich. *Social and Economic History of Germany from William II to Hitler, 1888–1938: A Comparative Study*. Cardiff: University Press Board; Oxford University Press, 1938.

Čajkanović, Veselin. "Gostoprimstvo i teofanija," *Studije iz religije i folklora*. Belgrade: Srpska Kraljevska Akademija, 1924, pp. 1–24 and (for endnotes) 169–71.

O *srpskom vrhovnom bogu*. Belgrade: Srpska Kraljevska Akademija, 1941.

Cameron, Rondo, ed. *Banking and Economic Development: Some Lessons of History*. New York: Oxford University Press, 1972.

Cantemir, Demetrius (Dimitrie). *The History of the Growth and Decay of the Othman Empire, 2 Parts, Written Originally in Latin, by Demetrius Cantemir, Translated into English, from the Author's Own Manuscript, by N. Tindal, M. A., Vicar of Great Waltham in Essex, Adorn'd with the Heads of the Turkish Emperors, Ingraven from Copies Taken from Original sin the Grand Seignor's Palace, by the Sultan's Painter, Part 1. Containing the Growth of the Othman Empire, from the Reign of Othman the Founder, to the Reign of Mahomet IV, That Is, from the Year 1300, to the Siege of Vienna, in 1683.* London: printed for James, John, and Paul Knapton, 1734.

Capodistrias, John, Count (to His Majesty the Emperor Alexander I). "Aperçu de ma carrière, depuis 1798 jusqu'à 1822," *Sbornik Imperatorskago Russkago Istoricheskago Obshchestva* [the old orthography], III (1868).

Charrière, Ernest. *Négociations de la France dans le Levant, ou Correspondance, mémoires et actes diplomatiques des ambassadeurs de France à Constantinople et des ambassadeurs envoyés ou résidents à divers titres à Venise, Raguse, Rome, Malte et Jérusalem, en Turquie, Perse, Géorgie, Crimée, Syrie, Egypte, etc., et dans les Etats de Tunis, d'Alger et de Maroc*, 4 vols. Paris: Imprimerie Impériale, 1853.

Chateaubriand, François-René, vicomte de. *Itinéraire de Paris à Jérusalem, suivi des voyages en Amérique, en France, en Italie*, 2 vols. Paris: H. Krabbe, 1853.

Chevalier, Pierre. *A Discourse of the Original, Countrey, Manners, Government and Religion of the Cossacks, with Another of the Precopian Tartars*, trans. and preface by Edward Brown(e). London: printed by T. N. for H. Kemp, 1672.

Cipolla, Carlo M. *Guns, Sails, and Empires: Technological Innovation and the Early Phases of European Expansion,1400–1700.* New York: Pantheon Books, 1965.

Clark, George Norman. "The Barbary Corsairs in the Seventeenth Century," *Cambridge Historical Journal*, VIII/1 (1944), 22–35.

——. "War Trade and Trade War, 1701–1713," *Economic History Review*, I/2 (January 1928), 262–80.

Clogg, Richard. "The Greek Mercantile Bourgeoisie: 'Progressive' or 'Reactionary'?" in Richard Clogg, ed. *Balkan Society in the Age of Greek Independence.* Totowa, N.J.: Barnes & Noble Books, 1981, pp. 85–110.

Cohn, Norman. *The Pursuit of the Millennium.* London: Secker and Warburg, 1957.

Coles, Paul. *The Ottoman Impact on Europe.* New York: Harcourt, Brace & World, 1968.

Cook, M. A. "Economic Developments," in Joseph Schacht and Clifford Edmund Bosworth, eds. *The Legacy of Islam*, 2nd ed. Oxford: Clarendon Press, 1974, pp. 210–43.

Coquelle, P. *Histoire du Monténégro et de la Bosnie depuis les origines.* Paris: Ernest Leroux, 1895.

Coronelli, Vincenzo. *Description géographique et historique de la Morée reconquise par les Vénitiens, du royaume de Negrepont, des lieux circonvoisins, et de ceux qu'ils ont soûmis dans la Dalmatie, & dans l'Epire, depuis la guerre qu'ils ont déclarée aux Turcs en 1684 jusqu'en 1687, enrichie de plusieurs plans, & vûës de places des mêmes païs.* Paris: chez Nicolas Langlois, 1687. Bibliothèque Nationale (Paris), Cartes et Plans, Ge.DD.1504.

——. *Isolario dell'Atlante Veneto*, 2 parts in one vol. Venetia, 1696. Bibliothèque Nationale, Cartes et Plans, Ge.DD.1678–1679.

Cotta, Alain. "Le Déclin de la domination économique d'une nation," *Revue d'économie politique*, LXX, 1 (Jan.–Feb.1960), 35–68.

Cottrell, Fred. *Energy and Society: The Relation between Energy, Social Change, and Economic Development.* New York: McGraw-Hill, 1955.

Čubrilović, Vasa. *See* Académie Serbe des Sciences et des Arts, *Les Grandes puissances.*

Cunibert, Barthélemy Sylvestre. *Essai historique sur les révolutions et l'indépendance de la Serbie depuis 1804 jusqu'à 1850*, 2 vols. Leipzig: F. A. Brockhaus, 1855.

Cvijić, Jovan. "Izlazak Srbije na Jadransko More," *Govori i članci*, 2 vols. Belgrade: Napredak, 1921. The article first was published in a 1912 issue of the *Glasnik Srpskog Geografskog Društva* as an expanded version of an article for *Petermanns Mitteilungen* (December 1912).

Dalvimart, Octavian. *The Costume of Turkey, Illustrated by a Series of Engravings; with Descriptions in English and French.* London: printed for William Miller, 1802.

Daničić, Djura. "Rat za srpski jezik i pravopis," *Sitniji spisi Dj. Daničića, I. Kritika, polemika i istorija književnosti*, Srpska Kraljevska Akademija, Posebna Izdanja, LIV, Philosophical and Philological Writings, knj. 14.Sremski Karlovci: Srpska Manastirska Štamparija, 1925, pp.5–46.

Den Hollander, A.N.J. "The Great Hungarian Plain: A European Frontier Area," *Comparative Studies in Society and History*," III (1960–1961), 74–88, 155–69.

Denton, William, Rev. *Servia and the Servians.* London: Bell and Daldy, 1862.

Derzhavin, N. S. "Russkii absoliutizm i iuzhnoe slavianstvo," *Izvestiia Leningradskogo Gosudarstvennogo Universiteta*, I (1928), 43–82.

Des Hayes, Louis, baron de Courmenin. *Voiage de Levant par le commandement du Roy en l'année 1621*, 2nd ed. Paris: chez Adrian Tavpinart, 1632.

Des jardins, Arthur. *P. J. Proudhon: Sa vue, ses oeuvres, sa doctrine*, 2 vols. Paris: Perrin et Cie, 1896.

Diffie, Bailey W. and Winius, George D. *Foundations of the Portuguese Empire, 1415–1580.* Minneapolis: University of Minnesota Press, 1977.

Djafar ibn Mohammed (abou Mashar). *See* Apomazar.

Djilas, Milovan. "O nacionalnoj istoriji kao vaspitnom predmetu," *Komunist*, organ Centralnog Komiteta KPJ, January 1949.

Djordjević, Miroslav. *Članci i eseji*. Sarajevo: Svjetlost, 1951. *See also* Marković, Svetozar.

Dmytryshyn, Basil, ed. *Medieval Russia: A Source Book, 900–1700*. New York: Holt, Rinehart and Winston, 1967.

Driault, Edouard. *Napoléon et l'Europe: Tilsit, France et Russie sous le Premier Empire; la question de Pologne (1806–1809)*. Paris: Félix Alcan, 1917.

Duby, Georges and Mandrou, Robert. *Histoire de la civilisation française*, 2 vols. Paris: Armand Colin, 1958.

Duichev (Dujčev), Ivan. *Chiprovets i vŭzstanieto prez 1688 godina*. Sofia: Bŭlgarsko Istorichesko Druzhestvo, 1938.

——. "La Conquête turque et la prise de Constantinople dans la littérature slave contemporaine," *Byzantinoslavica*, XIV(1953), 14–54.

Durkheim, Emile. *Les Règles de la méthode sociologique*, 14th ed. Paris: Presses Universitaires de France, 1960. The first edition of the book by Félix Alcan appeared in 1895.

Duroselle, Jean-Baptiste. *See* Renouvin, Pierre.

Dvornik, Francis. *The Slavs in European History and Civilisation*. New Brunswick, N. J.: Rutgers University Press, 1962.

Earle, Edward Mead. *Turkey, the Great Powers, and the Bagdad Railway: A Study in Imperialism*. New York: Macmillan, 1924.

Edmonds, Mrs. [E. M.]. *See* Kolokotronês.

Eisenstadt, Shmuel Noah. *Revolution and the Transformation of Societies: A Comparative Study of Civilizations*. New York: The Free Press, 1978.

Eliade, Mircea. *Traité d'histoire des religions*. Paris: Payot, 1949.

Eliezer Kaplan School of Economics and Social Sciences of the Hebrew University. *See* Kuznets, Simon.

Erikhonov, L. *Russkie revoliutsionnye demokraty i obshchestvennaia mysl' iuzhnykh slavian v 60–70 godov XIX veka*. Moscow: Gospolitizdat, 1950.

Ferrier, R. W. "The Armenians and the East India Company in Persia in the Seventeenth and Early Eighteenth Centuries," *Economic History Review*, 2nd ser., XXVI, 1 (February 1973), 38–62.

Fisher, Sydney Nettleton. *The Middle East: A History*. New York: Alfred A. Knopf, 1959.

Fisher-Galati, Stephen. "Reverberations of the Austro-Turkish War in the Balkan Peninsula (1593–1606)," in *Essays in Honor of Basil Laourdas*, Thessaloniki, 1975, pp. 349–60.

Fishlow, Albert. *American Railroads and the Transformation of the Ante-Bellum Economy*. Cambridge, Mass.: Harvard University Press, 1965.

Flandin, Eugène Napoléon. *L'Orient*, 4 vols. Paris: Gide et J. Baudry, 1853–1867.

Fleischer, Cornell H. *Bureaucrat and Intellectual in the Ottoman Empire: The Historian Mustafa Ali (1541–1600)*. Princeton, N. J.: Princeton University Press, 1986.

Flemming, Barbara. "Sahib-Kiran und Mahdi: Türkische Endzeiterwartungen im ersten Jahrzehnt der Regierung Süleymans," in György Kara, ed. *Between the Danube and the Caucasus: A Collection of Papers Concerning Oriental Sources on the History of the Peoples of Central and South-Eastern Europe*, Academy of Sciences of the U.S.S.R. (Institute for Oriental Studies) and Hungarian Academy of Sciences (Research Group for Altaistic Studies), "Oriental Sources on the History of the Peoples of South-Eastern and Central Europe," A. N. Kononov, editor-in-chief. Budapest: Akadémiai Kiadó, 1987, pp. 43–62.

Fogel, Robert William. *Railroads and American Economic Growth: Essays in Economic History*. Baltimore: Johns Hopkins Press, 1964.

France, Ministère des Affaires Etrangères, Commission de la publication des documents relatifs aux origines de la Guerre de 1914. *Documents diplomatiques français (1873–1914)*, Vol. IV. *(1er octobre 1912–4 décembre 1912*. Paris: Imprimerie Nationale, 1932; Vol. V. *(5 décembre1912 – 14 mars 1913)*. Paris: Imprimerie Nationale, 1933.

Frazer, James George. *The New Golden Bough* (a shortened version of the author's *Golden Bough*), edited by Theodor H. Gaster. New York: Criterion Books, 1959.

Freeman, Michael. "Review Article: Theories of Revolution," *British Journal of Political Science*, II (1972), 339–59.

Frilley, G. and Wlahovitj (Vlahović), Jovan. *Le Monténégro contemporain*. Paris: Plon, 1876.

Garašanin, Ilija. *Pisma Jovanu Marinoviću*, ed. St. Lovčević, Srpska Kraljevska Akademija, "Zbornik za istoriju, jezik i književnost srpskog naroda," Section 1, Book 21, 2 vols. Belgrade, 1931.

Gerhard, Dietrich. *England und der Aufstieg Russlands: zur Frage des Zusammenhanges der europäischen Staaten und ihres Ausgreifens in die aussereuropäische Welt in Politik und Wirtschaft des 18. Jahrhunderts*. München and Berlin: R. Oldenbourg, 1933.

Gieysztorowa, Irena. "Guerre et régression en Masovie aux XVIe et XVIIe siècles," *Annales: Economies, Sociétés, Civilisations*, XIII, 4 (oct.–déc. 1958), 651–68.

Gille, Bertrand. *Histoire économique et sociale de la Russie du Moyen âge au XXe siècle*. Paris: Payot, 1949.

Ginzburg, Carlo. *The Cheese and the Worms: The Cosmos of a Sixteenth-Century Miller*, translated by John and Anne

Tedeschi. Baltimore: Johns Hopkins Press, 1980.

Gligorić, Velibor. *Srpski realisti.* Belgrade: Prosveta,1954.

Gogol, N. V. *Sobranie sochinenii*, V. *Mrtvye dushi: Poema.* Moscow: Gosudarstvennoe izdatel'tvo khudozhestvennoi literatury, 1953.

Gooch, George Peabody and Temperley, Harold, eds., with the assistance of Lillian M. Penson. *British Documents on the Origins of the War, 1898–1914*, Vol. IX, Part 2. London: printed and published by His Majesty's Stationery Office, 1934.

Gopčević, Spiridion. *Serbien und die Serben*, Vol. I. *Das Land.* Leipzig: B. Elischer, 1888.

Gottfried, Johann Ludwig. *Neuwe Archontologia Cosmica, Das Ist, Beschreibung Aller Kayserthumben, Königreichen und Republicken der Ganzen Welt, Die Keinen Höhern Erkennen*, plates by Mathaeo Merian (Mathieu Mérian). Franckfurt am Mayn: Wolfgang Hoffmans Buchdruckerey, 1638. Bibliothèque Nationale, Cartes et Plans, Ge.DD.324.

Grafton, Anthony. *See* Valensi, Lucette.

Greene, Thomas H. *Comparative Revolutionary Movements.* Englewood Cliffs, N.J.: Prentice-Hall, 1974.

Grekov, Boris Dmitrievich, ed. *Dokumenty k istorii slavianovedeniia v Rossii (1850–1912)*, prepared for publication by V. R. Leikina-Svirskaia and L. V. Razumovskaia. Moscow and Leningrad: Akademiia Nauk SSSR, 1948.

Grosul, Ia. (Ya.) S. "Istoricheskoe znachenie prisoedineniia Bessarabii k Rossii dlia sudeb moldavskogo naroda," *Voprosy istorii*, No. 7 (July 1962), pp. 48–68.

Grujić, Jevrem. *Zapisi*, 3 vols. Belgrade: Štamparija Budućnost, 1922–1923. *See also*: Michel, L. and *Revue des deux mondes.*

Guilmartin, John Francis, Jr. *Gunpowder and Galleys: Changing Technology and Mediterranean Warfare at Sea in the Sixteenth Century.* London: Cambridge University Press, 1974.

Gulick, Edward Vose. *Europe's Classical Balance of Power: A Case History of the Theory and Practice of One of the Great Concepts of European Statecraft.* Ithaca, N.Y.: Cornell University Press, 1955; published as a paperback in 1967 by W. W. Norton, New York.

Gumilev, L. N. "Les Fluctuations du niveau de la mer Caspienne," translated by N. Godneff, in *Cahiers du monde russe et soviétique*, VI (1965), 331–66.

Gundulić, Ivan. *Odabrane strane*, ed. Dragoljub Pavlović. Belgrade: Geca Kon, 1939.

Hagopian, Mark N. *The Phenomenon of Revolution.* New York: Dodd, Mead & Company, 1974.

Halecki, Oscar. *Borderlands of Western Civilization: A History of East Central Europe.* New York: Ronald Press, 1952.

Hammer-Purgstall, Joseph, Freiherr von. *Histoire de l'Empire ottoman, depuis son origine jusqúà nos jours*, translated from the German by J. J. Hellert, 18 vols. and atlas. Paris: Bellizard Barthès, Dufour & Lowell, 1835–1843.

Hasluck, Frederick William: *Christianity and Islam under the Sultans*, edited by Margaret M. Hasluck, 2 vols. Oxford: Clarendon Press, 1929.

Haumant, Emile. *La Formation de la Yougoslavie (XVe–XXe siècles).* Paris: Editions Bossard, 1930.

——. "La Serbie sous Miloš et ses premiers successeurs," in Grga Novak, ed. *Šišićev Zbornik (Mélanges Šišić): zbornik radova Ferdi Šišću povodom šezdesetgodišnjice života, 1869–1929.* Zagreb: Tiskara C. Albrecht [P. Acinger], 1929, pp. 19–29.

Hellie, Richard., ed. and trans. *Readings for Introduction to Russian Civilization: Muscovite Society.* Chicago: Syllabus Division of the College of the University of Chicago, 1967.

Herlihy, Patricia. "Russian Grain and Mediterranean Markets, 1744–1861," Ph.D. dissertation, University of Pennsylvania, 1963.

Hess, Andrew C. "The Evolution of the Ottoman Seaborne Empire in the Age of the Discoveries, 1453–1525," *American Historical Review*, LXXV (December 1970), pp. 1892–1919.

——. *The Forgotten Frontier: A History of the Sixteenth Century Ibero-African Frontier.* Chicago: University of Chicago Press, 1978.

Hobhouse Broughton, John Cam. *A Journey through Albania, and Other Provinces of Turkey in Europe and Asia, to Constantinople, during the Years 1809 and 1810*, 2nd ed. London: J. Cawthorne, 1813.

Hobsbawm, Eric J. *Social Bandits and Primitive Rebels: Studies in Archaic Forms of Social Movement in the Nineteenth and Twentieth Centuries.* Glencoe, Ill.: The Free Press, 1959.

——. *Bandits*, rev. ed. New York: Pantheon Books, 1981; originally published by Weidenfeld and Nicolson Ltd., London.

Hodgson, Marshall G. S. "A Note on the Millennium in Islam," in Sylvia L. Thrupp, ed. *Millennial Dreams in Action: Essays in Comparative Study*, "Comparative Studies in Society and History," Supplement II. The Hague: Mouton, 1962.

Hollander, A. N. J. *See* Den Hollander, A.N.J.

Hoselitz, Bert F. *See* Marx, Karl.

Hurmuzaki Eudoxiŭ de, Baron. *Documente privitóre la istoria Românilor*, Vol. II, Part 3. Bucharest, 1892.

Iakovlev, Vasilii Iakovlevich. *See* Bogucharskii, V.

Iorga, Nicolae. *Geschichte des Osmanischen Reiches, nach der Quellen dargestellt*, 5 vols. Gotha: Friedrich Andreas Perthes, 1908–1913.

Janković, Dragoslav. *O političkim strankama u Srbiji XIX veka.* Belgrade: Prosveta, 1951."

——. O programima i borbama za lokalne samouprave u Srbiji XIX veka," *Nova Misao*, I, 3 (March 1953), 403–19.

Janković, Milovan. See Michel, L. and *Revue des deux mondes*. Janković, Velizar. *See* Yankovitch, Velizar.

Jelavich, Barbara. *A Century of Russian Foreign Policy, 1814–1914*. Philadelphia and New York: J. B. Lippincott, 1964.

——. *Russia and the Greek Revolution of 1843*. Munich: R.Oldenbourg, 1966.

Jelavich, Charles. *Tsarist Russia and Balkan Nationalism: Russian Influence in the Internal Affairs of Bulgaria and Serbia, 1879–1886*. Berkeley and Los Angeles: University of California Press, 1958.

Jelavich, Charles and Barbara, eds. *The Education of a Russian Statesman: The Memoirs of Nicholas Karlovich Giers*. Berkeley and Los Angeles: University of California Press, 1962.

——. "Jomini and the Revival of the Dreikaiserbund, 1879–1880," *Slavonic and East European Review*, XXXV, No. 85 (June1957), 523–50.

Jensen, J. H. and Rosegger, Gerhard. "British Railway Building along the Lower Danube, 1856–1869," *Slavonic and East European Review*, XLVI, No. 106 (January 1968), 105–28.

Joint Committee on Slavic Studies. *See* Schwarz, Solomon M.

Jorga, N. *See* Iorga, Nicolae.

Jovanović, Bogoljub. *See* Kanitz, Felix Philipp.

Jovanović, Slobodan. *Svetozar Marković*, 2nd rev. ed. Belgrade: Geca Kon, 1920.

——. *Ustavobranitelji i njihova vlada (1838–1858)*. Belgrade: Državna Štamparija, 1912.

Julien, Charles-André. *History of North Africa—Tunisia,Algeria, Morocco: From the Arab Conquest to 1830*, ed. and rev. by R. Le Tourneau, trans. from the French by C. C.Stewart. London: Routledge & Kegan Paul, 1970.

Kabuzan, Vladimir Maksimovich. *Narodonaselenie Rossii v XVIII-pervoi polovine XIX v*. Moscow: Akademiia Nauk SSR, 1963.

Kafadar, Cemal. "Les Troubles monétaires de la fin du XVIe siècle et la prise de conscience ottomane du déclin,"*Annales: Economies, Sociétés, Civilisations*, XLVI, 2 (mars-avril 1991), pp. 381–400.

Kahan, Arcadius. "Continuity in Economic Activity and Policy during the Post-Petrine Period in Russia,"*Journal of Economic History*, XXV, 1 (March 1965), 61–85.

Kanitz, Felix Philipp. *Das Königreich Serbien und dasSerbenvolk von der Römerzeit bis zur Gegenwart, II. Land und Bevölkerung*, ed. and enl. by Bogoljub Jovanović. Leipzig: Verlag von Bernhard Meyer, 1909.

Kara, Gyorgy, ed. *Between the Danube and the Caucasus: A Collection of Papers Concerning Oriental Sources on the History of the Peoples of Central and South-Eastern Europe*,Academy of Sciences of the U.S.S.R. (Institute for Oriental Studies) and Hungarian Academy of Sciences (Research Group for Altaistic Studies), "Oriental Sources on the History of the Peoples of South-Eastern and Central Europe," A. N.Kononov, editor-in-chief. Budapest: Akadémiai Kiadó, 1987.

Karadžić, Vuk Stefanović. *Pisma*. Belgrade: Prosveta, 1947.

——. *Vukova prepiska*, 7 vols. Belgrade: Državna Štamparija, 1907–1913.

Keenan, Edward Louis, Jr. "Muscovy and Kazan: Some Introductory Remarks on the Patterns of Steppe Diplomacy,"*Slavic Review*, XXVI, 4 (December 1967), 548–58.

Keppel, George Thomas, Earl of Albemarle. *Narrative of a Journey across the Balcan*, 2 vols. London: Colburn &Bentley, 1831.

Kerner, Robert J. "Russia's New Policy in the Near East after the Peace of Adrianople; Including the Text of the Protocol of 16 September 1829," *Cambridge Historical Journal*, V, 3(1937), 280–90.

——. Ed. *Yugoslavia*. Berkeley and Los Angeles: University of California Press, 1949.

Khomiakov, Alexis (Aleksei) S. *et al*. "Srbima: poslanica iz Moskve," in Djura Daničić, *Sitniji spisi Dj. Daničića, I. Kritika, polemika i istorija književnosti*, Srpska Kraljevska Akademija, Posebna izdanja, LIV, Philosophical and Philological Writings, knj. 14. Sremski Karlovci: Srpska Manastirska Štamparija, 1925. The epistle bore the following signatures: Aleksei S. Khomiakov, Mikhail P.Pogodin, A. Koshelev, Ivan Beliaev, Fedor Chizhov, Nikolai Elagin, Iurii Samarin, Petr Bezsonov, Konstantin Aksakov,Petr Bartenev, and Ivan S. Aksakov.

Khromov, P. A. *Ekonomicheskoe razvitie Rossii*. Moscow:Izdatelstvo Nauka, 1967.

Klarwill, Victor von, ed. *The Fugger News-Letters, Second Series, Being a Further Selection from the Fugger Papers Specially Referring to Queen Elizabeth and Matters Relating to England during the Years 1568–1605*, trans. by L. S. R. Byrne. London: John Lane, 1926.

Kolokotronês. *Kolokotronês: The Klepht and the Warrior: Sixty Years of Peril and Daring, an Autobiography*, trans. from the Greek with introduction and notes by Mrs. [E. M.] Edmonds. London: T. Fisher Unwin, 1892.

Kortepeter, Carl (or Karl) Max. *Ottoman Imperialism during the Reformation: Europe and the Caucasus*. New York: New York University Press, 1972.

——. "Ottoman Imperial Policy and the Economy of the

Black Sea Region in the Sixteenth Century," *Journal of the American Oriental Society*, LXXXVI/2 (April 1966), 86–113.

Kostić, Mita. "Serbische Studenten an den Universitäten Halle, Leipzig und Göttingen im 18. Jahrhundert,"*SÜdostdeutsche Forschungen*, III (1938), 352–75.

Kramnick, Isaac. "Reflections on Revolution: Definition and Explanation in Recent Scholarship," *History and Theory*, XI,1 (1972), 26–63.

Krehbiel, Edward. "The European Commission of the Danube: An Experiment in International Administration," *Political Science Quarterly*, XXXIII, 1 (March 1918), 38–55.

Kukiel, Marian. *Czartoryski and European Unity, 1771–1861.*Princeton, N.J.: Princeton University Press, 1953.

Kuznets, Simon. "Economic Growth of Small Nations," in Eliezer Kaplan School of Economics and Social Sciences of the Hebrew University, *The Challenge of Development: A Symposium Held in Jerusalem, June 26–27, 1957.* Jerusalem, 1958.

Lamartine, Alphonse-Marie-Louis de. *Voyage en Orient:Souvenirs, impressions, pensées et paysages pendant un voyage en Orient, 1832–1833, ou, Notes d'un voyageur,* 2vols. Paris: Hachette et Cie, Vol. I, 1913; Vol. II,1911.

Lamer, Mirko. "Die Wandlungen der ausländischen Kapitalanlagen auf dem Balkan," *Weltwirt schaftliches Archiv*, XLVIII, 3 (November 1938), 470–522.

Lampe, John R. "Serbia, 1878–1912," in Rondo E. Cameron, ed.*Banking and Economic Development: Some Lessons of History.* New York, London, Toronto: Oxford University Press, 1972,pp. 122–67.

Landes, David S. "Some Thoughts on the Nature of Economic Imperialism,"*Journal of Economic History*, XXI, 4 (December1961), pp. 496–512.

Langlès, Louis-Mathieu. *See* Malcolm, Sir John.

Lapčević, Dragiša. *Istorija socijalizma.* Belgrade: Geca Kon, 1922.

Lascaris, Stamati Théodore (Laskaris, Stamatios Theodorou).*Capodistrias avant la révolution grecque, sa carrière politique jusqu'en 1822.* Lausanne: Imprimerie Centrale, 1918.

Laveleye, Emile de. *The Balkan Peninsula*, trans. by Mrs.Thorpe, rev. and ed. for the English public by the author.New York and London: G. P. Putnam's Sons, 1887.

Lear, Edward. *Journals of a Landscape Painter in Albania, & c.*London: Richard Bentley, 1851.

Lederer, Ivo J. "Russia and the Balkans," in Ivo J. Lederer,ed. *Russian Foreign Policy: Essays in Historical Perspective,* Conference on a Century of Russian Foreign Policy, Yale University, 1961. New Haven, Conn.: Yale University Press, 1962, pp. 417–51.

Le Goff, Jacques. *La Civilisation de l'Occident médiéval.*Paris: Arthaud, 1964.

Leon, George B. "The Greek Merchant Marine (1453–1850)," in Stelios A. Papadopoulos, ed. *The Greek Merchant Marine(1453–1850).* Athens: National Bank of Greece, 1972, pp.13–44, 469–83.

Le Roy Ladurie, Emmanuel. *Histoire du climat depuis l'an mil.*Paris: Flammarion, 1967.

——. "Pour une histoire de l'environnement: La Part du milieu,"*Annales: Economies, Sociétés, Civilisations*, XXV, 5 (septembre–octobre 1970), 1459–1470.

Le Tourneau, R. *See* Julien, Charles-André.

Lévi-Strauss, Claude. *Mythologiques,* Vol. I. *Le Cru et le cuit.* Paris: Plon, [1964].

Lucas, Lowell. *See* Vryonis, Speros, Jr.

Lyashchenko, Peter I. *History of the National Economy of Russia to the 1917 Revolution*, trans. by L. M. Herman. New York: Macmillan Company, 1949.

Lybyer, Albert Howe. *The Government of the Ottoman Empire in the Time of Suleiman the Magnificent*, Harvard Historical Studies, XVIII. Cambridge, Mass.: Harvard University Press, 1913.

Magalhães Godinho, Vitorino. *L'Empire portugais aux XVe et XVIe siècles*, Ecole Pratique des Hautes Etudes–VIe Section, "Ports, routes, trafics," 26. Paris:S.E.V.P.E.N., 1969.

Malcolm, Sir John (former Minister plenipotentiary of the government of India to the court of Persia). *Histoire de la Perse, depuis les tems les plus anciens jusqùà l'époque actuelle* [1814], trans. from the English by Pierre-Vincent Benoist, continued from 1814 to 1821 by Louis-Mathieu Langlès, 4 vols. Paris: chez Pillet aîné, 1821.

Mallat, Joseph. *La Serbie contemporaine: Etudes, enquêtes, statistiques*, 2 vols. Paris: J. Maisonneuve, 1902.

Malon, Benoît. *Histoire du socialisme*, 4 vols. Paris: Derveaux Editeur, 1882–1885.

——. "Svetosar Markowitch et le socialisme serbe," *La Revue socialiste, syndicaliste et coopérative* VIII (Paris, 1888), 582–95

Mandrou, Robert. *See* Duby, Georges.

Mango, Cyril. "Byzantinism and Romantic Hellenism," *Byzantium and Its Image: History and Culture of the Byzantine Empire and Its Heritage.* London: Variorum Reprints, 1984, pp.29–43.

——. "The Legend of Leo the Wise," *ibid.*, pp. 59–93, with accompanying illustrations of the symbolic oracles.

Mantran, Robert. *Istanbul dans la seconde moitié du XVIIe siècle: Essai d'histoire institutionnelle, économique et sociale,*

Bibliothèque Archéologique et Historique de l'Institut Français d'Archéologie d'Istanbul, XII. Paris: Adrien Maisonneuve, 1962.

Manuel, Frank E. *The New World of Henri Saint-Simon*.Cambridge, Mass.: Harvard University Press, 1956.

Marcovitch, Lazare. "Two Anniversaries of Serbian Law: The Civil Code of 1844 and the *Zakonik* of Dushan," *Journal of Central European Affairs*, XIV (1954), 270–73.

Marković, Svetozar. *Celokupna de la* (incomplete despite the title), 8 vols. Vols. I-II, ed. Lj. Joksimović (Belgrade:Moderna Štamparija Milivoja Bodjanskog, 1911–1912); Vol. III, edited and prepared by the Committee for the Publication of the Complete Works of Svetozar Marković(Belgrade: Izdavačka Knjižarnica Rajkovića i Cukovića,n.d.); Vols. IV-VIII, ed. Lj. Joksimović, text prepared by the Committee for the Publication of the Complete Works of Svetozar Marković (Belgrade: Parna Štamparija Narodne Radikalne Stranke, 1891–1893).

——. *Izabrani listovi*, ed. D. Vučenov. Zagreb: Novo Pokoljenje, 1949.

——. *Iz političkih spisa i prepiske*, ed. Miroslav Djordjević.Sarajevo: Svjetlost, 1951.

——. *Odabrani spisi*, ed. Veselin Masleša. Zagreb: Biblioteka"Prosvjete," 1950.

——. *Srbija na istoku*. Belgrade: Prosveta, 1946.

Marx, Karl. "The Background of the Dispute (1853–1854)," in *The Russian Menace to Europe by Karl Marx and Friedrich Engels: A Collection of Articles, Speeches, Letters, and News Despatches*, selected and ed. by Paul W. Blackstock and Bert H. Hoselitz. Glencoe, Ill.: The Free Press, 1952, pp. 121–53.

Masleša, Veselin. *See* Marković, Svetozar.

Matthews, George T., ed. *News and Rumor in Renaissance Europe*. New York: Capricorn Books, copyright 1959 by G.P.Putnam's Sons.

May, Arthur J. "Trans-Balkan Railway Schemes," *Journal of Modern History*, XXIV, 4 (December 1952), 352–67.

McClellan, Woodford D. *Svetozar Marković and the Origins of Balkan Socialism*. Princeton, N. J.: Princeton University Press, 1964.

McKenzie, David. *The Serbs and Russian Pan-Slavism, 1875–1878*. Ithaca, N. Y.: Cornell University Press, 1967.

McNeill, William Hardy. *Europe's Steppe Frontier, 1500–1800*. Chicago: University of Chicago Press, 1964.

——. *The Pursuit of Power: Technology, Armed Force, and Society since A.D. 1000*. Chicago: University of Chicago Press, 1982.

Mehlan, Arno. "Mittel- und Westeuropa und die Balkan jahresmärkte zur Türkenzeit," *Südostdeutsche Forschungen*, III (1938), 69–120.

Michel, L. Review of Jevrem Grujić (Grouitch) and Milovan Janković (Jankovitch), *Les Slaves du Sud , ou le peuple serbe avec les Croates et les Bulgares, aperçu de leur vie historique, politique et sociale* (Paris: Libraire de Franck, 1853), in *Moniteur universel: Journal officiel de l'Empire français*, April 9, 1853, pp. 395–96.

Mihailović, Stevča (Stefan). *Memoari Stefana-Stevče-Mihailovića*, ed. Živan Živanović, Srpska Kraljevska Akademija, "Zbornik za istoriju, jezik i književnost srpskog naroda," Section 1, knj. 18. Belgrade: Grafički zavod Makarijé A. D. u Zemunu, 1928.

Mijatović, Čedomilj (Mijatovich, Chedomille, Count). *Izvod iz politične ekonomike*. Belgrade: Državna Štamparija, 1867.

——. *The Memoirs of a Balkan Diplomatist*. London, New York, Toronto, Melbourne: Cassell and Company, 1917.

Milićević, Milan Djuro. *Život Srba seljaka*, 2nd ed. rev. and enl. Belgrade: Srpska Kraljevska Akademija, 1894.

Miljković, Danica. "Prilozi rasvetljanju privrednih odnosa Srbije i Rusije u XIX veku," in Srpska Akademija Nauka,*Gradja (Documents)*, XII, Istoriski Institut, 9, *Mešovita gradja (Miscellanea)*. Belgrade, 1956, pp. 1–87.

Miller, Margaret. *The Economic Development of Russia, 1905–1914*, 2nd ed. London: Frank Cass, 1967.

Milutinović, Kosta. "Proterivanje Svetozara Markovića iz Vojvodine" (Die Vertreibung Svetozar Marković's aus der Wojwodina), in Srpska Akademija Nauka, *Istoriski časopis*, V, 1954–1955 (Belgrade, 1955), pp. 349–64.

Mitrany, David. *The Land and the Peasant in Rumania: The War and Agrarian Reform (1917–21)*. London: Humphrey Milford, Oxford University Press; New Haven, Conn.: Yale University Press, 1930.

Montesquieu, Charles Louis de Secondat, baron de La Brède et de. *L'Esprit des lois*, 2 vols. Paris: Garnier frères, 1922.

Morazé, Charles. *Les Bourgeois conquérants: XIXe siècle*.Paris: Armand Colin, 1957.

——. *Histoire des faits économiques et sociaux*, "Les Cours de droit," fasc. III. Paris: Université de Paris—Institut d'Etudes Politiques, 1950–1951.

Moschopoulos, Nicéphore. *La Terre Sainte: Essai sur l'histoire politique et diplomatique des lieux saints de la Chrétienté*. Athens: n. p., 1956.

Mousnier, Roland. *Peasant Uprisings in Seventeenth-Century France, Russia, and China*, trans. from the French by Brian Pearce. New York: Harper and Row, 1970.

Mousset, Jean. *La Serbie et son Eglise (1830–1904)*. Paris:Librairie Droz, 1938.

Mučalica, Olga, "Osnivanje katedre narodne istorije

iknjiževnosti i njen prvi profesor u Liceju," *Arhivski Almanah*, No. 1 (Belgrade, 1958), pp. 177–90.
Naima, Mustafa. *Annals of the Turkish Empire from 1591 to 1659 of the Christian Era*, trans. from the Turkish by Charles Fraser. London: printed for the Oriental Translation Fund of Great Britain and Ireland; sold by J.Murray, 1832.
Nebioğlu, Osman. *Die Auswirkungen der Kapitulationen auf die türkische Wirtschaft*, Probleme der Wirtschaft—Schriften des Instituts für Weltwirtschaft an der Universität Kiel,68. Jena: Gustav Fischer, 1941.
Nebolsin (Nebol'sin), Grigorii Pavlovich. *Statistiches koeobozrenie vneshnei torgovli Rossii*, 2 vols. St.Petersburg: Department vneshnei torgovli, 1850.
Nicolay, Nicolas de. *Discovrs et histoire veritable des navigations, peregrinations et voyages, faicts en la Tvrqvie*. Anvers: chez Arnould Coninx, 1586.
Nikitin, S. A. *Slavianskie komitety v Rossii v 1858–1876 godakh*. Moscow: Moskovskii Universitet, 1960.
Nolde, Boris. *La Formation de l'Empire russe: Etudes, note set documents*, 2 vols. Paris: Institut d'Etudes Slaves,1952–1953.
Noradounghian, Gabriel, ed. *Recueil d'actes internationaux de l'Empire ottoman*, 4 vols, Paris: F. Pichon, 1897–1903.
Novak, Grga, ed. *Šišićev Zbornik (Mélanges Šišić): zbornik radova Ferdi Šišću povodom šezdesetgodišnjice života, 1869–1929*. Zagreb: Tiskara C. Albrecht [P. Acinger], 1929.
Novichev, Aron Davidovich. *Ocherki ekonomiki Turtsii do Mirovoi Voiny*. Moscow, Leningrad: Akademiia Nauk SSSR, 1937.
Novoselskii, Aleksei Andreevich. *Bor'ba moskovskogo gosudarstva s tatarami v pervoi polovine XVII veka.*Moscow: Akademiia Nauk SSR–Institut Istorii, 1948.
Noyes, George Rapall. "The Literature of the South Slavs,"*Yugoslavia*, ed. Robert Joseph Kerner. Berkeley and Los Angeles: University of California Press, 1949, pp. 302–15. *See* also: Obradović, Dositej.
Obradović, Dositej. *De la Dositeja Obradovića*, 5th, state, edition. Belgrade: Državna Štamparija, 1911.
——. *The Life and Adventures of Dimitrije Obradović, Who as a Monk Was Given the Name Dositej*, trans. and ed. George Rapall Noyes. Berkeley and Los Angeles: University of California Press, 1953.
Olivier, Guillaume Antoine. *Voyage dans l'Empire othoman, l'Egypte et la Perse, fait par ordre du gouvernement pendant les six premières années de la République*, Vol. I.Paris: chez H. Agasse, year IX.
Papadopoulos, Stelios A., ed. *The Greek Merchant Marine (1453–1850)*. Athens: National Bank of Greece, 1972.
Parry, V. J. *See* Skiotis, Dennis N.
Pavlowitch, Stevan K. *Anglo-Russian Rivalry in Serbia, 1837–1839: The Mission of Colonel Hodges*. Paris, The Hague: Mouton, 1961.
Penson, Lillian M. *See* Gooch, George Peabody.
Perroux, François. "Esquisse d'une théorie de l'économie dominante," *Economie Appliquée*, I, 2–3 (avril–sept. 1948), 243–300.
Petrovich, Michael Boro. "Catherine II and a False Peter IIIin Montenegro," *American Slavic and East European Review*, XIV (1955), 169–94.
——. *"The Emergence of Russian Panslavism, 1856–1870.* New York: Columbia University Press, 1956.
Philippe, Robert. *See* Baille, Suzanne.
Phillips, Sir Richard. *See* Vialla de Sommières, L. C., Col.
Picot, Emile. *Les Serbes de Hongrie, leur histoire, leurs privilèges, leur Eglise, leur état politique et social*. Prague: Grégr & Dattel Libraires Editeurs, 1873.
Pipes, Richard E. "Domestic Politics and Foreign Affairs," in Ivo J. Lederer, ed. *Russian Foreign Policy: Essays in Historical Perspective*, Conference on a Century of Russian Foreign Policy, Yale University, 1961. New Haven, Conn.: Yale University Press, 1962, pp. 145–69.
Pitcher, Donald Edgar. *An Historical Geography of the Ottoman Empire from Earliest Times to the End of the Sixteenth Century*. Leiden: E. J. Brill, 1972.
Polons'ka-Vasylenko, Nataliia Dmytrivna. "The Settlement of the Southern Ukraine (1750–1775)," *The Annals of the Ukrainian Academy of Arts and Sciences in the United States*, IV–V (Summer–Fall 1955), entire issue.
Pomeau, René. *See* Voltaire, François Marie Arouet de.
Popov, Nil. *Rossiia i Serbiia: istoricheskii ocherk russkago pokrovitel'stva Serbii s 1806 po 1856 god*, 2 vols. Moscow: K. Soldatenkov, 1869.
Portal, Roger. *L'Oural au XVIIIe siècle: Etude d'histoire économique et sociale*. Paris: Institut d'Etudes Slaves, 1950.
——. *Les Slaves: Peuples et nations*. Paris: Armand Colin, 1965.
Pouqueville, François-Charles-Hugues-Laurent. *Voyage dans la Grèce*, 5 vols. Paris: Firmin Didot, 1820–1821.
Predöhl, Andreas. *Aussenwirtschaft: Weltwirtschaft, Handelspolitik und Währungspolitik*. Göttingen: Vandenhoeck & Ruprecht, 1949.
Prodanović, Jaša M. *Istorija političkih stranaka i struja u Srbiji*. Belgrade: Prosveta, 1947.
Protić, Ljubomir. "Škole u S. H. S.," *Narodna Enciklopedija srpsko-hrvatsko-slovenačka*, ed. Stanoje Stanojević, Vol.IV. Zagreb: Bibliografski zavod D. D., 1929.
Proudhon, Pierre-Joseph. *Du Principe fédératif et de la nécessité de reconstituer le parti de la Révolution*. Paris: E. Dentu, 1863.
Puryear, Vernon John. *International Economics and Diplomacy*

in the Near East: A Study of British Commercial Policy in the Levant, 1834–1853. Stanford, Calif.: Stanford University Press, 1935.

——. "Odessa: Its Rise and International Importance, 1815–50," *Pacific Historical Review*, III (1934), 192–215.

Pypin, Aleksandr Nikolaevich and Spasowicz, Wlodzimierz. *Histoire des littératures slaves*, trans. from the Russian by Ernest Denis. Paris: Ernest Leroux, 1881.

Rabbe, Alphonse. "Introduction: Esquisse des révolutions de la Grèce depuis l'établissement de la domination romaine jusqu'à la chute du Bas-Empire; et Tableau de l'état de lanation grecque sous les Turcs," in Maxime Reybaud, *Mémoiressur la Grèce pour servir à l'histoire de la guerre del'indépendance*, 2 vols. Paris: Tournachon-Molin, 1824–1825, Vol. I, pp. 1–184.

Radić, Stjepan. *Moderna kolonizacija i Slaveni*, Poučna Knjižnica "Matice Hrvatske," XXX. Zagreb: Matica Hrvatska, 1904.

Radonić, Jovan. *Rimska kurija i južnoslovenske zemlje od XVI do XIX veka.* Belgrade: Srpska Akademija Nauka, 1950.

Radosavljević, Paul. *Who Are the Slavs? A Contribution to Race Psychology*, 2 vols. Boston: Richard G. Badger, 1919.

Ranke, Leopold von. *The History of Servia, and the Servian Revolution, with a Sketch of the Insurrection in Bosnia*, trans. from the German by Mrs. Alexander Kerr. London: Henry G. Bohn, 1853.

Rapp, Richard T. "The Unmaking of the Mediterranean Trade Hegemony: International Trade Rivalry and the Commercial Revolution," *Journal of Economic History*, XXXV/3 (September1975), 499–525.

Rauwolff, Leonhart, Dr. "Itinerary into the Eastern Countries," translated from the High Dutch by Nicholas Staphorst, included in Vol. I of the work edited by John Ray, cited below.

Ray, John, ed. *A Collection of Curious Travels & Voyages in Two Tomes*, 2 vols. London: printed for S. Smith, 1693.Renouvin, Pierre. "Première partie: Les Forces profondes," in Pierre Renouvin and Jean-Baptiste Duroselle, *Introduction à l'histoire des relations internationales.* Paris: Armand Colin, 1964, pp. 5–282.

——. *Revue des deux mondes*, Feb. 15, 1854, for a review of Jevrem Grujicâ and Milovan Janković, *Les Slaves du Sud* (1853).

Reychman, Jan. "Le Commerce polonais en Mer Noire au XVIIIe siècle par le port de Kherson," *Cahiers du monde russe et soviétique*, VII (1966), 234–48.

Riasanovsky, Nicholas V. *A History of Russia*, third ed. New York: Oxford University Press, 1977.

——. *Nicholas I and Official Nationality in Russia, 1825–1855.* Berkeley and Los Angeles: University of California Press, 1967; paperback ed.

Rodocanachi, Emmanuel Pierre. *Bonaparte et les îlesIoniennes: Un Episode des conquêtes de la République et du Premier Empire (1797–1816).* Paris: Félix Alcan, 1899.

Rosaccio, Gioseppe [Giuseppe]. *Viaggio da Venetia, a Costantinopoli per Mare, e per Terra, & Insieme Quello di Terra Santa.* Venetia: appresso Giacomo Franco, 1606. Bibliothèque Nationale (Paris), Cartes et Plans, Ge.FF.4736.

Rosegger, Gerhard. *See* Jensen, J. H.

Rothschild, Joseph. *The Communist Party of Bulgaria: Origins and Development, 1883–1936.* New York: Columbia University Press, 1959.

Rouillard, Clarence Dana. *The Turk in French History, Thought, and Literature (1520–1660)*, Etudes de Littérature Etrangère et comparée, 13. Paris: Boivin, foreword dated 1938 [pub. 1940?].

Rycaut, Paul. *The History of the Turkish Empire from the Year 1623 to the Year 1677.* London: printed by J. M. for John Starkey, 1680.

——. *The Present State of the Ottoman Empire, Containing the Maxims of the Turkish Politie* London, 1687. printed for John Starkey and Henry Brome, 1688; reprinted in 1972 by Gregg International Publishers Ltd., Farnborough, Hants, Eng.

Savković, Miloš (Savkovitch, Miloch). *L'Influence de réalisme français dans le roman serbo-croate.* Paris: Librairie ancienne Honoré Champion, 1935.

——. *La Littérature yougoslave moderne.* Belgrade: Bureau Central de Presse, 1936.

Schacht, Joseph and Bosworth, Clifford, eds. *Legacy of Islam.* Oxford, Eng.: Clarendon Press, 1974.

Schneeweis, Edmund. *Serbokroatische Volkskunde, I. Volksglaube und Volksbrauch.* Berlin: Walter de Gruyter, 1961.

Schumpeter, Joseph Alois. "The Sociology of Imperialism," *Imperialism, Social Classes: Two Essays*, intro. Bert Hoselitz, trans. Heinz Norden. New York: Meridian Books, 1955, pp. 1–98

Schwarz, Solomon M. "Populism and Early Russian Marxism on Ways of Economic Development of Russia (the 1880's and 1890's)," in Joint Committee on Slavic Studies, edited, with intro. by Ernest J. Simmons. *Continuity and Change in Russian and Soviet Thought.* Cambridge, Mass.: Harvard University Press, 1955, pp. 40–63.

Serbia, Ministry of Finance. *See* Srbija, Ministarstvo Finansije.

Serbian Academy of Sciences and Arts. *See* Académie Serbe des Sciences et des Arts.

Seremetakis, Constantina Nadia. "The Eye of the Other:

Watching Death in Rural Greece," *Journal of Modern Hellenism,* No. 1 (April 1984), pp. 63–77.

——, "Women and Death: Cultural Power and Ritual Process in Inner Mani," *Canadian Woman Studies, Les Cahiers de la Femme,* VIII, 2 (Summer 19870, 108–10.

Seton-Watson, Hugh. *The Russian Empire, 1801–1917.* Oxford, Eng.: Clarendon Press, 1967.

Sforza, Carlo, Count. *Fifty Years of War and Diplomacy in the Balkans: Pashich and the Union of the Yugoslavs,* trans. J. G. Clemenceau Le Clercq. New York: Columbia University Press, 1940.

Shaw, Stanford J. "The Ottoman View of the Balkans," in Charles and Barbara Jelavich, eds. *The Balkans in Transition: Essays on the Development of Balkan Life and Politics since the Eighteenth Century.* Berkeley and Los Angeles: University of California Press, 1963, pp. 56–80.

Shay, Mary Lucille. *The Ottoman Empire from 1720 to 1734 as Revealed in Despatches of the Venetian Baili.* Urbana: University of Illinois Press, 1944.

Simmons, Ernest J. See Schwarz, Solomon M.

Skerlić, Jovan. *Istorija nove srpske književnosti,* 3d ed. Belgrade: Rad, 1953.

——. *Istorijski pregled srpske štampe 1791–1911.* Belgrade:Državna Štamparija, 1911.

——. *Omladina i njena književnost (1848–1871); izučavanja onacionalnom i književnom romantizmu kod Srba.* Belgrade:Serbian Royal Printing Press, 1906.

——. *Svetozar Marković: njegov život, rad i ideje,* 2nd rev. ed. Belgrade: Izdavačka Knjižarnica Napredak, 1922.

Skiotis, Dennis N. "Mountain Warriors and the Greek Revolution," in V. J. Parry and M. E. Yapp, eds. *War,Technology, and Society in the Middle East.* London: Oxford University Press, 1975, pp. 308–29.

Skocpol, Theda. "France, Russia, China: A Structural Analysis of Social Revolution," *Comparative Studies in Society and History,* XVIII, 2 (April 1976), 175–210.

Smirnov, Nikolai Aleksandrovich. *Rossiia i Turtsiia v XVI–XVII vv,* 2 vols. Moscow, 1946.

Sorel, Albert. *L'Europe et la Révolution française, Vol. I.Les Moeurs politiques et les traditions.* Paris: Plon, 1885.

Spasowicz, Wlodzimierz. *See* Pypin, Aleksandr Nikolaevich.

Spiridonakis, Basile G. *Essays on the Historical Geography of the Greek World in the Balkans during the Turkokratia.* Thessaloniki: Institute for Balkan Studies, 1977.

Spon, Jacob and Wheler (Wheeler), George. *Voyage d'Italie, de Dalmatie, de Grèce et dv Levant, fait aux années 1675 & 1676 par Iacob Spon docteur medecin aggregé à Lyon, & George Vvheler [Wheeler] gentilhomme anglois,* 3 vols. Lyon: chez Antoine Cellier le fils, 1678. The title varies slightly in the three volumes.

Srbija, Ministarstvo Finansije (Narodne Privrede). *Državopis Srbije (Statistique de la Serbie),* Vol. IX. Belgrade: Kraljevska srpska državna štamparija, 1879; Vol. XVI (1889).

Srpska Akademija Nauka i Umetnosti. *Velike sile i Srbijapred prvi svetski rat. See* Académie Serbe des Scienceset des Arts, *Les Grandes puissances et la Serbie à laveille de la Première guerre mondiale.*

Stavrianos, Leften S. *Balkan Federation: A History of the Movement toward Balkan Unity in Modern Times,* Smith College Studies in History (Northampton, Mass.). Menasha, Wisc. printed by George Banta, 1944.

——. *The Balkans since 1453.* New York: Holt, Rinehart and Winston, 1958.

Stoianovich, Traian. "Balkan Peasants and Landlords and the Ottoman State: Familial Economy, Market Economy, and Modernization," in Todorov, Nikolay, Valtchev, Alexanderand Todorova, Maria, eds. *La Révolution industrielle dans le Sud-Est européen–XIXe s.: Rapports présentés au Colloque International de la Commission de l'AIESEE sur l'histoire sociale et économique, Hambourg, 23–26 mars 1976.* Sofia: Institut d'Etudes Balkaniques, Musée National Polytechnique, n.d. [1977].

——. "Commerce et industrie ottomans et maghrébins: pôles de diffusion et aires d'expansion," in Jean-Louis Bacqué-Grammont et Paul Dumont, eds. *Collection Turcica, III.Contribution à l'histoire économique et sociale de l'Empire ottoman.* Istanbul: Institut Français d'Etudes Anatoliennes d'Istanbul; Paris: Association pour le développement des études turques; Louvain: Editions Peeters, 1983, pp. 329–52.

——. "The Conquering Balkan Orthodox Merchant," *Journal of Economic History,* XX (June 1960), 234–313.

——. "L'Economie balkanique aux XVIIe et XVIIIe siècles (principalement d'après les archives consulaires français-es)," thèse de doctorat d'université, Faculté des Lettres, Université de Paris, 1952.

——. *French Historical Method: The 'Annales' Paradigm.* Ithaca, N. Y.: Cornell University Press, 1976.

——. "Le Maïs dans les Balkans," *Annales: Economies, Sociétés, Civilisations,* XXI, 5 (Sept.–Oct. 1966), 1026–1040.

——. "Material Foundations of Preindustrial Civilization in the Balkans," *Journal of Social History,* IV, 3 (Spring 1971),205–62.

——. "The Pattern of Serbian Intellectual Evolution, 1830–1880,"*Comparative Studies in Society and History,* I, 3 (March1959), 242–72.

——. "The Segmentary State and *La Grande Nation,*" in Eugene D.Genovese and Leonard Hochberg, eds. *Geographic Perspectives in History.* Oxford, Eng.: Basil

Blackwell, 1989, pp. 256–80.
——. "Les Structures millénaristes sud-slaves aux XVIIe et XVIIIe siècles," in Association Internationale d'Etudes du Sud-Est Européen, *Actes du Premier Congrès International des Etudes Balkaniques et Sud-Est Européennes, III. Histoire (Ve-XVe ss., XVe-XVIIIe ss.).* Sofia: Editions del'Académie Bulgare des Sciences, 1969, pp. 809–19.
——, *A Study in Balkan Civilization.* New York: Alfred A.Knopf, 1967.
Stoyanovitch, Costa (Stojanović, Kosta). *Economic Problems of Serbia.* Paris: Imprimerie "Graphique," 1919.
Stranjaković, Dragoslav. "Kako je postalo Garašaninovo Načertanije," *Spomenik Srpske Akademije Nauka*, XCI, drugirazred, knj. 70 (Belgrade, 1939), pp. 3–12 (alternately numbered, 65–74).
——. *Vlada Ustavo branitelja (1842–1853).* Belgrade: n.p., 1932.
Struve, Petr Berngardovich. *Sotsial'naia i ekonomicheskaia istoriia Rossii s drevneishikh vremen do nashego, v sviazi s razvitiem russkoi kul'tury i rostom rossiiskoi gosudarstvennosti.* Paris: n.p., 1952.
Subotić, Dragutin P. "The Serbia of Prince Miloš," *Slavonic Review*, III (1924), 156–65.
Sugar, Peter F. "The Southern Slav Image of Russia in the Nineteenth Century," *Journal of Central European Affairs*,XXI, 1 (April 1961), 45–52.
Sumner, Benedict Humphrey. *Peter the Great and the Ottoman Empire.* Oxford, Eng.: Basil Blackwell, 1949.
——. "Russia and Panslavism in the Eighteen-Seventies,"*Transactions of the Royal Historical Society*, 4th ser., XVIII (London, 1935), 25–52.
——. *A Short History of Russia*, rev. ed. New York: Harcourt, Brace and World, 1949, pp. 24–35.
Svoronos, Nicolas G. *Le Commerce de Salonique au XVIIIe siècle.* Paris: Presses Universitaires de France, 1956.
Tavernier, Jean-Baptiste. *Les Six voyages de Jean-Baptiste Tavernier, écuyer baron d'Aubonne, en Turquie, en Perse etaux Indes, faits pendant l'espace de quarante ans*, 3 vols.La Haye: chez Henri Scheurleer, 1718.
——. *Les Six voyages de Monsieur J[ean] B[aptiste] Tavernier,écuyer, baron d'Aubonne, en Turquie, en Perse et aux Indes,pendant l'espace de quarante ans*, nouvelle édition reveüeet corrigée par un des amis de l'auteur, compagnon de ses voyages, & augmentée de cartes et d'estampes curieuses, 6 vols. Rouen: chez Jean-Baptiste Machuel le Père, 1724. Bibliothèque Nationale (Paris), Cartes et Plans, Ge.FF.5576.
Temperley, Harold. *See* Gooch, George Peabody.
Thévenot, Jean de. *Relation d'vn voyage fait av Levant, dans laqvelle il est cvrievsement traité des Estats sujets au Grand Seigneur, des moeurs, religions, forces,gouuernemens, politiques, langues, & coustumes des habitans de ce grand Empire.* Roven: chez Lovis Billaine, 1665.
Thibault-Lefebvre. "Le Commerce de la Valachie," *Journal des économistes: Revue de la science économique et de la statistique*, 2nd ser., 3d year, Vol. IX (1856), 398–418.
Thrupp, Sylvia L., ed. *Millennial Dreams in Action: Essays in Comparative Study*, "Comparative Studies in Society and History," Supplement II. The Hague: Mouton, 1962.
Tikhomirov, Lev Aleksandrovich. *La Russie politique et sociale*, trans. by the author in collaboration with Albert Savine. Paris: E. Giraud, 1886.
——. *Times* (London), October 28, 1898: "German Enterprise in the East" by the *Times'* Berlin correspondent.
Todorov, Nikolay (Nikolai), Valtchev, Alexander and Todorova, Maria. *See* Stoianovich, Traian.
Tomasevich, Jozo. *Peasants, Politics, and Economic Change in Yugoslavia.* Stanford: Stanford University Press; London: Geoffrey Cumberlege, Oxford University Press, 1955.
Tournefort, Joseph Pitton de. *Relation d'un voyage du Levant fait par ordre du Roy, contenant l'histoire ancienne et moderne de plusieurs isles de l'Archipel, de Constantinople, des côtes de la mer Noire, de l'Arménie, de la Georgie, des frontières de Perse & de l'Asie Mineure*, 3 vols. Lyon: chez Anisson et Posuel, 1717. Bibliothèque Nationale, Cartes et Plans, Ge.FF.5781.Tuhan-Baranovsky, Mikhaylo I. "Periodic Industrial Crises: A History of British Crises," *Annals of the Ukrainian Academy of Arts and Sciences in the United States*, III, 3 (9) (Spring 1954), pp. 745–802.
Tupolev, Boris Mikhailovich. *Ekspansiia germanskogo imperializma v iugo-vostochnoi Evrope v kontse XIX–nachale XX v.* Moscow: Izdatelstvo "Nauka," 1970.
Tucović, Dimitrije. *Srbija i Arbanija: Jedan prilog kriticizavoječke politike srpske buržoazije.* Belgrade: Save Radenkovicâa i braća, 1914.
Turan, Osman. "The Ideal of World Domination among the Medieval Turks," *Studia Islamica*, III (1955), 77–90.
Tveritinova, A. S. *Vosstanie Kara Yasidzhi–Deli Khasana v Turtsii.* Moscow, Leningrad: Akademiia Nauk SSR, 1946.
Ubicini, Jean-Henri-Abdolonyme. *Les Serbes de la Turquie: Etudes historiques, statistiques et politiques sur la principauté de Serbie, le Montenego et les pays serbes adjacents.* Paris: E. Dentu, 1865.
United States, State Department, *Consular Reports*, LIX(January 1899).
Valensi, Lucette. "The Making of a Political Paradigm: The Ottoman State in Oriental Despotism," in Anthony Grafton and Ann Blair, eds. *The Transmission of Culture in Early Modern Europe.* Philadelphia: University of Pennsylvania Press, 1990, pp. 173–203.

Vandal, Albert. *Les Voyages du Marquis de Nointel (1670–1680).* Paris: Plon-Nourrit et Cie, 1900.

Van Gennep, Arnold. *The Rites of Passage*, trans. Monika B.Vizedom and Gabrielle L. Caffee. London: Routledge and Kegan Paul, 1960.

Vaughan, Charles Edwyn. *The Political Writings of Jean Jacques Rousseau (Edited from the Original Manuscripts and Authentic Editions)*, 2 vols. Cambridge, Eng.: University Press, 1915.

Verlinden, Charles. "Les Origines colonial es de la civilisation atlantique: Antécédents et types destructure," *Cahiers d'histoire mondiale, Journal of World History, Cuadernos de Historia Mundial*, I, 2 (October1953), pp. 378–98.

Vialla de Sommières, L. C., Col. *Travels in Montenegro,Containing a Topographical, Picturesque, and Statistical Account of That Hitherto Undescribed Country.* London: printed for Sir Richard Phillips and Co., 1820. A translation from the French, the work is part of *New Voyages and Travels, Consisting of Originals and Translations,* compiled by Sir Richard Phillips, Vol. IV.London: printed for Sir Richard Phillips and Co., 1820.

Villari, Luigi. *The Republic of Ragusa: An Episode of the Turkish Conquest.* London: J. M. Dent & Co., 1904.

Viner, Jacob. *The Custom Union Issue.* New York: Carnegie Endowment for International Peace, 1950.

Vlahović, Jovan. *See* Frilley, G.

Voltaire, François Marie Arouet de. "Histoire de l'Empire de Russie sous Pierre le Grand," *Oeuvres historiques*, ed. RenéPomeau. Paris: Gallimard, 1957.

Vučenov, D. *See* Marković, Svetozar.

Vucinich, Wayne S. *Serbia between East and West: The Events of 1903–1908.* Stanford, Calif.: Stanford University Press, 1954.

Vučo, Nikola. *Privredna istorija naroda FNRJ do Prvogsvetskog rata.* Belgrade: Izdavačko preduzeće Nar. Rep.Srbije, 1948.

——. *Privredna istorija Srbije do Prvog svetskog rata.*Belgrade: Naučna Knjiga, 1955.

Vryonis, Speros, Jr. "The Byzantine Legacy in Folk Life and Tradition," in Lowell Lucas ed. *The Byzantine Legacy in Eastern Europe.* Boulder, Colorado: East European Monographs, distributed by Columbia University Press, New York, 1988, pp. 107–45.

Vvheler, George. *See* Spon, Jacob.

Vynar, Lubomyr. "The Question of Anglo-Ukrainian Relations in the Middle of the Seventeenth Century," *The Annals of the Ukrainian Academy of Arts and Sciences in the United States,* VI, 3, 4 (21, 22) (1958), pp. 1411–1418.

Walzer, Michael. *The Revolution of the Saints: A Study in the Origins of Radical Politics.* Cambridge, Mass.:Harvard University Press, 1965.

Wedgwood, Cicely Veronica. *The Thirty Years War.* London: Jonathan Cape Ltd., 1938.

Wendel, Hermann. *Aus dem südslawischen Risorgimento.* Gotha: Friedrich Andreas Perthes, 1921.

——. *Südslawische Silhouetten.* Frankfurt am Main, 1924.

Wheeler (Wheler), George. *See* Spon, Jacob.

Winius, George D. See Diffie, Bailey W.Wlahovitj, Jovan. *See* Frilley, G.

Woodhouse, C. M., "The Macedonian Contribution to the Struggle of Rhigas," Balkan Studies, XXX, 1 (Thessaloniki, 1989), 33–42.

Woodruff, William. *Impact of Western Man: A Study of Europe's Role in the World Economy, 1750–1960.* New York: St. Martin's Press, 1967.

Wren, Melvin C. "Pobedonostsev and Russian Influence in the Balkans, 1881–1888," *Journal of Modern History*, XIX, 2 (June 1947), 130–41.

Yale, William. *The Near East: A Modern History*, new ed. rev.and enl. Ann Arbor: University of Michigan Press, 1968.

Yankovitch, Velizar. "Le Problème de notre navigation fluviale," in *Livre jubilaire des chemins de fer d'Etat du Royaume de Yougoslavie.* Belgrade: Imprimerie Vreme, 1929.

Yapp, M. E. *See* Skiotis, Dennis N.

Young, Sir George. *Corps de droit ottoman: Recueil des codes, lois, règlements, ordonnances et actes les plus importants du droit intérieur et d'études sur le droit coutumier de l'Empire ottoman*, 7 vols. Oxford: Clarendon Press, 1905–1906.

Zakher, Ia. (Ya.) M. "Konstantinopol i Prolivy," *Krasnyi Arkhiv*, VI (1924), 32–54.

Zaleski, Eugène. *Les Courants commerciaux de l'Europe danubienne au cours de la première moitié du XXe siècle.* Paris: R. Pichon and R. Durand-Auzias, 1952.

Index

*Page numbers in italics refer to illustrations.